“十四五”普通高等学校规划教材

LabVIEW虚拟仪器程序设计基础

谢堂尧　于　臻　冉小英◎主编

中国铁道出版社有限公司
CHINA RAILWAY PUBLISHING HOUSE CO., LTD.

内容简介

本书基于 LabVIEW 2019 版本，介绍了虚拟仪器的基本概念、种类、常见应用和 LabVIEW 软件基础知识。全书共 8 章，重点围绕 LabVIEW 软件的数据类型、显示及存储、程序结构、编程架构等展开，介绍了编者近年总结的一些经典案例，注重理论与实际编程的紧密结合，帮助读者掌握使用 LabVIEW 的基本方法和技巧。

本书适合作为普通高等学校计算机、电子技术、自动化工程、电气、通信、测控等相关专业教材，也可作为 LabVIEW 入门级读者以及从事相关专业工程人员的参考用书。

图书在版编目（CIP）数据

LabVIEW虚拟仪器程序设计基础/谢堂尧，于臻，冉小英主编. —北京：中国铁道出版社有限公司，2021.8

“十四五”普通高等学校规划教材

ISBN 978-7-113-28050-5

Ⅰ.①L… Ⅱ.①谢… ②于… ③冉… Ⅲ.①软件工具-程序设计-高等学校-教材 Ⅳ.①TP311.561

中国版本图书馆CIP数据核字（2021）第113250号

书　　名：**LabVIEW 虚拟仪器程序设计基础**
作　　者：谢堂尧　于　臻　冉小英

策　　划：祝和谊　　　　编辑部电话：（010）63549508
责任编辑：陆慧萍　徐盼欣
封面设计：郑春鹏
责任校对：焦桂荣
责任印制：樊启鹏

出版发行：中国铁道出版社有限公司（100054，北京市西城区右安门西街 8 号）
网　　址：http://www.tdpress.com/51eds/
印　　刷：三河市兴达印务有限公司
版　　次：2021 年 8 月第 1 版　2021 年 8 月第 1 次印刷
开　　本：787 mm × 1 092 mm 1/16　印张：13.5　字数：360 千
书　　号：ISBN 978-7-113-28050-5
定　　价：37.00 元

前　言

虚拟仪器技术是计算机技术、现代测控技术、现代通信技术以及信号处理技术完美结合的产物，代表测控技术的发展方向。LabVIEW 采用图形化编程技术，具有简单、易于理解和开发效率高等特点。LabVIEW 的应用范围广泛，从简单仪器控制到数据采集尖端测试和工业自动化，从大学课堂与实验室到工业、产业现场，从探索与研究到技术集成。因此，LabVIEW 已经成为通信、电子、自动化及测控技术等专业大学生必修的一门专业应用型课程。

本书的定位在于能满足大多数本科、专科专业的教学要求和虚拟实验的设计需要。其目的是使初学者快速达到熟练使用 LabVIEW 软件，为后续的数据采集和仪器控制等测控技术打下坚实基础。因此，本书从初次接触 LabVIEW 的基础知识出发，本着实用、由浅入深的原则，精心设计和编排了各个章节内容。

本书第 1 章介绍了仪器的历史与发展、虚拟仪器的基本概念、系统结构以及虚拟仪器技术在各行各业的应用，明确了 LabVIEW 在虚拟仪器技术中的地位和作用；第 2 章主要介绍了 LabVIEW 的启动、项目浏览器上的有关操作、如何新建和保存 VI、VI 的组成和基本操作、控件选板、函数选板、工具选板、帮助和调试工具的使用等等；第 3 章介绍了 LabVIEW 常用的数据类型及其操作，如数值型、布尔型、字符串与路径、数组、簇等；第 4 章介绍了程序结构中循环结构、层次结构、定时结构以及结构中的数据传递和公式节点；第 5 章介绍了波形与图形控件；第 6 章介绍了在 LabVIEW 2019 发布产品的 7 种方法；第 7 章介绍 LabVIEW 在数字电路实验系统设计中的应用实例；第 8 章介绍了 LabVIEW 在数字信号处理中的应用实例。

本书的内容非常丰富，深入浅出地介绍了 LabVIEW 的编程技术及编程方法，每章都列举了大量的操作实例，部分实例有操作视频。书中所列举的相关实例内容都由编者精心设计，反复测试。以探讨的方式，针对编程中的具体问题也提出了解决的方法，以便读者尽快地掌握 LabVIEW 应用和开发的一般方法及技巧。最后两章的内容为数字电路、数字信号处理课程中的虚拟实验的开发提供一些思考和参照。

本书可作为高等学校电子、通信、信息、自动化、仪器、测量及计算机等专业相关课程的教材，也可供相关工程领域的技术人员学习与参考。

本书由谢堂尧、于臻、冉小英任主编，陈文卓、李海芬、张南任副主编。李尧、林梓恒、王雲、武增良、佘昊天、王英研、王旭东等参与编写和整理稿件，并在 VI 操作、视频录制和整理方面给予了热情帮助。感谢王猛和詹珍艳同学，本书第 7 章、第 8 章参考了两位同学的毕业论文和课设报告。

由于编者水平有限，书中难免存在疏漏与不妥之处，恳请读者批评指正。

编　者

2021 年 5 月

目　录

第1章 虚拟仪器介绍

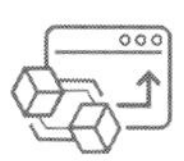

本章导读

了解仪器技术的发展过程，理解虚拟仪器的基本概念和系统结构，了解虚拟仪器的硬件平台和软件开发平台类型，了解虚拟仪器技术在研发、生产和教学中的应用。

1.1 仪器的历史与发展

仪器是人类认识客观世界、探索自然规律和进行工业化生产必需的工具，也是信息社会人们获取信息的主要手段之一。

仪器的发展可以追溯到公元前2000多年。现已发现公元前2500年使用天平的证据，而在普通贸易中使用天平的最早迹象是在公元前1350年。公元前1450年，古埃及就有用于计时的绿石板影钟。至公元14世纪，用以表示时间的唯一可靠的方法是日晷或影钟。公元1400年前，埃及记录较短时间的仪器是水钟。公元1088年，中国北宋时期的苏颂和韩公谦制作了天文计时器——天文仪象台。

公元前300—公元前100年，有人利用天然磁石的性质，发明了磁罗盘，即定向仪器；指南针到宋代发展成熟。中国西夏时候就有观测和记录天文的仪器——浑天仪，元代的郭守敬（1231—1316）对浑天仪进行了改造，制成了简仪。

15世纪后期，随着自然科学的发展，早期的科学仪器以不同的背景和形式逐渐形成，主要有光学仪器、温度计、摆钟、数学仪器等。

18世纪初，由于科学研究和科学课堂的需求，人们开始设计和生产标准的仪器和配件；仪表工匠与其他专业制造者联合起来，制造了光学、气动、磁力和电力等方面的仪器，从此将仪器与仪表正式结合起来，使仪器仪表融为一体，成为一个专门的学科。

1. 第一代仪器：模拟仪器

1831年，法拉第完成了“磁电感应”实验，宣告了电气时代的到来。电磁效应的发现与应用，为电磁式仪器仪表发展提供了理论和技术保障，第一代指针式仪表正式形成与发展。

20 世纪 50 年代以前，电测量技术主要是模拟测量，此类仪器的基本结构是电磁机械式，主要是借助指针来显示测量结果。宏观物理量本质上大都是固定或连续变化的模拟量，直接对模拟量的测量称为“模拟测量”。由于仪器本身的局限性，示值的分辨力只能达到 2～3 位有效数字，而模拟信号（测量数据）在测量过程中易受噪声和干扰的影响而变化。如指针式万用

表，如图1–1所示。

图 1–1　指针式万用表

2. 第二代仪器：数字仪器

20世纪初，电子技术的发展使各类电子仪器快速产生。20 世纪 50 年代，数字技术的引入和集成电路的出现，使电测仪器由模拟式逐渐演化为数字式。其特点是将模拟信号测量转化为数字信号测量，并以数字方式输出最终结果，适用于快速响应和较高准确度的测量。这类仪器当前相当普及，如数字电压表、数字频率计等，如图1–2所示。随着数字仪器的不断发展，传统模拟式仪器正在逐渐被替代。

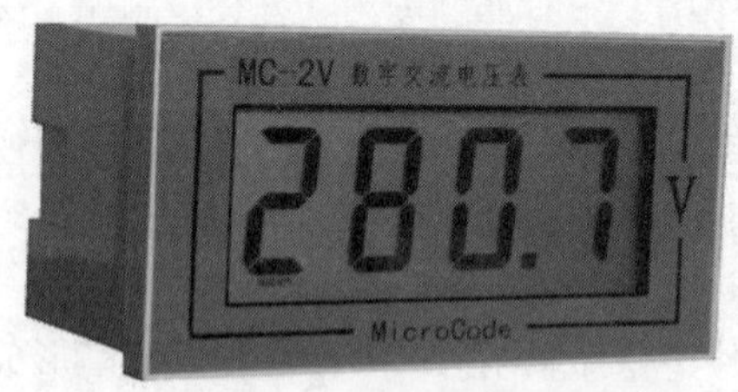

（a）数字电压表

（b）数字频率计

图 1–2　数字电压表和数字频率计

3. 第三代仪器：智能仪器

20世纪中期以后，数字式仪器得到快速发展。数字化是智能仪器和虚拟仪器的基础，是计算机技术进入测量仪器的前提。

智能仪器是现代测试技术与计算机技术相结合的产物。智能仪器是含有微型计算机或者微型处理器的测量仪器，拥有对数据的存储运算逻辑判断及自动化操作等功能，即具有一定智能作用，故称为“智能仪器”。智能仪器将传统数字仪器中控制环节、数据采集与处理、自调零、自校准、自动调节量程等功能改由微处理器完成，从而提高测量精度和速度。它的全部功能都是以硬件（或固化的软件）形式存在，无论是开发还是应用，都缺乏灵活性。

4. 第四代仪器：虚拟仪器

虚拟仪器概念早在20世纪70年代就已提出，但真正得以实现则是在 PCI、GPIB、VXI、PXI 等总线标准出现之后才成为可能，并随着卡式仪器、VXI 总线仪器、PXI 总线仪器等的推出而得到迅速发展。

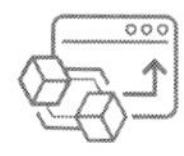

1.2 虚拟仪器的基本概念

虚拟仪器（Virtual Instrument，VI）是现代计算机技术和仪器技术深层次结合的产物，是当今计算机辅助测试（Computer Aided Testing，CAT）领域的一项重要技术。

传统仪器设备与计算机的结合发展通常有两个方向：一是以计算机为主体，在计算机上添加某些必要的硬件设备，完成传统仪器设备的功能；二是以传统设备为基础，在其上添加计算机软硬件。不论采用哪种结合方式，传统设备的功能都被革命性地增强了，而其成本却不断降低。例如在计算机上，可以把电话的单纯语音通话功能扩展为语音视频交流，而每次通信的边际成本几乎为零。时下流行的各种手机，在嵌入计算机设备后，既可以用于通话，又可以用于娱乐甚至办公，这些都是传统电话所不能比拟的。

在测试测量领域，测试仪器经历了与电话极其类似的发展过程。它们或者被植入CPU、内存、安装软件，具备了计算机的基本功能；或者被拆解开来，取其核心部件插入计算机中，使计算机具备测试功能。这两种发展方向都使得仪器的功能更强大，速度更快。其区别之处在于，把仪器移植到计算机上，更多考虑的是降低成本、便捷；而把计算机移植到仪器上，则更多的是为了满足仪器小型化、专业化的需要。

在计算机运算能力强大到一定程度之后，以“虚拟”为前缀的各项技术纷纷出现，如虚拟现实、虚拟机、虚拟仪器等。虚拟机是指在一台计算机上模拟多台计算机。虚拟仪器是指在计算机上完成仪器的功能，是计算机和传统仪器设备在前一种结合方向上发展的结果，是基于计算机的仪器。

虚拟仪器的概念是相对于传统仪器而言的。实训室中常用到的万用表、示波器等仪器，每一台就是一个固定的方盒子，所有的测量功能都在这个盒子内完成。这就是所谓的传统仪器。而进入虚拟仪器时代，这种单一功能的方盒子开始逐渐被计算机所取代。

对于传统仪器，使用者看不到其内部，更无法改变其结构，因此一台传统仪器离开生产线后，其功能和外观就固定下来了。人们只能利用一台传统仪器完成某个功能固定的测试任务，一旦测试需求改变，就必须再次购买满足新需求的仪器。

因此，虚拟仪器的最大优势是除了基础的信号采集部分，其他软硬件全部是通用的计算机软硬件设备。这些通用的软硬件设备可以以相对低廉的价格进行升级，或者进行自定义配置。例如，可以通过升级计算机来提高虚拟仪器的运行速度，可以自己编写程序改变仪器的测试功能和交互界面。因此“虚拟”的含义主要是强调了软件在这类仪器中的作用。由于虚拟仪器结构形式的多样性和适用领域的广泛性，当前对于虚拟仪器还没有统一的定义。

美国国家仪器公司（National Instruments Corporation，NI公司）认为虚拟仪器是一种以计算机和测试模块的硬件为基础，以用于数据分析、过程通信及图形用户界面的计算机软件为核心的，并且在计算机屏幕上显示虚拟的仪器面板，可由用户软件来定义仪器功能的模块化仪器系统。因此，软件是虚拟仪器的核心，NI公司提出“软件即仪器”（The software is the instrument）。

虚拟仪器技术已成为仪器领域的基本方法，其应用已遍及各行各业。使用虚拟仪器技术进

行研究、设计、测量，不但大幅降低了仪器系统研究和制作成本，增强了系统功能和灵活性，而且便于普及和推广。

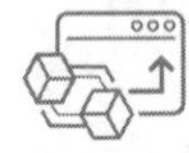

1.3 虚拟仪器的系统结构

虚拟仪器由通用仪器硬件平台（简称硬件平台）和应用软件系统两大部分构成。

1.3.1 虚拟仪器的基本功能

如果把虚拟仪器系统按内部功能划分，则可分为三大功能模块：数据采集与控制、数据分析与处理、结果表达与输出，如图1–3所示。传统仪器将这三部分放在一个仪器机箱内，而虚拟仪器则是一种功能意义上的仪器，数据采集与控制则由通用的硬件平台来完成，其数据处理、分析和结果呈现由相应的应用软件来定义完成。硬件平台是虚拟仪器的基础，而软件是其核心。

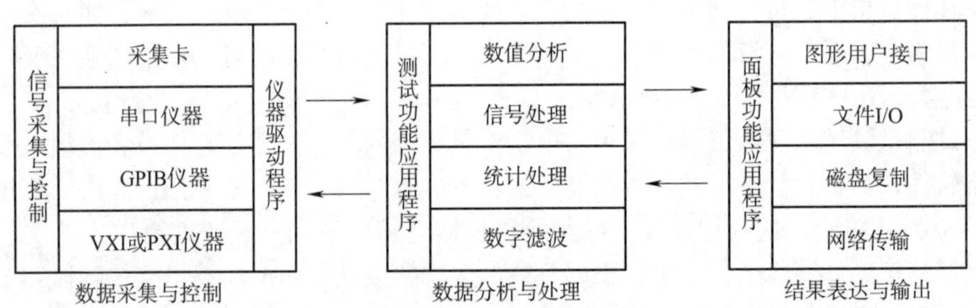

图 1–3 虚拟仪器的三大功能模块

1. 数据采集与控制

该部分主要包括计算机的外接硬件（如信号调理电路等）和直接连接计算机的各类数据采集设备（如采集卡、各类仪器），它们与计算机主机一起构成了虚拟仪器的硬件平台，是应用软件的基础。

该部分工作过程是先将传感器转换的电信号送给信号调理单元，经信号调理（如放大、整形、隔离等）处理后，由数据采集设备转换成数字信号送入计算机进行处理，有时数据采集设备还可将计算机内部的数字信号经数模转换后输出模拟信号。

2. 数据分析与处理

数据分析与处理是虚拟仪器系统的一个重要环节。在此过程中借助通用计算机强大的计算能力，可充分利用自身软件的优势，具有方便灵活、功能强大的特点，是传统仪器无法比拟的。

传统仪器一般不能进行较复杂的数据分析和处理，通常只能在测量中首先把数据记录下来，然后借助手工或特定的设备分析和处理数据，这种处理数据的方法不方便，实时性也差。

3. 结果表达与输出

该部分用于数据分析的结果表达或处理结果的输出，编写的应用软件可以直接控制各种硬件接口的驱动程序，通过底层设备驱动程序与数据采集设备进行交互，并像传统仪器面板上各类操作一样以虚拟仪器面板的形式在计算机显示器上显示，在这些虚拟控件中集成了对应仪器的程控信息，利用计算机强大的图形用户界面（GUI），采用多种方式显示采集数据、分析结果和控制过程，真正做到“界面友好、人机交互”，用户可以通过“虚拟”操作界面控制虚拟仪器，虚拟仪器则相应输出自身的状态与测量结果。对虚拟仪器面板的操作是通过鼠标完成的，而操作虚拟仪器的面板就像操作真实仪器一样真实与方便。

与传统仪器相比，虚拟仪器具有非常多的优势和特点。

（1）仪器的软件和硬件具有开放性、模块化、互换性及可重复使用等特点。例如，为了增强仪器的功能，可加入一个仪器模块，或者更换一个仪器模块，而不必重新购买整个仪器。

（2）虚拟仪器搭建在通用硬件平台之上，仪器的具体功能则由软件来实现，即软件在虚拟仪器中起到核心的作用。

（3）虚拟仪器的功能是由用户根据实际需要通过软件来定义的，而不是事先由仪器厂商定义的。

（4）虚拟仪器研制的周期较传统仪器大为缩短。

（5）虚拟仪器的性价比较高。

（6）由于虚拟仪器技术是建立在计算机技术和数据采集技术之上的，因而技术更新较快，成本较低，测量自动化程度较高，并可与网络及其他设备互连。

（7）虚拟仪器具有友好、灵活的人机界面。

1.3.2　虚拟通用仪器硬件平台

虚拟通用仪器硬件平台包括计算机和数据采集硬件，有时还包括信号调理硬件。计算机是虚拟仪器硬件平台的核心，用于完成数据的处理、显示和配置数据采集硬件设备的有关参数。数据采集硬件则是指通过各种计算机接口方式与计算机连接的各类I/O接口设备，如图1-4所示。

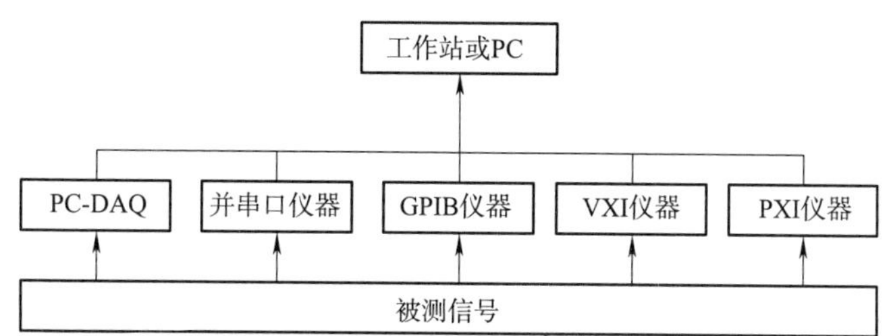

图 1-4　常用的虚拟仪器 I/O 接口设备

为了满足计算机及其兼容机用于数据采集与控制的需要，许多厂商生产了各种各样的虚拟仪器I/O接口设备（数据采集设备）。这类虚拟仪器I/O接口设备均参照计算机的总线技术标准设计和生产。I/O接口设备按其与计算机接口方式分为5种，分别是PC-DAQ插卡式虚拟仪器、并串口总线虚拟仪器、GPIB（General-Purpose Interface Bus）虚拟仪器、VXI（VME bus Extension for Instrumentation）总线虚拟仪器、PXI（PCI Extensions for Instrumentation）总线虚拟仪器。其中PC-DAQ插卡式虚拟仪器使用插入式设备采集数据并把数据直接传送到计算机内存中，而其他的I/O接口设备把数据采集硬件与计算机分隔开，通过并行或串行接口和PC相连，用户可根据测量需要和现有条件选择合适的I/O接口设备。

1. PC-DAQ插卡式虚拟仪器

这种类型的I/O接口设备是插入计算机或工控机内的数据采集卡，与专用软件（如LabVIEW）相结合，完成各类测量任务。插卡类型有ISA（工业标准结构）卡、PCI（外围组件互连）卡和PCMCIA（PC内存卡国际联合会）卡。

ISA总线是一种8位或16位非同步数据总线，工作频率为8 MHz，8位ISA总线的最高数据传输速率为8 MB/s，16位ISA总线的最高数据传输速率为16 MB/s。ISA总线只适用于低速数据采集，对基于高性能计算机的高速数据采集系统而言，ISA总线已无法满足要求。

PCI总线是一种独立于CPU的32位或64位局部总线，时钟频率为33 MHz，数据传输速率高达132～264 MB/s，PCI总线技术用无限读写突发方式，可在瞬间发送大量数据。PCI总线上的外围设备可以和CPU并行工作，因此PCI总线得到了广泛的应用。随着计算机技术的发展，ISA卡逐渐被PCI卡取代。

PC-DAQ插卡式虚拟仪器系统的特点是充分利用计算机的总线、机箱、电源及软件的灵活性，特别是ADC转换技术，仪器价格便宜，用途广泛，非常适合于教学部门和各种实验室使用。PCMCIA卡由于结构连接强度太弱而影响了其在工程上的应用。

2. 并串口总线虚拟仪器

计算机的各种端口的发展，如LPT并行口、USB口和1394口，使得数据采集设备与计算机有了更多的连接方式，在这些方式下数据采集设备就是一个采集盒或一个探头。采集设备可以与台式计算机或工控机相连，也可以与笔记本电脑相连，方便移动作业。

USB口和1394口具有传输速率高、可以热插拔、联机使用方便等特点，逐渐成为虚拟仪器的主流平台。USB通用串行总线和IEEE 1394总线是两种被计算机广泛采用的总线，通常被集成到计算机主板上。USB总线需要配备一对信号线和电源线，允许连接127个设备。USB总线具有轻巧简便、价格便宜、连接方便快捷等特点，现在已被广泛用于扫描仪、打印机及存储设备。IEEE 1394总线是苹果公司于1989年设计的高性能串口总线，当前传输速率为100 Mbit/s、200 Mbit/s、400 Mbit/s，将来可达3.2 Gbit/s。这种总线需要两对信号线和一对电源线，可以用任意方式连接63个装置，它是专为需要大数据量串行传送的数码相机、硬盘等设计的。USB及IEEE 1394总线均具有即插即用能力，与LPT并行总线相比，更能满足连接外设的需要。

3. GPIB虚拟仪器

GPIB即通用接口总线，大多数台式仪器是通过GPIB与计算机相连的，它是美国虚拟仪器IEEE 488标准的早期发展阶段，经历了IEEE 488—1975、IEEE 488.1—1987、IEEE 488.2—1987三个阶段的演进。当前市面上使用的是IEEE 488.2标准的GPIB。该标准的成功之处在于，它标准化了测量系统之间的互连和通信，它的应用使电子测量由独立的单台手工操作向大规模自动测量系统发展。典型的GPIB系统由一台计算机、一块GPIB接口卡和若干台通过GPIB电缆连接的GPIB仪器构成。在标准情况下，一块GPIB接口卡可带多达14台仪器，电缆长度可达20 m。

GPIB测量系统的结构和操作命令简单，造价较低，非常适用于数据精确度要求较高但传输速率不高的场合。

4. VXI总线虚拟仪器

基于通用计算机构建的虚拟仪器有个无法回避的局限，就是测量系统性能不能过高。为了突破该局限，当前虚拟仪器的一个重要发展方向是VXI总线虚拟仪器测量系统。VXI总线是一种高速计算机总线，是VME总线在虚拟仪器领域的扩展。VXI总线虚拟仪器是一种插卡式的仪器，每个插卡就是一种仪器，而总线制作在标准的VXI机箱底板上，然后与计算机相连，但这些卡式机器本身都没有面板，必须通过软件面板来实现。VXI总线虚拟仪器测量系统还有一个显著的优势是可以利用现有的网络资源，实现基于网页交互式的远程通信和测量，它将成为远程测量系统的主流。

VXI总线具有标准开放、结构紧凑、传输速率高、定时和同步准确、模块可重复利用等优点，得到了众多仪器厂家的支持，但是其价格昂贵，主要应用于尖端领域，如军工等。

5. PXI总线虚拟仪器

PXI标准仪器的价格比VXI仪器更低。

PXI是PCI总线在仪器领域的扩展，它在Compact PCI规范定义的PCI总线技术基础上发展成适合于试验、测量与数据采集场合应用的机械、电气和软件规范，从而形成了新的虚拟仪器体系结构。PXI总线方式是在PCI总线内核技术上增加了成熟的技术规范形成的，增加了多个板同步触发总线的参考时钟。PXI具有很好的可扩展性，可以有8个扩展槽，而台式PCI系统只有3个或4个扩展槽，通过使用桥接技术PXI系统可扩展到256个扩展槽。通用的计算机平台和PXI总线面向仪器领域的扩展优势结合起来，将形成理想的主要虚拟仪器平台。

综上所述，无论哪种VI系统，都是将仪器硬件连接到笔记本电脑、台式计算机或工作站等各种计算机平台，再加上应用软件而构成的，实现基于计算机的全数字化的数据采集、测量和分析。

1.3.3 虚拟仪器应用软件

在虚拟仪器系统中，硬件平台是基础，软件是核心。基于软件在虚拟仪器中的重要作用，本节介绍虚拟仪器的软件架构。从低层到高层，虚拟仪器的软件系统框架包括三个部分：VISA（虚拟仪器软件架构）库、仪器驱动程序和应用软件。虚拟仪器软件架构如图1-5所示。

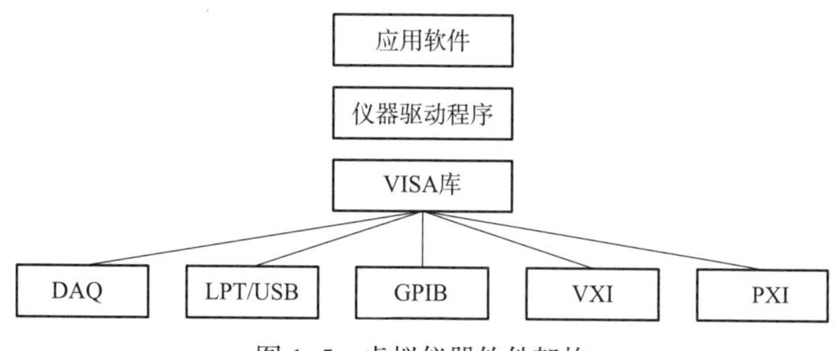

图 1-5　虚拟仪器软件架构

1. VISA库

VISA库是对包含GPIB、VXI、PXI、串口（RS232/485）、以太网、USB和/或IEEE 1394接口的仪器系统进行配置、编程和故障排除的标准，是标准的I/O函数库及其相关规范的总称。VISA库为虚拟仪器系统的统一性和扩展性奠定了基础。它驻留于计算机系统之中，执行仪器总线的特殊功能，是仪器驱动程序与仪器之间的软件层接口，用于实现对仪器的控制，是开放统一的虚拟仪器系统的基础与核心。对于实现简单测量任务，VISA库具有简单易用的控制函数集，在使用上也相当简单；而对于构建复杂系统，VISA库拥有非常强大的仪器控制与资源管理功能。对于仪器驱动程序的开发，VISA库是一个可调用的函数库或集合，这种调用是通过DLL（Dynamic Link Library，动态链接库）的形式来实现的。动态链接的形式，使仪器驱动程序可以调用不属于可执行代码的函数。

2. 仪器驱动程序

在虚拟仪器系统中，每个仪器模块均有自己的仪器驱动程序，它是完成对某一特定仪器的

控制与通信的软件程序集合，是应用程序实现仪器控制的桥梁，而仪器驱动程序对于仪器的操作与管理是通过调用VISA库函数来实现的。仪器厂商通常以源码的形式提供其驱动程序。一旦有了仪器驱动程序，用户即使不十分了解仪器内部操作过程，也可以在应用程序中通过调用仪器驱动程序开展虚拟仪器的设计工作。

3. 应用软件

应用软件直接面对操作，是建立在驱动程序之上的，通过提供直观、友好的操作界面和丰富的数据分析与处理功能来完成自动测量任务。通常使用各类功能函数完成数据分析与处理，如频谱分析的功率谱估计、FFT和细化分析等，时域分析的相关分析、卷积分析、差分运算和排序等，滤波器设计中的数字滤波等，这些功能函数为用户进一步开发虚拟仪器的功能提供了极大的便利。

1.3.4 虚拟仪器软件开发平台

虚拟仪器应用程序开发环境的选择因开发人员喜好的不同而不同，但无论哪种开发环境，其提供的界面都必须友好，功能要强大。当前虚拟仪器应用程序的开发环境主要有两种：一种是基于传统文本语言的软件开发环境，常用的有VC（Microsoft Visual C++）、VB（Microsoft Visual Basic）、Lab Windows/CVI等，虽然都是可视化的开发工具，但它们仍然对开发人员的编程能力要求较高，而且开发周期较长；另外一种是基于图形化语言的软件开发环境，常用的有LabVIEW和HP的HP VEE。其中，图形化软件开发系统用编程人员所熟悉的术语和图形化符号代替常规的文本语言编程，界面友好，操作简便，可大大缩短系统开发周期，深受专业人员的喜爱。下面简要介绍三个常用的虚拟仪器软件开发平台：Lab Windows/CVI、LabVIEW和HP VEE。

1. Lab Windows/CVI

Lab Windows/CVI是一个完全的标准C语言开发环境，用于开发虚拟仪器应用系统。Lab Windows/CVI提供内置式函数库，可以用于完成数据采集、分析和显示任务；它还提供简单的、拖放的界面编辑器以及自动代码生成工具。利用这些功能，用户可以在将代码加入某项目之前，先对其进行互动式的测量。可以利用Lab Windows/CVI定义和设计界面，生成或运行ActiveX组件及开发多线程应用。Lab Windows/CVI为熟悉C语言的开发人员提供了一个功能强大的软件开发环境，多用于组建大型测量系统或复杂的虚拟仪器。

Lab Windows/CVI是一个完全集成式的开发环境，特别为建立以GPIB、PXI、VXI和插入式数据采集板卡为基础的测量系统而设计。该环境将互动性好、简单易用的开发方式与ANSIC编译代码所特有的强大编程功能和灵活性有机地结合在一起。Lab Windows/CVI提供了许多实用的特性，使用户无须牺牲C代码的运行速度或源代码可管理性，便能得到高效的工作效率。

2. LabVIEW

LabVIEW（实验室虚拟仪器工程平台）是美国NI公司的创新产品，也是应用前景较广、发展较快、功能强大的图形化软件开发集成环境。LabVIEW本身是功能较完整的软件开发环境。作为编写应用程序的语言，除了编程方式不同外，LabVIEW具备编程语言的所有特征，因此被称为G（Crap，图形）语言。虚拟仪器概念是LabVIEW的精髓，也是G语言区别于其他语言最显著的特征。正是由于LabVIEW的这些优点，才使虚拟仪器的概念得以被科学界和工程界广泛接受。反过来，也正是因为虚拟仪器概念的延伸与扩展，才使得LabVIEW的应用更加广泛。

3. HP VEE

HP VEE（Hewlett Packard Visual Engineering Environment）是HP公司开发的用于仪器控制和信号分析的图形化编程环境。HP VEE提供了丰富的函数模块及大量的仪器驱动程序、简单易用，编程时只需要根据测量流程图用鼠标将各模块连接起来，无须接触更底层的编程。在仪器控制方面，HP VEE提供了直观的仪器软面板（Instrument Panel）和灵活的直接输入/输出（Direct I/O）方式，从而使用户在编程时可以将更多注意力放在测量的定义、程序的结构、仪器的使用等方面。作为一种面向实际测量人员、灵活方便、功能强大的编程环境，HP VEE已广泛应用于各种测量领域，具有广阔的应用前景。

1.4 虚拟仪器技术应用

虚拟仪器技术突破了传统仪器技术的各种局限，以其优越的性能在各行各业广泛应用。当前，虚拟仪器技术在测试测量领域的应用已经趋于成熟。虚拟仪器技术正在向工业自动化、仪器制造和实验室、教学等领域扩展。

1. 虚拟仪器技术在产品研发和测试领域的应用

在产品的研发设计阶段，研发者要求能够快速开发和建立系统原型，利用虚拟仪器，可以快速创建程序，并对系统原型进行测量及分析结果。

虚拟仪器技术能够简单地实现软硬件的无缝集成，同时虚拟仪器系统具有内在集成属性，容易扩展并且能适应不断增长的产品功能。

在产品的验证和测试阶段，测试平台要包含精确的同步测量能力，具有快速测试开发工具。虚拟仪器技术将快速软件开发和模块化、灵活的硬件结合在一起，从而创建用户自定义的测试系统。工程师可在LabVIEW中完成测试程序开发并与NI TestStand等测试管理软件集成使用。这些开发工具使得程序代码可以重复使用，可以将它们插入各种功能工具中进行认证、测试或生产工作。一旦需要新的测试，工程师只需要简单地给测试平台添加新的模块就可以完成新的测试任务。同时，通过虚拟仪器技术可以使测试过程自动化，以消除人工操作引起的误差，并能确保测试结果的一致性。

除了研发调试、设备测试以外，虚拟仪器技术还可用于声学测试、生物医学研究、汽车测试、通信测试等场合。

2. 虚拟仪器技术在工业自动化领域的应用

在工业自动化领域，虚拟仪器设计所采用的图形化编程语言十分适合工程师应用，有利于提高企业自主开发和管理项目的能力，降低自动化技术改造的成本。基于LabVIEW的虚拟仪器技术，可以根据实际工艺流程和控制要求，轻松地将多种工业设备（如PLC控制技术、工业网络、分布式I/O和插入式数据采集卡等）集成在一起，还可以融合报警管理、历史数据追踪、安全、网络、工业I/O和企业内部联网等功能。

计算机为工业自动化提供了更大的软件灵活性和更高的性能，而PLC控制技术则提供了优良的稳定性和可靠性。但是，随着工业自动化的发展，控制需求越来越复杂，提高性能、保持稳定性和可靠性这三者缺一不可。可编程自动控制器（PAC）结合虚拟仪器技术是解决这一难题的完美方案。

虚拟仪器技术在工业自动化领域的应用已经非常广泛，例如食品加工、控制工程、工业机器人、晶片传送手臂、制药生产、统计流程控制、机械制造等。

3. 虚拟仪器技术在实验室建设、课程教学方面的应用

电子仪器与测试实验室是高等工科院校必备的教学实验条件。为了保证实验教学效果，实验室要达到一定规模，需要购置大量的基础测量仪器，如示波器、万用表、信号源、专用教学实验箱等。教学实验设备投资大，技术更新快，维护困难。利用虚拟仪器技术，可设计出与实际仪器在原理、功能和操作等方面完全一样的虚拟仪器，在降低实验室建设与管理成本的同时，达到与实际仪器教学相同的教学效果。

采用虚拟仪器技术实现的虚拟电子仪器实验室，从根本上改变了传统实验教学方法。虚拟仪器技术在实现远程实验教学方面具有重要作用。

小　　结

仪器技术的发展包括了模拟仪器、数字仪器、智能仪器、虚拟仪器4个阶段。

美国NI公司认为虚拟仪器是一种以计算机和测试模块的硬件为基础，以用于数据分析、过程通信及图形用户界面的计算机软件为核心的，并且在计算机屏幕上显示虚拟的仪器面板，可由用户软件来定义仪器功能的模块化仪器系统。因此，软件是虚拟仪器的核心，NI公司提出“软件即仪器”。

虚拟仪器系统按内部功能划分，可分为三大功能模块：数据采集与控制、数据分析与处理、结果表达与输出。

虚拟通用仪器硬件平台包括计算机和数据采集硬件。数据采集硬件包含PC-DAQ插卡式虚拟仪器、并串口总线虚拟仪器、GPIB虚拟仪器、VXI总线虚拟仪器、PXI总线虚拟仪器5种。

虚拟仪器的软件系统框架包括3部分：VISA（虚拟仪器软件架构）库、仪器驱动程序和应用软件。

常用的3个虚拟仪器软件开发平台：Lab Windows/CVI、LabVIEW和HP VEE。

习　　题

1. 什么是虚拟仪器技术？
2. 虚拟仪器的数据采集硬件有哪几种？各有什么特点？
3. 虚拟仪器系统的三大功能模块是什么？

第 2 章

LabVIEW 基础知识

本章导读

了解 LabVIEW 的发展史及特点，掌握 LabVIEW 的软件开发环境，重点掌握 LabVIEW 的两个窗口、三个选板、工具栏和快捷菜单操作，了解帮助工具和调试工具的应用。

2.1 LabVIEW 简介

实验室虚拟仪器集成环境（Laboratory Virtual Instrument Engineering Workbench）简称LabVIEW，是美国NI公司的创新软件产品，也是当前应用最广、发展最快、功能最强的图形化软件开发集成环境，又称G语言。

2.1.1 LabVIEW发展史

LabVIEW已经成为一个标准的数据采集和仪器控制软件。早在Windows操作系统诞生之前，NI公司已经在苹果Macintosh计算机上推出了LabVIEW早期版本，从1986年发明至今，基本上每年都对版本进行了升级优化。LabVIEW高版本兼容低版本，而低版本无法打开高版本程序。同时，兼容不是无止尽地向下兼容，如LabVIEW 2016无法正常打开早于LabVIEW 8.0的版本，并且LabVIEW版本和计算机系统大致搭配。对于Windows 7及以上版本的Windows系统，建议使用LabVIEW 2014及以上版本。

LabVIEW版本简介如表2–1所示。

表 2–1　LabVIEW 版本简介

时　间	版　本	新增特点
1986年5月	LabVIEW Beta测试版	
1986年10月	LabVIEW1.0 for Macintosh	解释型和单色的
1990年1月	LabVIEW 2.0	编译型的版本，增加了彩色的性能，提供了图形编译功能，LabVIEW中的VI运行速度可以与编译C语言的运行速度相媲美
1993年1月	LabVIEW 3.0	LabVIEW的VI可以变成一个独立运行的程序
1994年4月	LabVIEW for Windows NT	
1994年10月	LabVIEW for Power Macintosh	
1995年10月	LabVIEW for Windows 95	

续表

时　间	版　本	新增特点
1997年5月	LabVIEW 4.0	
1998年2月	LabVIEW 5.0	为各个设备预先设置了多线程功能，增加了可程序设计的控制面板、应用程序等重大改进
2000年8月	LabVIEW 6i	
2001年12月	LabVIEW 6.1	
2003年	LabVIEW 7	引入了动态数据类型，增加了LabVIEW PDA和LabVIEW FPGA等各种不同的功能模块
2004年5月	LabVIEW 7.1	推出了正式LabVIEW Real-Time（实时）系统
2005年	LabVIEW 8	具有分布式智能化的优异特性
2006年	LabVIEW 8.20	LabVIEW 8.2.1是其中文版本
2007年8月	LabVIEW8.5	简化了多核以及FPGA应用的开发，运行性能提升
2008年8月	LabVIEW 8.6	成为引领并行技术时代的编程标准
2009年2月	LabVIEW8.6.1	
2010年8月	LabVIEW 2010	
2011年8月	LabVIEW 2011	实现了全新的应用优化并增强了对外部代码的支持
2012年8月	LabVIEW 2012	可加速嵌入式系统的设计时程，测试系统设计与仪器内部元件控制程式，模组化为单一图形工具，可即时修改即时测试，大幅减少设计测试时间与成本
2013年	LabVIEW 2013	提供了全新的分析工具并大幅提升了效率
2014年	LabVIEW 2014	新增了DataFinder Federation与Data Dashboard新特性，用户可以在任何时间、任何地点做出数据驱动的决定
2015年	LabVIEW 2015	
2016年	LabVIEW 2016	新增了通道连线功能等功能，可简化并行代码之间的复杂通信，并且可以用到桌面和实时系统；易用性改进、编程环境改进、新增VI、改进VI和函数
2017年	LabVIEW 2017	提高对Amazon Web Services（AWS）的直接支持，直接有助于大数据的开发。支持DDS（Data Distribution Service，数据分发服务）数据通信，可给项目做技术支撑
2018年	LabVIEW 2018	从LabVIEW调用Python代码；应用程序生成器的改进；环境改进；程序框图的改进；前面板改进；新增VI和函数
2019年	LabVIEW 2019	
2020年	LabVIEW 2020	

2010年之前，LabVIEW 版本的命名规则有下面的特点：

（1）系列号：5、6、7、8表示新的系列，软件结构或功能可能有重大改进。

（2）版本号：5.x、6.x、7.x、8.x表示软件有新的内容或比较大的改进。

（3）版本号：5.x.x、6.x.x、7.x.x、8.x.x表示软件较上个版本进行了修补。

2010年之后，LabVIEW 版本以年份进行命名，每一年的版本优化基本表现在易用性改进、编程环境改进、新增VI、改进VI和函数等方面，其他方面的改进在表2-1中列出。

与其他版本比较，LabVIEW 2019 提供更好的集成开发环境（Integrated Development Environment，IDE）可视性、强大的调试增强功能以及新的图形化语言数据类型，旨在帮助开发人员进一步提高工作效率。此外，LabVIEW 2019 还解决了工程师的一个关键痛点：采用分散的非标准化方法来克服代码部署过程中的常见挑战——依赖关系管理和版本控制。借助 LabVIEW 2019 软件包安装程序的发布选项，用户可以使用软件固有的版本管理和自动依赖关系管理功能，标准化程序发布方法，从而方便地复制和共享系统软件。

2.1.2 LabVIEW优势

LabVIEW 作为一种图形化编程语言，被工业界、学业界和研究实验室广泛接受，并在不断地发展和进步。LabVIEW 编程门槛低，已经成为当前应用最广、发展最快、功能最强、最流行的虚拟仪器开发平台之一。

LabVIEW 作为一种编程语言，概括起来具有以下特点：

1. 跨平台特性

LabVIEW 支持 Windows、UNIX、Linux、Macintosh、Mac OS X 等多种计算机操作系统，这种跨平台特性在当今的网络化时代是非常重要的。例如，在 Linux 操作系统下设计的 VI，通过网络传递到其他平台上无须改变任何代码，即可使用或调试。同时，它还可以充分利用不同平台自身所具有的优异性能，如 Windows 系统的广泛性，Mac OS X 系统的美观、时尚，Linux 系统的安全性等。

2. 对其他编程语言的支持

与 Visual Basic、Visual C++、Delphi、Perl 等基于文本型程序代码的编程语言不同，LabVIEW 是一种图形化编程语言，基本不用编写复杂烦琐的程序代码，采用“选择并放置各类图形化的功能模块，用线条将各种功能模块连接起来”的编程方式。该编程方式就像在“绘制”程序流程图，并且尽可能使用编程人员所熟悉的术语、图标和概念，使得编程及使用过程生动有趣，可以大大提高工作效率。

为了照顾到使用其他高级编程语言的编程者，LabVIEW 还提供了兼顾其他高级编程语言的开发环境，使已习惯于其他编程语言的用户也能够充分利用 LabVIEW 的自动化测试、测量及分析、处理能力。

例如，LabWindows/CVI 是 NI 公司推出的交互式 C 语言开发平台，它将功能强大、使用灵活的 C 语言平台与用于数据采集分析和显示的测控专业工具有机地结合起来，利用它的集成化开发环境、交互式编程方法、函数面板和丰富的库函数大大增强了 C 语言的功能，为熟悉 C 语言的开发设计人员提供了一个理想的软件开发环境。

NI 公司开发的 Measurement Studio 这一编程平台，带有专门为微软 Visual Basic、Visual C# .NET 和 Visual C++ 设计的各种测量工具，简化了与数据采集和仪器控制接口的结合，从而更加方便地实现硬件集成。Measurement Studio 提供了对 Visual Basic、Visual C++# 及 Visual C++ 的支持。

此外，从 LabVIEW 8.0 开始，LabVIEW 提供了 MathScript 功能，可以使用类似 MATLAB 中文本式的数学编程语言来进行编程。LabVIEW 2018 中新增了 Python 接口，可以直接调用 Python 模块，方便传入参数。当前支持的 Python 版本为 2.7 和 3.6，而且 Python 必须和 LabVIEW 版本同为 32 位或者同为 64 位。

3. 开放的开发平台

LabVIEW 是一个开放的开发平台，提供广泛的软件集成工具、运行库和文件格式，可

以方便地与第三方设计和仿真连接，如动态链接库（DLL）、动态数据交换（DDE）、各种ActiveX。

LabVIEW还集成了GPIB、VXI、RS 232和RS 485协议的硬件及数据采集卡通信的全部功能和特定的应用程序库代码，如数据采集（DAQ）、数据分析、数据显示、数据存储、Internet通信等。

4. 图形化的强大的分析、处理能力

LabVIEW提供了强大的分析、处理VI库及许多专业的工具包，如高级信号处理工具包、数字滤波器设计工具包、调制工具包、谱分析工具包、声音振动工具包、阶次分析工具包等，这是其他高级编程语言无法提供的。LabVIEW独特的数据结构（波形数据、簇、动态数据类型等）使得测量数据的分析、处理非常简单，并且实用性很强。

5. 编程效率极高

使用LabVIEW图形化编程的一大特点是编程效率极高。LabVIEW具有工业标准的图形化开发环境，结合了图形化编程方式的高性能与灵活性以及专为测试、测量与自动化控制应用设计的高端性能与配置功能，能为数据采集、仪器控制、测量分析与数据显示等各种应用提供必要的开发工具，因此，LabVIEW能够通过降低应用系统开发时间与项目筹建成本帮助用户提高工作效率。

综上所述，LabVIEW是一款功能强大且灵活的软件，它可以增强用户构建科学和工程系统的能力，提供了实现仪器编程和数据采集系统的便捷途径。LabVIEW已广泛应用于众多领域，如航空、航天、通信、电力、汽车、电子半导体、生物医学等。

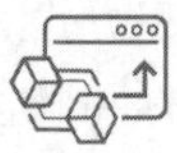

2.2 LabVIEW 的启动

安装LabVIEW 2019之前，需要了解它对计算机硬件的基本配置要求，LabVIEW 2019适用于Windows 7/8/10系统。一般来说，当前的主流计算机都可以比较顺畅地运行该软件，安装过程也比较简单，这里就不再赘述。

安装LabVIEW 2019后，在“开始”菜单中便会自动生成LabVIEW 2019的快捷方式——NI LabVIEW 2019（32位），如图2-1所示。单击该快捷方式即可启动LabVIEW 2019。

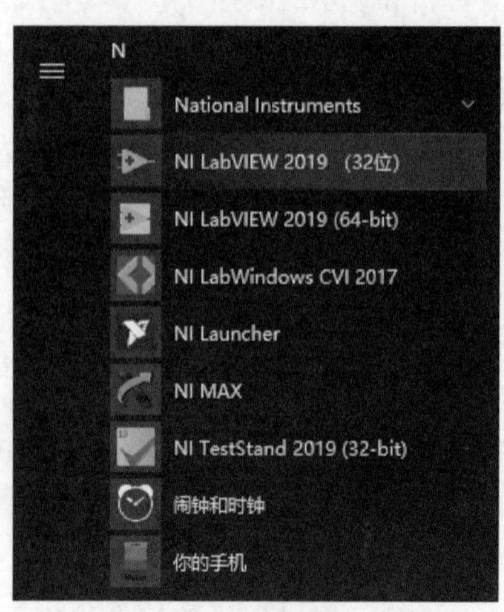

图2-1 “开始”菜单中的NI LabVIEW 2019快捷方式

LabVIEW 2019简体中文专业版的启动界面如图2–2所示。

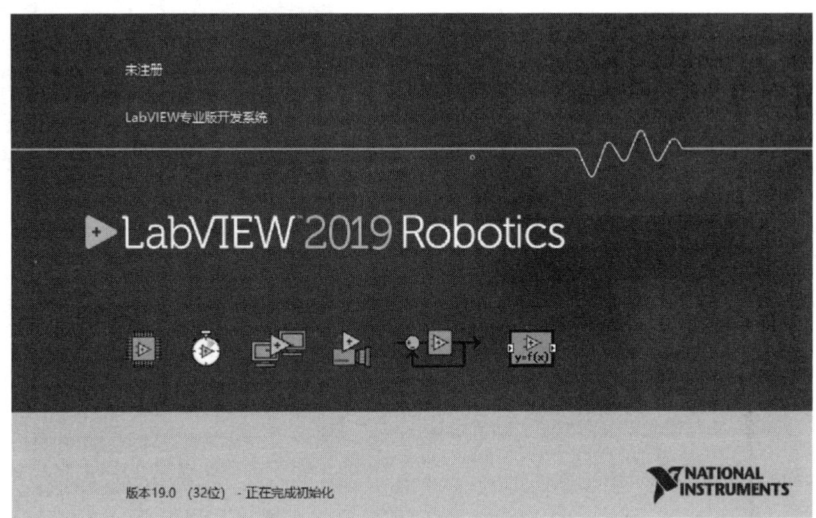

图 2–2　LabVIEW 2019 启动界面

启动后的程序界面如图2–3所示。

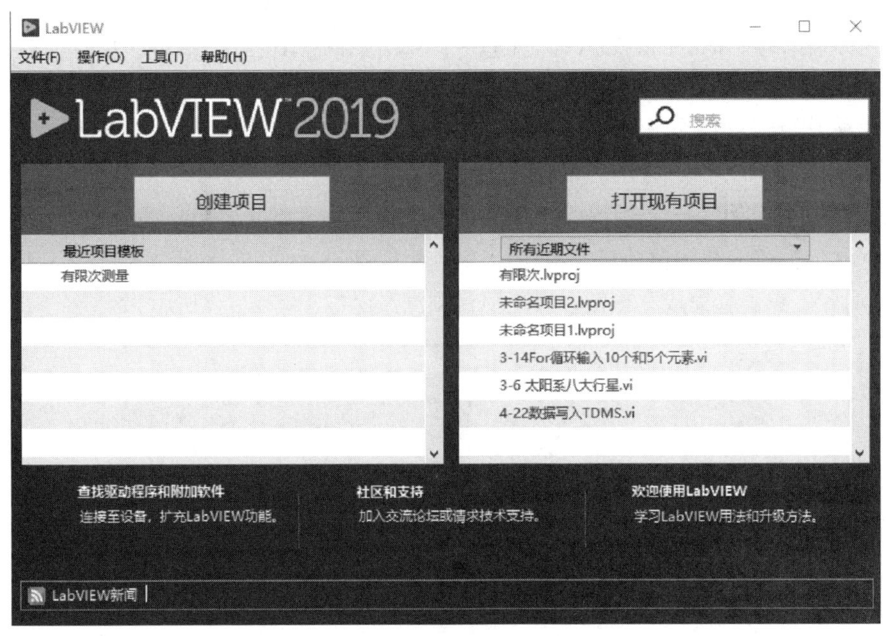

图 2–3　LabVIEW 2019 启动后的程序界面

在图2–3所示界面中利用菜单命令可以创建新VI、选择最近打开的LabVIEW文件、查找范例以及打开LabVIEW帮助，如图2–4所示。同时还可查看各种信息和资源，如用户手册、帮助信息等。

单击“查找驱动程序和附加软件”超链接，在弹出的“查找驱动程序和附加软件”窗口中提供了“查找NI设备驱动程序”“连接仪器”“查找LabVIEW附加软件”等功能选项，如图2–5所示。

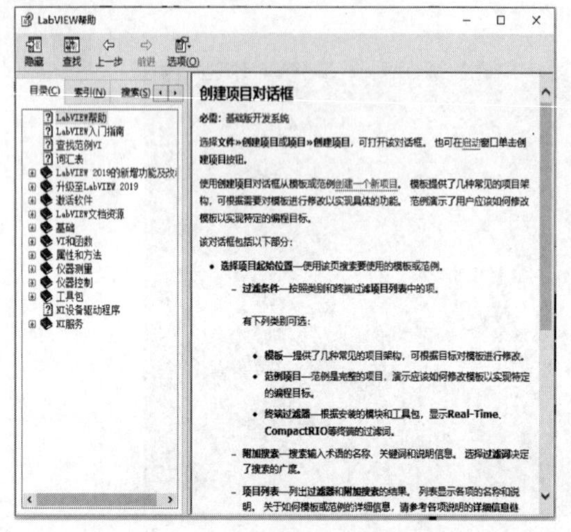

图 2–4　“LabVIEW 帮助”窗口

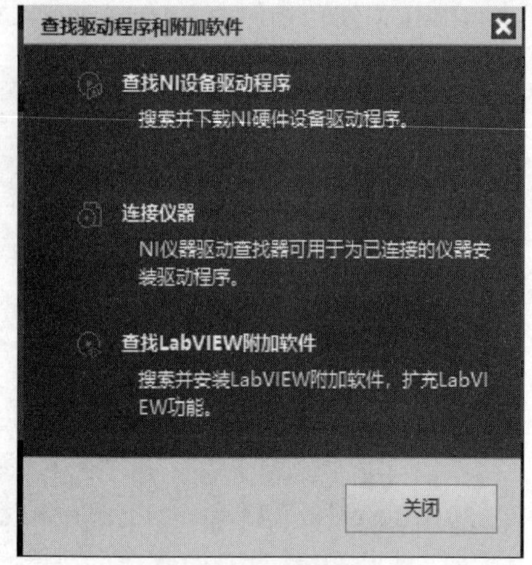

图 2–5　“查找驱动程序和附加软件”对话框

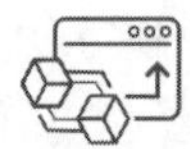

2.3　项目浏览器

项目用于对LabVIEW文件和非LabVIEW文件进行分组、创建生成规范以及在终端上部署或下载文件。保存项目时，LabVIEW 会创建一个项目文件（.lvproj），其中包括对项目中文件的引用、配置信息、生成信息以及部署信息等。

在创建应用程序和动态链接库时必须在项目浏览器中建立。实时系统（RT）、现场可编程门阵列（FPGA）或个人数字助手（PDA）终端也必须通过项目进行操作。

2.3.1　项目浏览器窗口

在图2–3中，单击“创建项目”按钮后出现图2–6所示的“创建项目”窗口，选中“新建一个空白项目”，单击“完成”按钮，出现项目浏览器窗口，如图2–7所示。

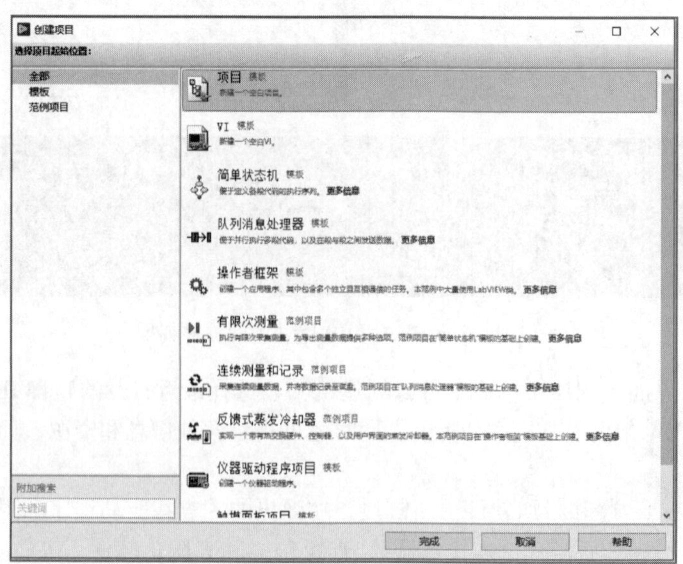

图 2–6　“创建项目”窗口

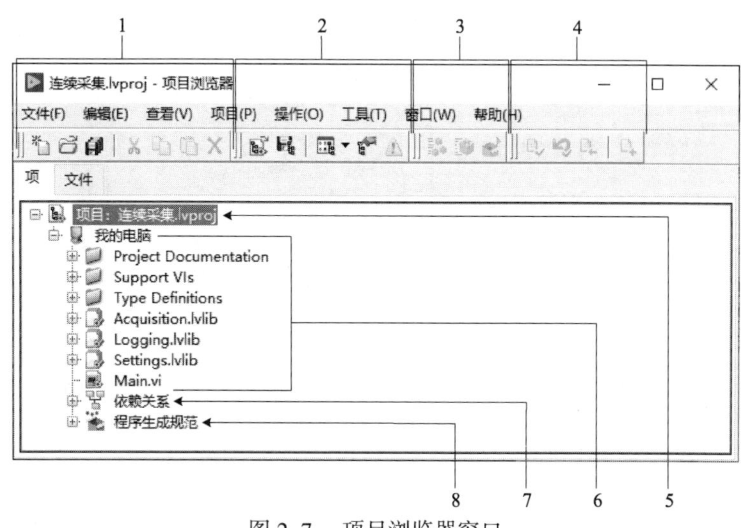

图 2-7 项目浏览器窗口

1—标准工具栏；2—项目工具栏；3—生成规范工具栏；4—源代码控制工具栏；
5—项目根目录；6—终端；7—依赖关系；8—程序生成规范

项目浏览器窗口用于创建和编辑 LabVIEW 项目。默认状态下，项目浏览器窗口包括以下各项：

（1）项目根目录：包含项目浏览器窗口中所有其他项。项目根目录上的标签包括该项目的文件名。

（2）终端：终端是可以运行LabVIEW应用程序（即虚拟仪器VI）的任意设备。在项目中添加终端时，LabVIEW 会在项目浏览器窗口中创建一个新项，用于表示终端。每个终端也包括依赖关系和程序生成规范。各个终端都可以添加文件。图2–7中的“我的电脑”表示将本地计算机表示为项目中的一个终端。

（3）依赖关系：包括某个终端下VI的所需项。

（4）程序生成规范：包括源代码发布的程序生成配置以及LabVIEW工具包和模块支持的其他生成。

2.3.2 项目相关工具栏

使用标准、项目、生成规范和源代码控制工具栏按钮在 LabVIEW 项目中执行操作。在图 2–7 中，工具栏位于项目浏览器窗口的顶端，单击展开其中的“文件”“编辑”“查看”“项目”等能查看所有工具栏。选择“查看”→“工具栏”，然后选择需显示或隐藏的工具栏，可以更改窗口中显示的工具栏。也可右击工具栏的空白区域并选择需隐藏或显示的工具栏。

练习 2–1：展开“查看”，找到函数选板、工具选板、控件选板。

操作步骤：

如图2–8所示，单击“查看”，鼠标下移单击“函数选板”即可。其他工具展开的操作类似。

练习 2–2：创建并保存一个 LabVIEW 项目。

操作步骤：

（1）在图2–7中，选择“文件”→“ 创建项目”，显示创建项目面板，选中“新建一个空白项目”，单击“完成”按钮将会出现另一个新的项目浏览器窗口。

（2）保存项目的方式有以下4种：

① 在项目浏览器工具栏上选择“文件”→“保存”，有5种保存模式，可按需选择。

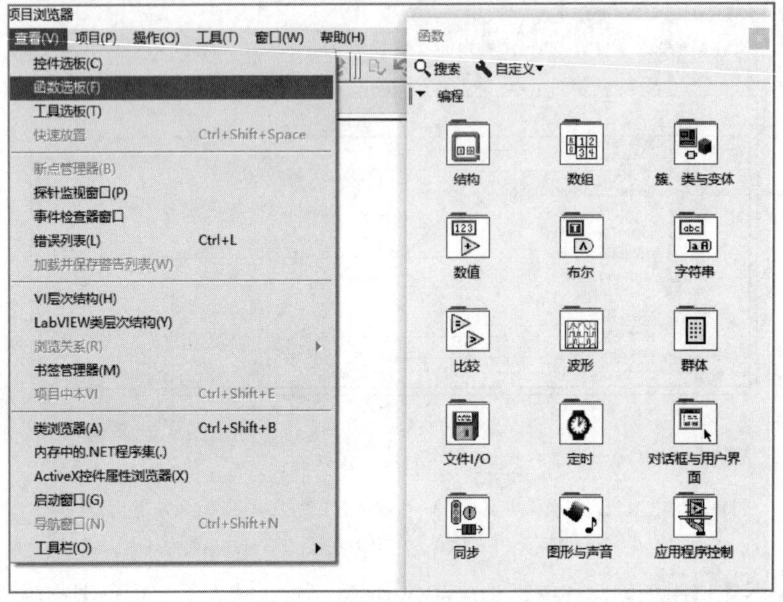

图 2-8　展开查看其他工具

② 在项目浏览器工具栏上选择“项目”→“保存项目”。

③ 右击目录树上的“项目”，从弹出的快捷菜单中选择“保存”。

④ 在项目工具栏上单击“保存项目”按钮。

注意： 在保存项目前，必须先保存新建的未保存的文件。保存项目时，LabVIEW 不会将依赖关系作为项目文件的一部分进行保存。对项目进行重大修订前应对项目进行备份。

未命名项目会弹出图2-9所示的“命名项目”对话框，选择路径，命名并保存当前项目。

图 2-9　“命名项目”对话框

练习2-3： 向项目中添加已有文件或VI。

可以将已有文件添加到项目中。使用项目浏览器窗口中的“我的电脑”（或其他终端），可通过下列方式为LabVIEW项目中添加文件、文件夹和VI。

操作步骤：

（1）添加文件或文件夹。

① 右击“我的电脑”，从弹出的快捷菜单中选择“添加”→“文件”（或整个文件夹），添加文件，如图2-10所示。

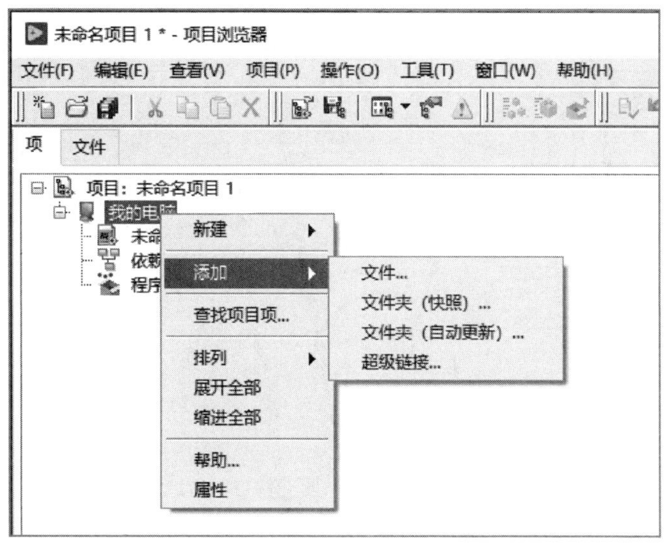

图 2-10　添加文件方法 1

② 选择项目浏览器菜单中的“项目”→“添加至项目”→“文件”（或整个文件夹），添加文件，如图2-11所示。

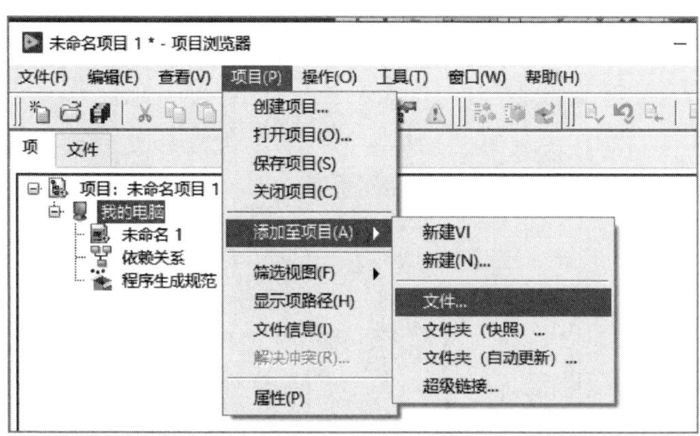

图 2-11　添加文件方法 2

③ 从文件系统中选中某个文件或文件夹，将它拖动至终端，如图2-12所示。

注意： 将磁盘上的文件夹添加至项目后，修改磁盘上的文件夹时LabVIEW不会自动更新项目中对应的文件夹。

图 2-12　添加文件方法 3

（2）添加VI。

① 右击终端，从弹出的快捷菜单中选择“新建”→VI，添加一个新的VI，如图2-13所示。也可选择“文件 ”→“新建VI”，添加新的VI。从图2-13可以看出，新建其他库、变量等也可类似操作。

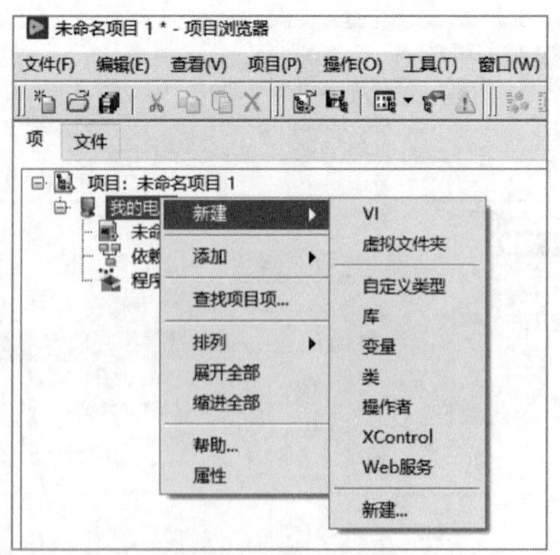

图 2-13　添加 VI 方法 1

② 若已经打开一个新的VI前面板或程序框图，则可以将VI面板或程序框图窗口右上角的VI图标并将其拖动至终端，如图2-14所示。

图 2-14　添加 VI 方法 2

练习2-4：删除项目中的项。

操作步骤：

可以通过下列方式在项目浏览器窗口中删除项。

（1）右击需删除的项，从弹出的快捷菜单中选择“删除”。

（2）选中需删除的项，按 <Delete> 键。

（3）选择需删除的项，单击标准工具栏的“删除”按钮。

注意：删除项目中的项并不会删除磁盘上对应的文件。

练习2-5：组织项目中的项。

在项目浏览器窗口中可利用文件夹组织各项。

操作步骤：

（1）右击项目根目录或终端，从弹出的快捷菜单中选择“新建”→“虚拟文件夹”，添加一个新文件夹。

（2）右击目录中已有文件夹，从弹出的快捷菜单中选择“新建”→“虚拟文件夹”，创建子文件夹。

（3）在文件夹中可重新排列各项。右击文件夹，从弹出的快捷菜单中选择“排列”→“名称”，按字母顺序排列各项。右击文件夹，从弹出的快捷菜单中选择“排列”→“类型”，按文件类型排列各项。

（4）也可从目录树上直接拖动某个文件或VI到另一个文件夹下。

练习2-6：查看项目中的文件

为LabVIEW项目添加文件时，LabVIEW会在磁盘上保存文件引用。

操作步骤：

（1）右击项目浏览器窗口中的文件，从弹出的快捷菜单中选择“打开”，以默认方式打开文件。

（2）右击项目，从弹出的快捷菜单中选择“查看”→“完整路径”，查看项目引用的文件保

存在磁盘中的位置，如图2–15所示。

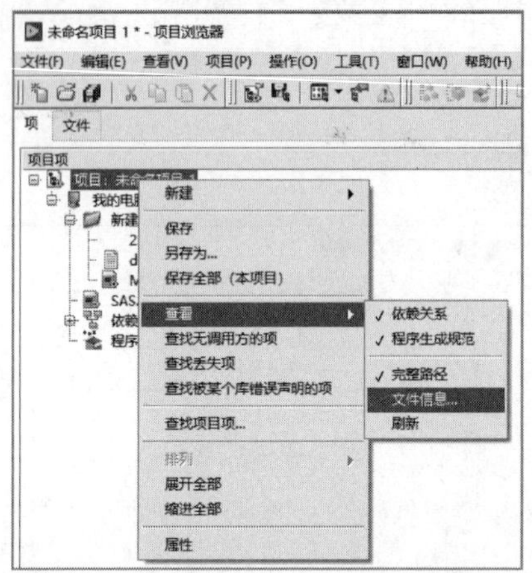

图 2–15　查看路径或文件信息方法 1

（3）使用文件子页面查看项目引用的文件在磁盘和项目浏览器窗口中的位置，如图2–16所示。

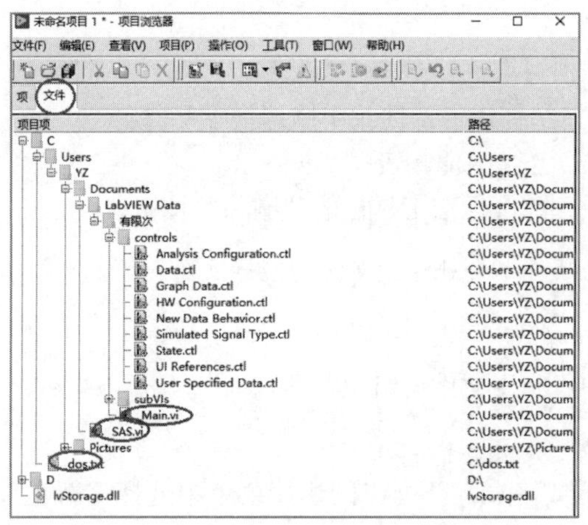

图 2–16　查看路径或文件信息方法 2

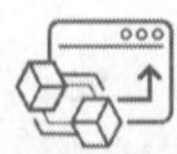

2.4　VI 的启动与保存

LabVIEW 程序称为虚拟仪器或VI，其外观和操作类似于真实的物理仪器（如示波器和万用表）。LabVIEW 中含有非常多的VI和函数，用于采集、分析、显示和存储数据，还有很多工具帮助用户解决代码中可能出现的问题。按照软件操作的顺序，可以通过LabVIEW的程序界面启动和新建VI。

2.4.1　启动已有VI

练习2–7：打开一个已有的VI。

操作步骤：

（1）启动LabVIEW后将出现图2–3所示的程序界面。在这个程序界面中单击“打开现有项目”，可打开图2-17所示的“选择需打开的文件”对话框，选择需要的VI，双击或单击“确定”按钮即可。

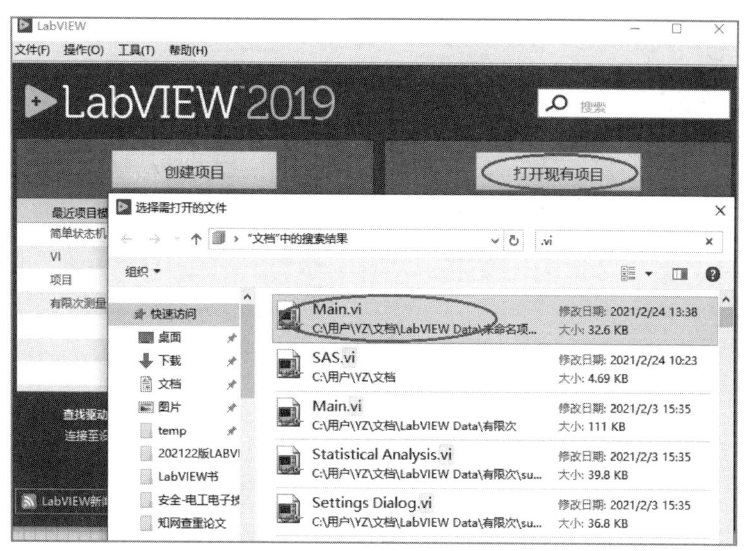

图 2-17 打开已有 VI 方法 1

（2）在项目浏览器窗口，或者VI前面板或程序框图窗口中，选择“文件”→“打开”或单击“文件夹”按钮，也可打开“选择需打开的文件”对话框，如图2-18所示，选择需要的VI，双击或单击“确定”按钮即可。

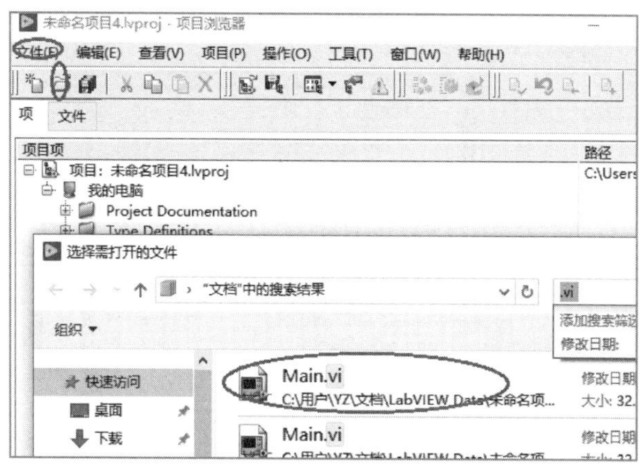

图 2-18 打开已有 VI 方法 2

2.4.2 新建保存VI

我们已经讲述了如何在项目终端中新建一个空白VI，本小节着重讲述其他VI创建方法。

练习2-8：从模板创建VI。

操作步骤：

（1）用模板创建VI。从项目浏览器窗口、前面板或程序框图的工具栏上都可以通过选择“文件”→“新建”，打开“新建”对话框，如图2-19所示。该对话框中列出了多种VI形式，包括内置的VI模板，选择一个需要的模板，例如“生产者/消费者设计模式”，单击“确定”按

钮，打开该VI模板的前面板和程序框图，如图2–20所示。

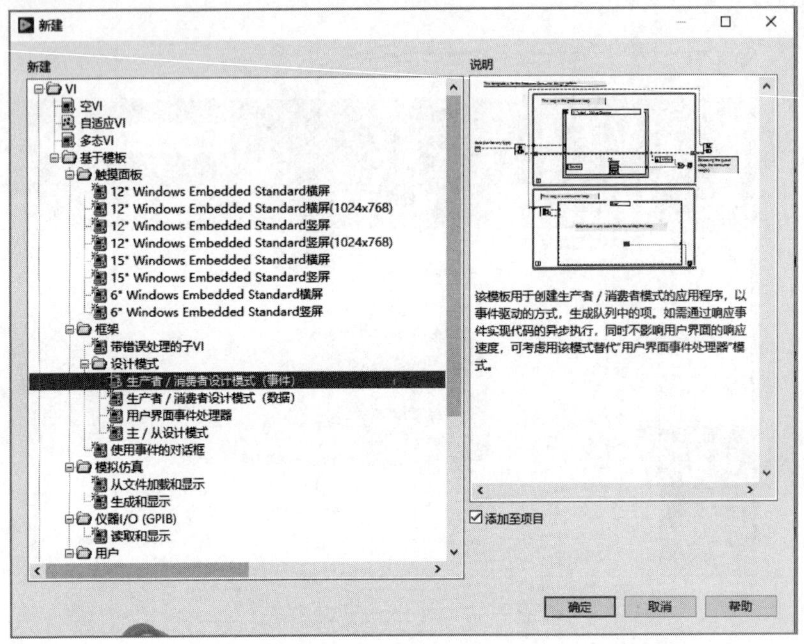

图 2–19 “新建”对话框

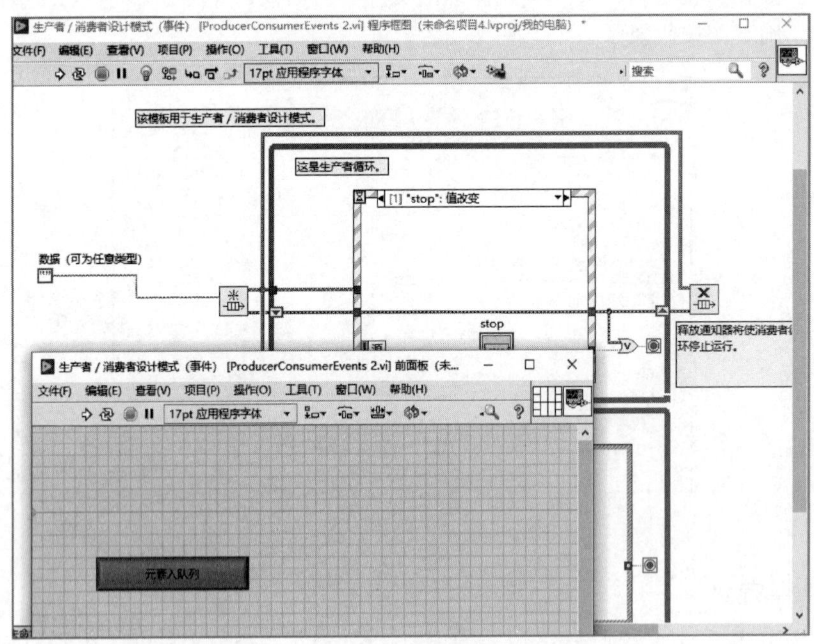

图 2–20 生产者 / 消费者设计模式 VI

（2）保存VI。选择“文件”→“保存”，可保存VI。如果VI已保存，选择“文件”→“另存为”，可打开另存为对话框，如图2–21所示。在另存为对话框中可以创建VI的副本、重命名或复制层次结构至新位置。

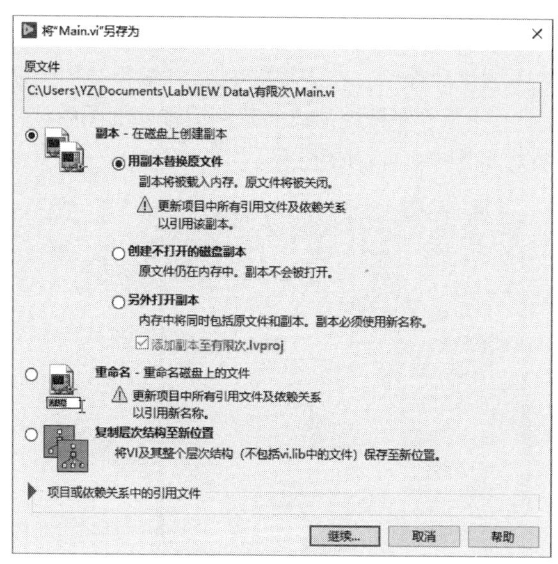

图 2-21　另存为对话框

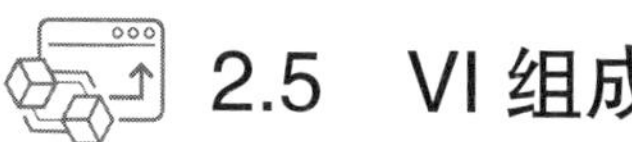

2.5　VI 组成

LabVIEW VI包括前面板、程序框图和图标/接线板三部分。

2.5.1　前面板

前面板是VI的用户界面。图2-22显示了一个前面板窗口的范例。这一界面上有用户输入控件和显示输出控件两类对象。输出控件具体表现为开关、旋钮、转盘、指针、滑动杆、数值输入控件等。输出控件具体表现为图形、图标、数组、字符串等。输入控件模拟仪器的输入装置为VI的程序框图提供数据。显示控件模拟仪器的输出装置用以显示程序框图获取或生成的数据。图2-22中，两个输入控件分别是“测量次数”和“延迟（秒）”，一个显示控件是名称为“温度图”的XY坐标图。

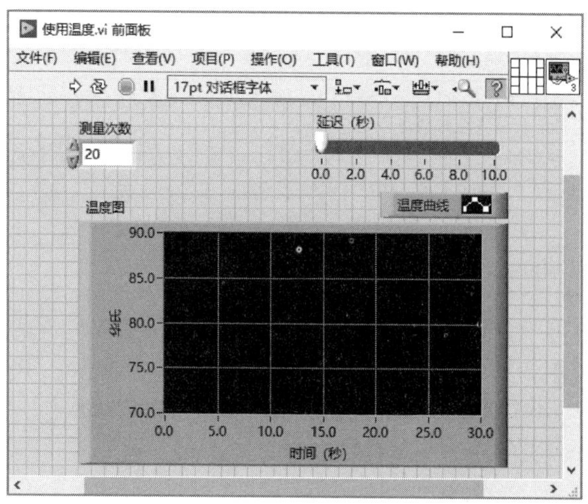

图 2-22　VI 前面板

2.5.2 程序框图

程序框图提供VI的图形化源程序，在流程图中对VI编程，用于控制和操纵定义前面板上的控件对象。图2–23显示了一个程序框图窗口的范例。程序框图中包含节点、接线端和连线三种组件。前面板对象在程序框图中显示为接线端。

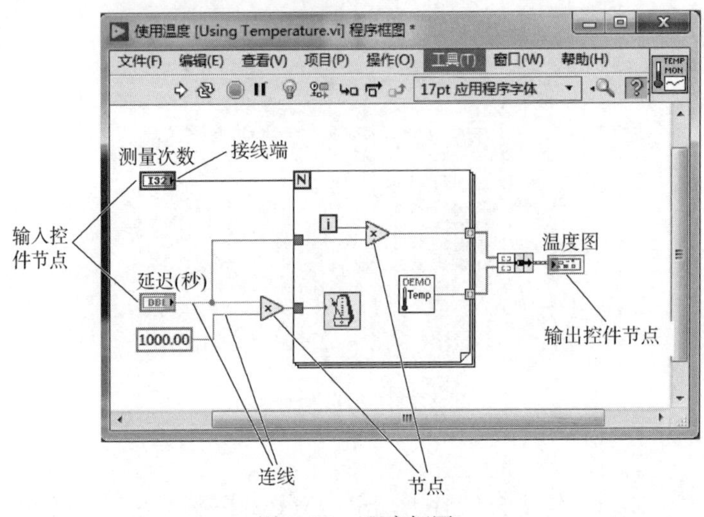

图 2–23 程序框图

1. 节点

节点是程序执行元件形象化的名称。节点类似于标准编程语言中的语句、操作符、函数和子程序。LabVIEW中的节点类型及功能如表2–2所示。

表 2–2 节点类型及功能

节点类型	功 能
函数	内置的执行元素，相当于操作符、函数或语句
子VI	将整个VI程序作为另一个VI程序的一部分，相当于子程序
Express VI	协助测量任务的子VI，在Express VI配置对话框中配置
结构	执行控制元素，如For循环、While循环、条件结构等
公式节点和表达式节点	公式节点是可以直接向程序框图输入方程的结构，其大小可以调节。表达式节点是用于计算含有单变量表达式或方程的结构
属性节点和调用节点	属性节点是用于设置或寻找类的属性。调用节点是设置对象执行方式。通过引用节点调用，用于调用动态加载的VI的结构
调用库函数节点	调用大多数标准库或DLL的结构
代码接口节点（CIN）	调用以文本编程语言所编写代码结构

节点的类型不同，可用背景颜色进行区分。例如，子VI的底色为黄色，Express VI为蓝色，函数是淡黄色背景。数据类型不同，可用边框颜色进行区分。例如，开关的边框为绿色，可与Express VI上任意带绿色标签的输入端相连。又如，旋钮的边框为橙色，可与任意带橙色标签的输入端相连。而橙色旋钮无法与带绿色标签的输入端相连。

2. 端子

当放置控件和指示器在前面板上时，LabVIEW自动在程序框图中创建对应的端子，默认情况下，不能删除框图上属于控件和指示器的端子。

提示： 输入控件是粗边框，右侧带一个指向外部的箭头。显示控件或指示器是细边框，左侧带一个指向内部的箭头。

3. 连线

Labview VI 通过连线连接节点和端子。连线是从源端子到目的端子的数据路径，将数据从一个源端子传送一个或多个目的端子。所以，一条连线只能有一个数据源，但是可以有多个数据接收端。不同数据类型的连线有不同的颜色、样式和宽度。

断线显示为一条中间带有红色X的黑色虚线。出现断线的原因很多，例如，试图连接数据类型不兼容的两个对象时就会产生断线。表2-3中给出了在LabVIEW中常见数据类型所对应的连线颜色，数据为标量、一维数组、和二维数组时的连线图示。

表2-3 常见的连线类型

连线类型	颜色	标量	一维数组	二维数组
数值	橙色（浮点数） 蓝色（整数）			
布尔	绿色			
字符串	粉红色			

LabVIEW中连线连接的输入端和输出端必须与连线上传输的数据类型兼容。例如，数组输出端不能连接到数值输入端。另外，连线的方向必须正确。例如，不能在两个显示控件间连线。决定连线兼容性的因素包括输入/显示控件的数据类型和接线端的数据类型。

2.5.3 图标和接线板

创建VI的前面板和程序框图后，应设置图标和接线板，以便该VI作为子VI在其他VI中调用。图标和接线板相当于文本编程语言中的函数原型。

1. 图标

每个VI的前面板窗口和程序框图窗口的右上角都会显示一个图标，如图2-24所示。图标是VI的图形化表示。它包含文字、图形或图文组合。如果将一个VI当作子VI使用，程序框图上将显示代表该子VI的图标。默认图标中有一个数字，表明LabVIEW启动后打开新VI的个数。

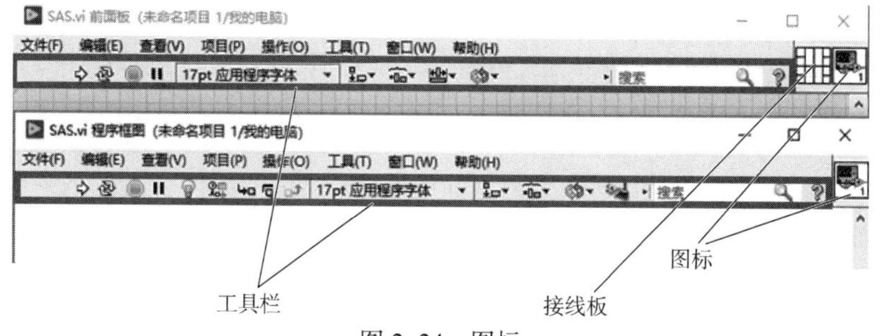

图2-24 图标

双击图标可以打开“图标编辑器”对话框对它进行修改或编辑，如图 2-25 所示。

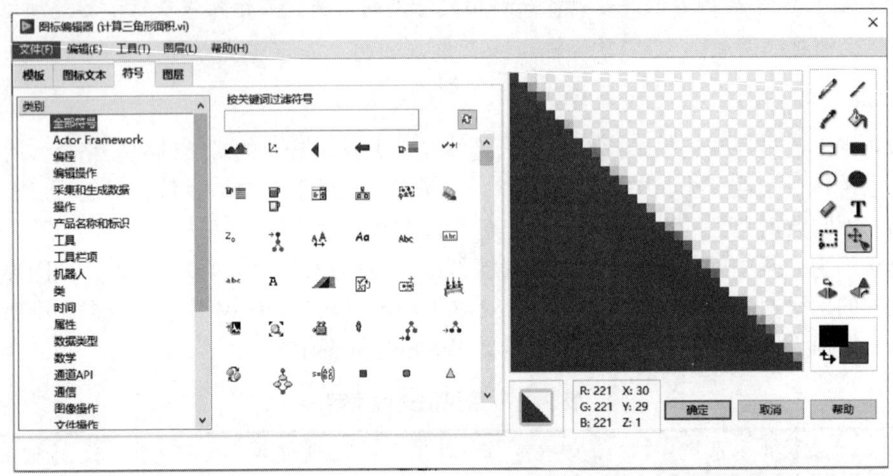

图 2-25 “图标编辑器”对话框

可以在“图标编辑器”对话框中进行以下操作：

铅笔工具：用于绘制和清除像素。

线条工具：用于绘制直线。用线条工具拖动光标的同时，按住 <Shift> 键可绘制水平线、垂直线和对角线。

取色工具：用于从图标元素中复制前景颜色。填充工具用于把选定区域填充成前景色。

矩形工具：用于绘制和前景色相同颜色的矩形边界。双击该工具可使图标的边框颜色和前景颜色相同。

填充矩形工具：用于绘制一个边框颜色和前景色相同而内部填充成背景颜色的矩形。双击该工具可使图标的边框颜色和前景颜色相同，同时把图标内部填充成背景颜色。

选择工具：用于选择图标上的区域作剪切、复制、移动或其他操作。双击该工具并按 < Delete> 键，可删除整个图标。

文本工具：用于在图标中输入文本。双击这个工具可选择不同的字体。小字体选项适于在图标中输入文本。

交换颜色工具：用于显示当前使用的填充色和线条颜色。单击其中每一个矩形，会显示一个调色板，可在调色板中选择新的颜色。左上角的矩形表示线条颜色，右下角的矩形表示填充色。

水平翻转：用于水平翻转所选用户图层。如未选中某个图层，该工具将翻转所有图层。另外，也可按 <F> 键翻转选中的图层。

顺时针旋转：用于顺时针旋转所选用户图层。如未选中某个图层，该工具将翻转所有用户图层。另外，也可按 <R> 键翻转选中的图层。

编辑区域右下角的选项用于执行下列操作：

- 确定：将所绘图形存储为图标，并返回前面板窗口。
- 取消：不保存已执行的任何修改操作，并回到前面板窗口。

图标编辑器对话框中的菜单栏在编辑菜单中还有更多的编辑选项，如撤销、重做、剪切、复制、粘贴和清除。

练习2-9：创建自定义图标。

操作步骤：

（1）右击前面板窗口或程序框图窗口右上角的图标，从弹出的快捷菜单中选择“编辑图标”，或双击前面板窗口右上角的图标，可将默认图标替换为创建的自定义图标。

（2）从文件系统中拖动任意图片并放置在前面板窗口或程序框图窗口的右上角。LabVIEW会将该图形转换为32×32像素的图标。

（3）根据所使用显示器的类型，可以设计独立的单色、16色和256色模式的图标。除非使用的是彩色打印机，否则LabVIEW将使用单色打印图标。

（4）利用对话框左边的工具在编辑区域中创建任意图标图案，如图2-25所示。在编辑区域右边的图形框中可以看到标准尺寸的图标。

2. 接线板

接线板可用于创建和显示子VI中所有输入控件和显示控件的接线端，类似于文本编程语言中调用函数时使用的参数列表。在使用LabVIEW的时候经常会用到子VI，而在调用子VI的时候往往需要一些接线端，以方便子程序的调用。在图2-24中所示的接线板位置，右击接线板，从弹出的快捷菜单中选择“模式”，可以为VI选择不同的接线板样式。

接线板上的每个窗格代表一个接线端。窗格用于进行输入/输出分配。对于前面板上的每一个输入控件或显示控件，接线板上一般都有一个相对应的接线端。多余的接线端可以保留，当需要为VI添加新的输入或输出端时再进行连接。

用连线工具可将接线板上的接线端分配给前面板的输入控件和输出控件，但接线板和这些控件之间不显示任何连线。

图2-26的范例显示了接线端模式的标准布局。上输入端和输出端常用于传递引用，下输入端和输出端常用于错误处理。

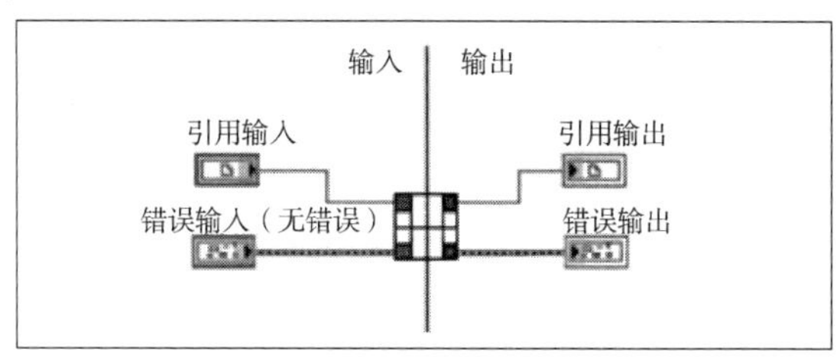

图2-26　接线端的模式布局范例

练习2-10：创建子VI的接线端。

操作步骤：

（1）将鼠标移至自己想要添加的接线端位置，等到鼠标指针变为连线工具时单击，这时接线板的端口会变成黑色，如图2-27（a）所示。

（2）单击输入/输出控件，会看到接线板图标变为该控件数据类型的颜色，表明该接线端已经设置完成，如图2-27（b）所示。选择标签为“高（cm）”的输入数值控件后，接线板图标变为黄色。

（3）先选择输入控件或显示控件，然后再选择接线端也可以完成连接。依此类推，可以完成其他输入/输出的接线端的设置，下次调用此VI时直接连接接线端即可。

（4）断开这些接线端只需要在右上角的接线板上右击，在弹出的快捷菜单中选择“断开连接全部接线端”，如图2-27（c）所示。

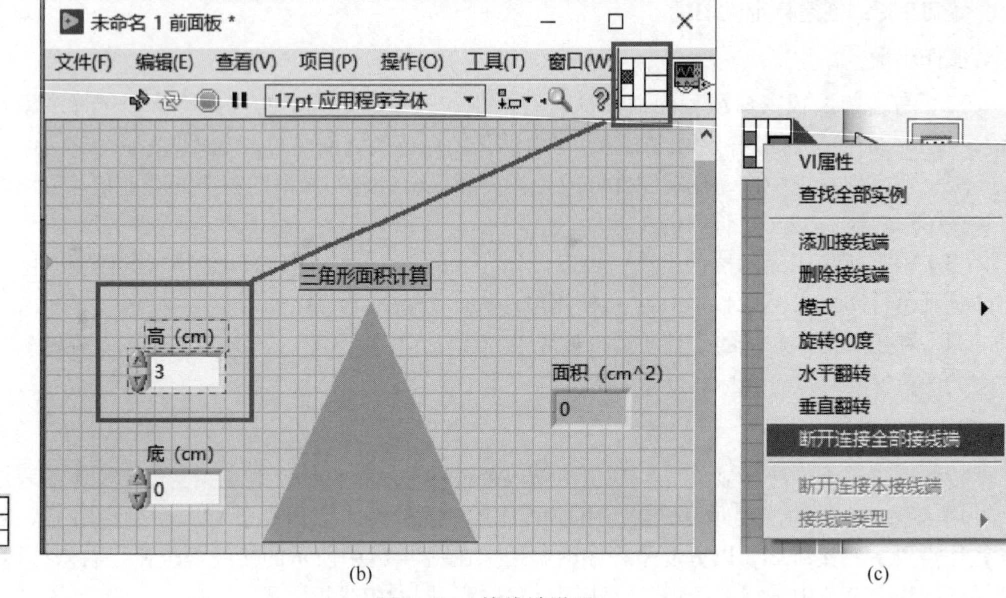

图 2-27　接线端设置

注意：

（1）VI 使用的接线端最好不要多于 16 个，过多的接线端会降低该 VI 的可读性和易用性。

（2）分配接线端给输入控件和显示控件，选择接线板模式以后，需要通过为接线板的每一个接线端指定一个前面板的输入控件或显示控件，从而确定连接。

（3）把输入控件和显示控件连到接线板时，可以将输入放置在左边，输出放置在右边，防止在 VI 中出现复杂难懂的接线情况。

练习 2-11：在前面板上放置控件并在程序框图中连线。

操作步骤：

（1）在前面板上任意选择各种控件，对控件进行标签修改、大小改变、数值输入等操作练习。

（2）在程序框图中，任意放置函数控件，并对控件进行连线操作。

① 自动连线模式：将选中对象移至程序框图上其他对象旁时，LabVIEW 将用临时连线显示有效的连线方式。释放鼠标键，将对象放置在程序框图上时，LabVIEW 会自动进行连线。默认状态下，使用定位工具移动程序框图上已经存在的对象时，将禁用自动连线，按 <Space> 键，可切换到自动连线模式。

② 手动连线：将连线工具移至第一个接线端上并单击，然后将光标移动到第二个接线端并单击，就可在这两个对象之间创建连线。连线结束后，右击连线，从弹出的快捷菜单中选择“整理连线”，可使 LabVIEW 自动选择连线路径。此外，将连线工具移至接线端时，将出现含有接线端名称的提示框。另外，即时帮助窗口和图标上的接线端都将闪烁，以帮助确认正确的接线端。

③ 进行多次连线和删除后，有可能会有一些连线错误，或者不完整的断线头，按 <Ctrl+B> 组合键或者选择“编辑”→“删除断线”即可删除程序框图中的所有断线。

2.5.4　LabVIEW 工具栏

前面板窗口和程序框图窗口都有工具栏，工具栏包含的内容类似，如图 2-24 所示。通过工具栏按钮可运行和编辑 VI。

1. 相同按钮

运行按钮：单击该按钮运行 VI。如果运行按钮为白色实心箭头，则说明 VI 可以运行。白色实心箭头同时也表明：如果为该 VI 创建一个接线板，则可作为子 VI 使用。

：该运行图标出现，说明正在运行的 VI 是顶层 VI。

：表示正在运行中的 VI 是一个子 VI。

：如果创建或编辑的 VI，尚未连线完成或存在错误时，运行按钮显示为断开。单击该按钮，显示错误列表窗口，该窗口列出了所有的错误和警告。

连续运行按钮：单击该按钮使 VI 连续运行直至中止或暂停执行。再次单击该按钮可以停止连续运行。

终止执行按钮：运行时，中止执行按钮变亮。当没有其他方法停止 VI 时，可以单击该按钮立即停止 VI。停止后，该按钮变暗。当有多个运行中的顶层 VI 使用该 VI 时，该按钮显示为灰色。中止执行按钮会在 VI 结束当前循环前立即停止 VI。如果 VI 使用了外部资源（如外部硬件），中止 VI 可能会由于没有正确复位或释放外部资源而使其处于未知状态。建议为 VI 设计一个停止按钮来避免此类问题。

暂停按钮：单击该按钮可暂停运行 VI。单击暂停按钮后，LabVIEW 会在程序框图中高亮显示执行暂停的节点，并且暂停按钮显示为红色。再次单击暂停按钮，可继续运行 VI。

17pt 应用程序字体 文本设置下拉列表框：可在此改变所选 VI 部分的字体设置，包括大小、样式和颜色。

对齐对象下拉列表框：可通过选择不同选项沿轴（包括垂直边缘、上边缘、左边缘等）对齐对象。

分布对象下拉列表框：可通过选择不同选项均匀分布对象，包括间隔、压缩等。

调整对象大小下拉列表框：可通过选择不同选项将多个前面板对象设置为同样大小。

重新排序下拉列表框：可通过选择不同选项在对象重叠时定义它们的前后关系。利用定位工具选择其中一个对象，然后选择向前移动、向后移动、移至前面或移至后面。

显示即时帮助窗口按钮：可切换即时帮助窗口的显示。快捷键为 <Ctrl+H>。

2. 程序框图工具栏独有按钮

高亮显示执行过程按钮：单击该按钮可在运行时显示程序框图的动态执行过程。标注程序框图中数据的流动情况。再单击该按钮可以停止执行高亮显示。

保存连线值按钮：单击该按钮可保存 VI 运行时数据流中各个点的连线值，将探针置于连线上时，用户可以马上获取通过该连线的最新数据值。注意在获取连线上的值之前，VI 必须至少成功运行过一次。

单步步入按钮：调试程序时，单步进入循环或子 VI。单击该按钮将打开一个节点然后暂停，也可以按 <Ctrl+ ↓ >组合键实现。单步执行 VI 是指逐个节点执行 VI。每个节点在准备执行时会闪烁。

单步步过按钮：单击该按钮将单步执行完整循环或子 VI。执行一个节点而在下一个节点处暂停。也可以按 <Ctrl+→>组合键实现。

单步步出按钮：单步进入某循环或子 VI 后，单击该按钮将完成对当前节点的执行并跳出。也可以按 <Ctrl+ ↓ >组合键实现。通过步出执行，可单步执行节点并定位至下一个节点。

如果 VI 中包括警告并且勾选了错误列表窗口中的“显示警告”复选框，将会出现警告列表

按钮。警告意味着程序框图存在潜在的问题，但是不会阻止VI运行。

整理程序框图按钮：单击该按钮可以重新整理程序框图上的已有连线和对象，使布局更加清晰。

2.5.5 LabVIEW 对象的快捷菜单

所有的LabVIEW对象均有与其相关的快捷菜单。创建VI时，可用快捷菜单选项改变前面板和程序框图上对象的外观或特性。右击对象，可打开快捷菜单。图2-28所示为仪表的快捷菜单。

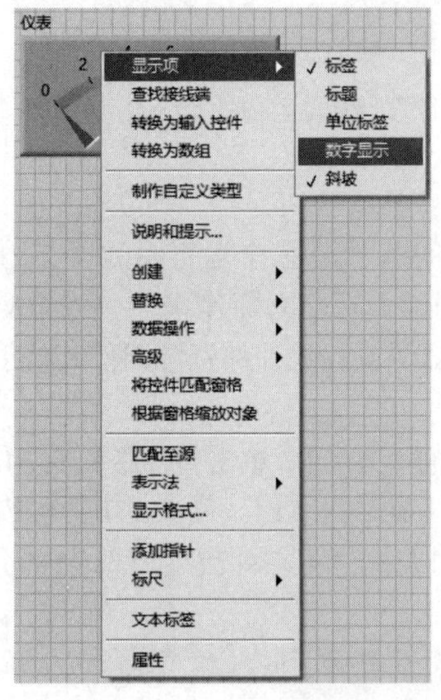

图 2-28　仪表的快捷菜单

前面板窗口的对象也有属性对话框，用于改变前面板对象的外观或者动作。右击对象，从弹出的快捷菜单中选择“属性”，可访问该对象的属性对话框。图2-29所示为图2-28中所示仪表的属性对话框。对象属性对话框中的选项与该对象快捷菜单中的选项类似。

图 2-29　仪表属性对话框

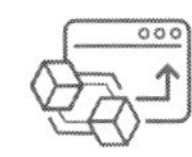

2.6 LabVIEW 中的选板

2.6.1 控件选板

控件选板只在前面板上显示，包括用于创建前面板的输入控件和显示控件。在前面板窗口上选择“查看”→“控件选板”，可以访问控件选板。控件选板被分成多种类别，用户可以根据各自需要显示部分或者全部类别。图2–30中，显示了控件选板中的所有类别，并对其中“新式”类别进行了展开。

练习2–12：查看控件选板。

操作步骤：

在控件选板上选择“自定义”→“查看本选板”，可选择选板的显示形式，如图2–31所示。在控件选板上选择“自定义”→“更改课件选板”，可勾选或取消勾选始终显示类别选项，可显示或者隐藏相应的类别（子选板），如图2–32所示。选中需要显示的控件类型复选框即可。

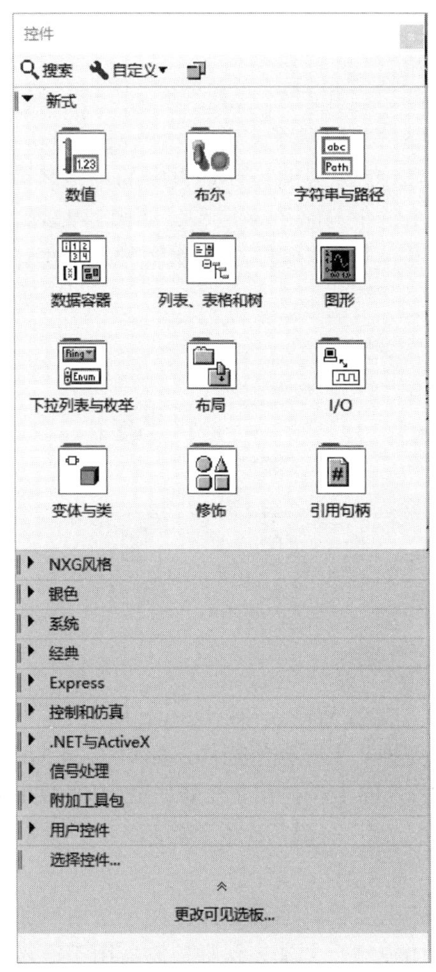

图 2–30　控件选板

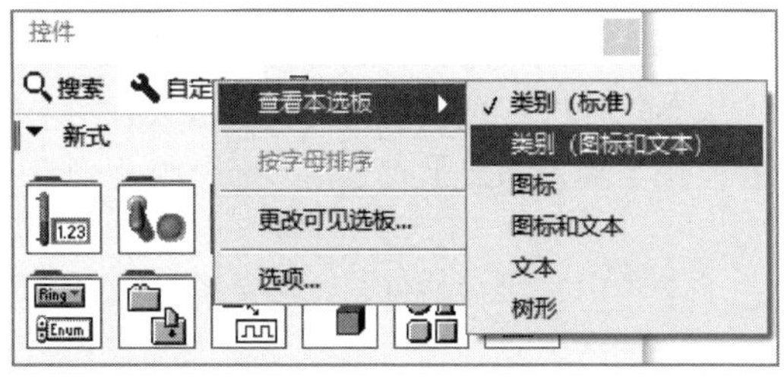

图 2–31　查看本选板

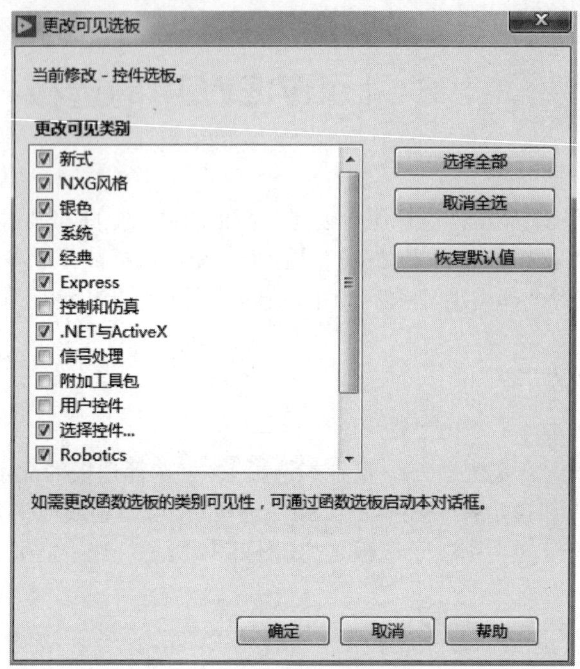

图 2-32 “更改可见选板”对话框

控件选板中包括了创建前面板时可使用的全部对象，并设置了多种显示风格，如新式、NXG风格、银色、系统、经典等。以“新式”风格为例，简单说明控件选板中的控件名称和功能。在“新式”风格中，控件大类共有数值、布尔、字符串与路径等12种，如图2-33所示。每类控件下又包含具体的应用控件类型，数目不等。以数值控件为例，其他大类控件不再详细说明。

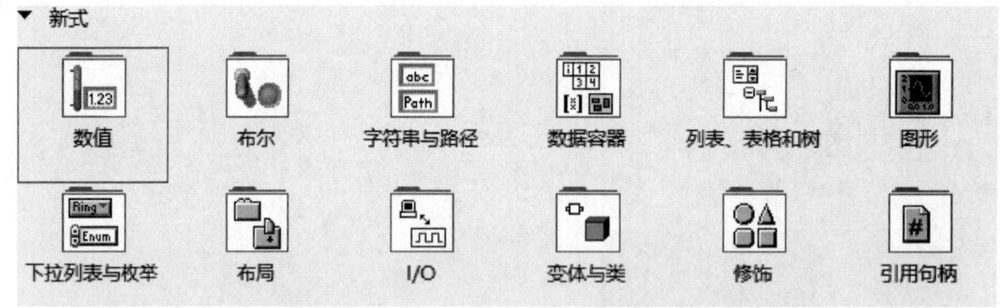

图 2-33 “新式”风格下的控件类型

（1）数值控件：数值控件用于存放各种数值控制器，如数值输入/输出、时间标识输入显示、滑动杆、旋钮、仪表、滚动条、颜色盒等21种控件类型。展开数值控件，如图 2-34 所示。

（2）布尔控件：布尔数据类型表示只有两个值的数据，如 TRUE 和 FALSE，或 ON 和 OFF。布尔控件用于输入和显示布尔值。布尔控件包括按钮、指示灯、摇杆开关、滑动杆开关等13种类型。

（3）字符串与路径控件：字符串数据类型是一串 ASCII 字符。字符串控件用于从用户那里接收文本，如密码或者用户名。字符串显示控件用于向用户显示文本。路径控制器用于输入或返回文件或目录地址。

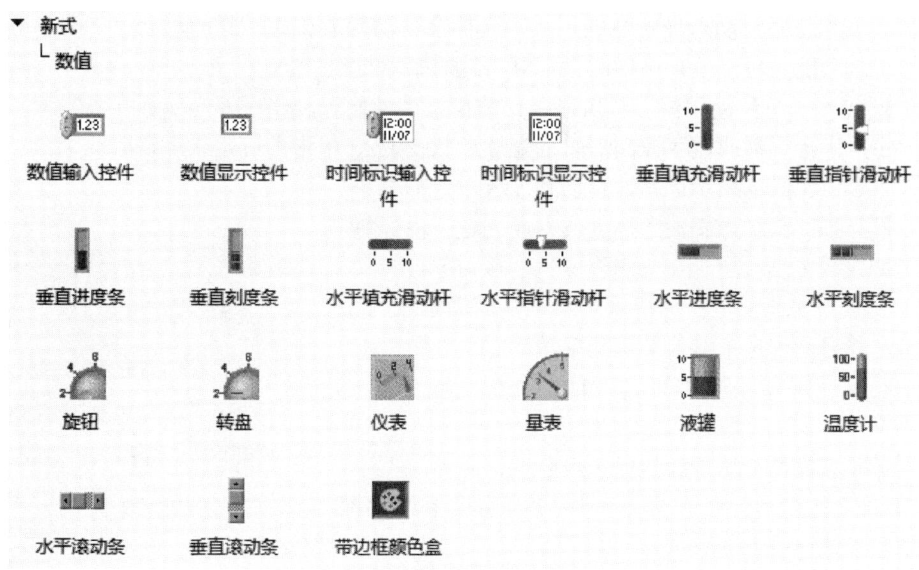

图2–34　数值控件

（4）数据容器控件：数据容器用于创建数组、矩阵与簇，还包括错误输入3D和错误输出3D等，共计8种类型。

（5）列表、表格和树控件：用于创建各种表格，包括列表框、表格、树形等5种类型。

（6）图形控件：提供各种形式的图形显示对象，包括波形图、XY图、混合信号图、三维图片等15种类型。

（7）下拉列表与枚举控件：用于创建可循环浏览的字符串列表。枚举控件用于向用户提供一个可选择的项列表。包括文本下拉、菜单下拉、图片下拉等5种类型。

（8）布局控件：用于组合控件或在当前VI的前面板上显示另一个VI的前面板。包括水平分割、垂直分割、子面板、ActiveX容器等6种类型。

（9）I/O控件：I/O控件将做配置的DAQ通道名称、ISA资源名称和IVI逻辑名称传递至I/O VI，与仪器或DAQ设备进行通信，其下包括14种类型。

（10）变体与类控件：用于与变体和类数据进行交互，包括变体和LabVIEW对象两种类型。

（11）修饰控件：用于修饰和定制前面板的图形对象，包括线条、形状等共计31种类型。

（12）引用句柄控件：可用于对文件、目录设备和网络连接等进行操作，共计15种类型。

2.6.2　工具选板

工具选板可应用在前面板和程序框图两个窗口中，可按住 <Shift> 键同时在两个窗口的空白处右击调出工具选板，也可在菜单栏中利用“查看”→“工具选板”命令调出。工具选板提供用于操作、编辑前面板和框图程序中对象的各种工具，可以单击选取工具选板上的工具。LabVIEW中提供了11种类型的工具用于开发VI程序，它们均位于工具选板中，如图2–35所示。

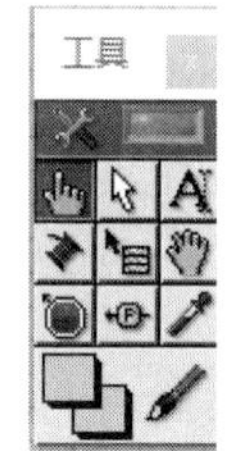

图2–35　工具选板

工具选板中各工具功能如下：

（1）自动选择工具：若此功能开启，则自动选择工具指示灯为高亮状态，这种状态下，当光标移到前面板或程序框图窗口的对象上时，LabVIEW将根据相

应对象的类型和位置自动选择合适的工具，光标会自动变成相应工具的形状。如果不需要开启自动选择工具功能，可以单击该功能指示灯，这时指示灯呈灰色

（2）操作工具：使用该工具可以操作前面板的控制器和指示器。例如，当光标经过文本控制器、字符串控制器或数字控制器时，光标形状变成I，单击即可输入字符或数字。

（3）定位工具：用于选择、移动和缩放对象的大小。

（4）标签工具：用于输入标签文本或创建自由标签。

（5）连线工具：用于在框图程序上连接对象。

（6）对象快捷菜单：选中该工具，在前面板或程序框图中右击即可弹出选中对象的快捷菜单。

（7）滚动窗口：使用该工具可以滚动窗口，而不要滚动条。

（8）断点操作：用于在程序中设置或清除断点。

（9）探针工具：可在框图程序内的连线上设置探针，以便监视该连线上的数据。

（10）复制颜色：使用该工具可以提取对象的颜色，以便用于编辑其他对象。

（11）着色工具：用于为对象上色，包括对象的前景色和背景色。

2.6.3 函数选板

函数选板只在程序框图窗口显示，函数选板中包含创建程序框图所需的VI和可选函数。编辑VI程序时，只要选择合适的函数并用连接线将其按照一定的关系连接起来，就可以实现功能要求。

在程序框图窗口空白处右击即可调出函数选板，也可在程序框图窗口菜单栏中利用“查看”→“函数选板”命令调出。

函数选板中列出了编程、测量I/O、仪器I/O、数学、信号处理、数据通信、互连接口、控制和仿真、Express、附加工具包10个类别，分别存储了各种函数和VI，如图2-36所示。选板中的各个函数需要在实践中应用以加深对其的功能理解。

图 2-36　函数选板

练习2-13： 设计一个三角形面积计算VI。

输入控件、显示控件和常量被用作程序框图算法的输入和输出。考虑计算三角形面积的算法实现：面积 = 底 × 高 ÷ 2。常量2无须出现在前面板上，除非作为算法的说明信息。在该算法中，底和高是输入，面积是输出。

设计一个三角形面积计算VI

前面板上的结构如图2-37所示，在该程序VI中，需要有数值输入控件和数值显示控件，并添加图形进行修饰说明。

操作步骤：

（1）在前面板上，添加两个数值输入控件和一个数值显示控件。

要将控件选板中的各种控件放置到前面板上的操作十分简单，单击选定控件，在前面板上鼠标所在位置出现一个手形带虚线框，移动鼠标可改变位置，再次单击即可。相应的程序框图窗口中会自动出现一个对应的节点。

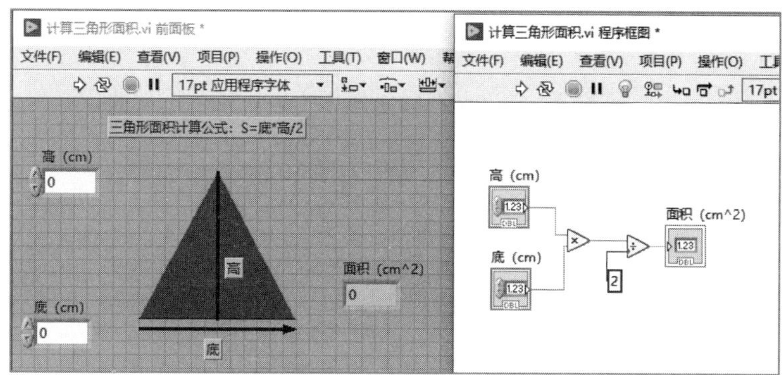

图 2-37　三角形面积计算

（2）采用工具选板中的标签工具，修改控件的名称，如图 2-38 所示。

图 2-38　放置控件并修改标签

（3）绘制三角形：在控件选板中选择“新式”→“修饰”→“上凸正向三角形”，放置到前面板上。选择“修饰”中的线条绘制“高”和“底”，并采用标签工具进行标注。

（4）采用工具选板中的着色工具，可修改三角形和线条的颜色。选中着色工具，鼠标变成笔状，单击选中的对象，即可将对象的颜色变为当前色。若要改变颜色，右击即可出现图 2-39 所示的色盘，选中所需颜色即可。

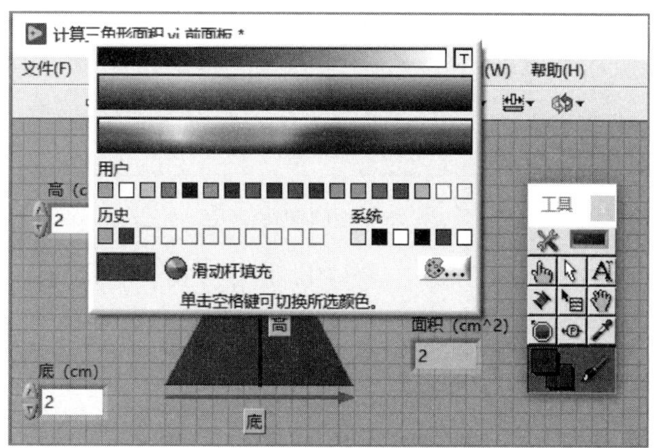

图 2-39　修改控件颜色

（5）在程序框图中，打开函数选板，选择“编程”→“数值”→“乘”或“除”函数作为节点添加到程序框图窗口上。用相同方法添加一个“数值常量”，数值设置为2。

（6）采用工具选板中的连线工具，将两个输入控件的接线端连接到“乘”函数节点上，“乘”的输出和数值常量连接到“除”函数的输入端。“除”函数的输出连接到面积显示控件。至此，程序编辑完成。

（7）在前面板上修改输入数值，单击运行，验证输出结果是否正确。

2.7 子VI的创建与调用

在LabVIEW中，图形化的编程形式可能会占用较大的屏幕控件，很多情况下，可以将程序分割为不同的模块。LabVIEW中的这种模块称为子VI，模块化的处理能尽可能减小模块改变对其他模块造成的影响。

一个VI创建后，可以作为一个子VI在其他VI的程序框图中使用，且允许子VI嵌套而没有数目限制。子VI相当于文本编程语言中的子程序。双击子VI时，将出现该子VI的前面板和程序框图，而不是用于配置选项的对话框。创建子VI有如下两种方式。

创建方法一：给一个已有VI定义连接端子和图标，然后调用该VI 。

练习2-14：设计一个圆面积计算VI，并调用。

操作步骤：

（1）在前面板上放置“数字输入控件”和“数值输出控件”，并将标签分别修改为“半径（m）”和“面积（m^2）”。

（2）在程序框图中添加“平方”和“乘”函数，同时添加“数学与科学”中的π命令。按照功能要求连线。

（3）编辑VI图标，参见练习2-9。定义连接端子，参见练习2-10。

（4）保存该VI，参见练习2-8，如图2-40所示。

设计一个圆面积计算VI

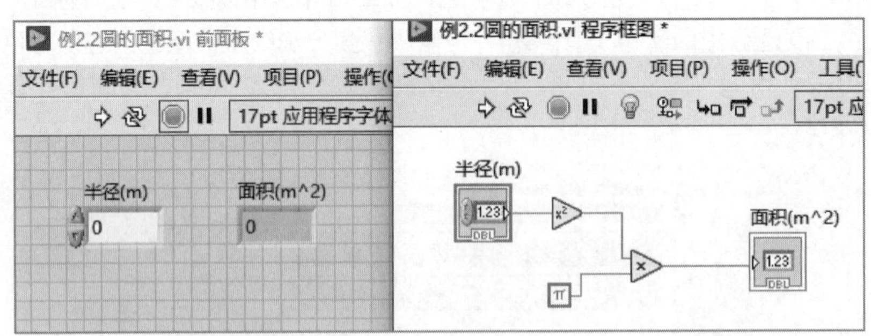

图2-40　圆面积计算

（5）调用。选择函数选板最下方的“选择VI”命令，找到该VI的保存路径，打开该子VI，在窗口中会显示已编辑好的子VI图标。

创建方法二：在一个编辑好的VI程序中，若想将其中的一部分作为子VI调用，可以将该部分内容选中，然后选择“编辑”→“创建子VI”命令，这样会自动创建一个子VI程序，并创建一个默认图标，如图2-41所示，用户可以重新编辑图标。

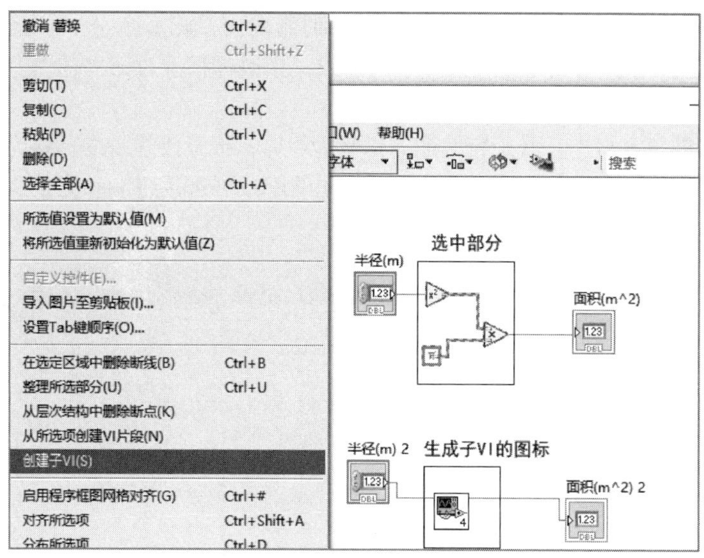

图 2-41　生成子 VI

2.8　LabVIEW 帮助工具

LabVIEW 中提供“即时帮助”窗口、“LabVIEW 帮助”窗口和“NI 范例查找器”窗口三种工具帮助创建和编辑 VI。

2.8.1　“即时帮助”窗口

当光标移至 LabVIEW 对象上时，“即时帮助”窗口将显示该对象的基本信息。选择“帮助”→“显示即时帮助”，按 <Ctrl + H>组合键，或者单击工具栏上的“显示即时帮助”按钮，均可以切换“即时帮助”窗口的显示，如图 2-42 所示。

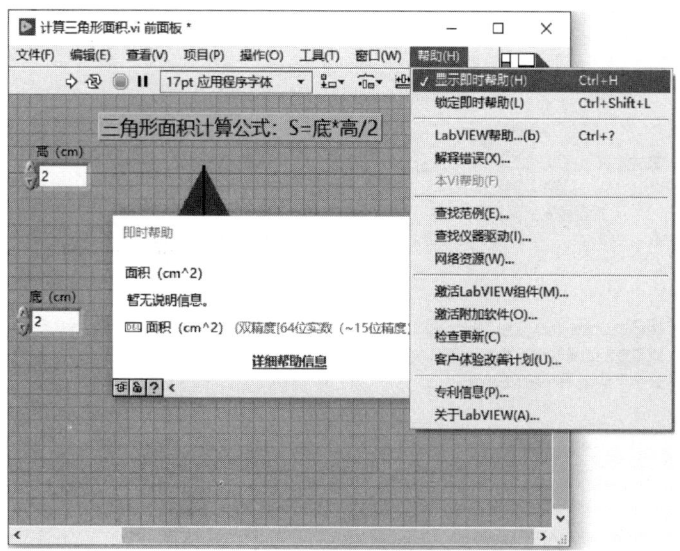

图 2-42　打开“即时帮助”窗口

当光标移至前面板和程序框图对象上时，即时帮助窗口将显示子VI、函数、常量、输入控件和显示控件的图标，以及每个接线端上的连线。当鼠标移至对话框选项上时，“即时帮助”窗口将显示这些选项的说明。

在“即时帮助”窗口中，必须接线端的标签为粗体，推荐接线端的标签为纯文本，可选接线端的标签为灰色。如果单击“即时帮助”窗口中的隐藏可选接线端和完整路径按钮，可选接线端的标签将不会出现，如图2–43所示。

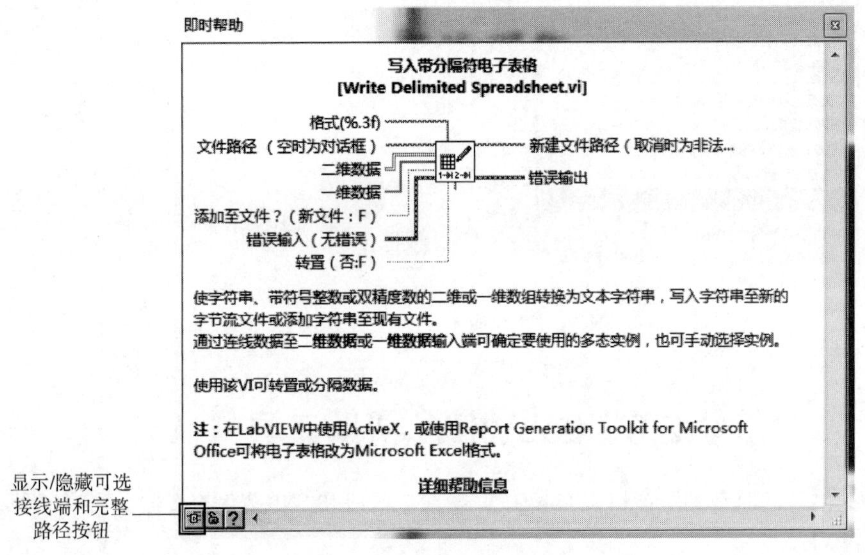

图 2–43 “即时帮助”窗口

单击位于“即时帮助”窗口左下角的显示可选接线端和完整路径按钮，可显示接线板的可选接线端以及VI的完整路径。可选接线端显示为连线接线头，说明有其他连接存在。详细模式显示了所有的接线端，如图2–44所示。

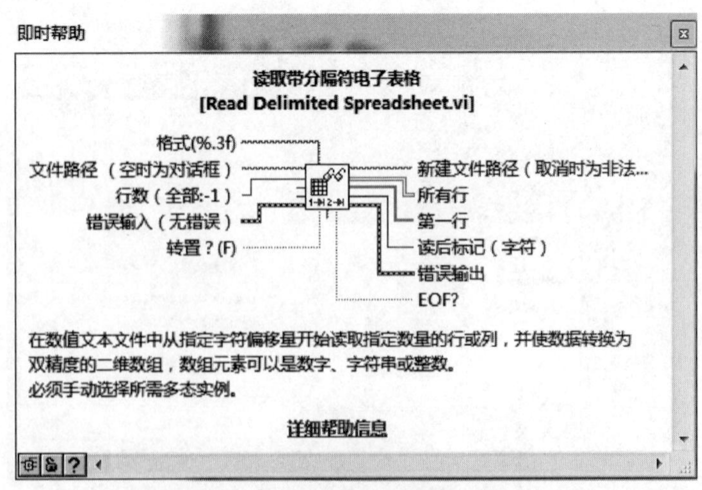

图 2–44 详细的“即时帮助”窗口

单击“锁定即时帮助”按钮，可锁定“即时帮助”窗口的当前内容。当内容锁定时，光标移至另一个对象上时也不会改变窗口的内容。再次单击该按钮，可解除锁定“即时帮助”窗口。通过“帮助”菜单也可访问该选项。

如果“即时帮助”窗口中提及的对象在LabVIEW帮助项中有相应的描述，“即时帮助”窗口将显示一个蓝色的“详细帮助信息”链接。同时，“详细帮助信息”按钮也被激活。单击链接或“?”按钮，可显示LabVIEW帮助以获取更多关于对象的信息。

2.8.2 “LabVIEW帮助”窗口

在“即时帮助”窗口中单击“详细帮助信息”按钮，选择“帮助”→“LabVIEW帮助”，或者在“即时帮助”窗口中单击蓝色的“详细帮助信息”链接，都可以访问“LabVIEW帮助”窗口。右击对象，从弹出的快捷菜单中选择“帮助”也可以访问“LabVIEW帮助”窗口，如图2-45所示。

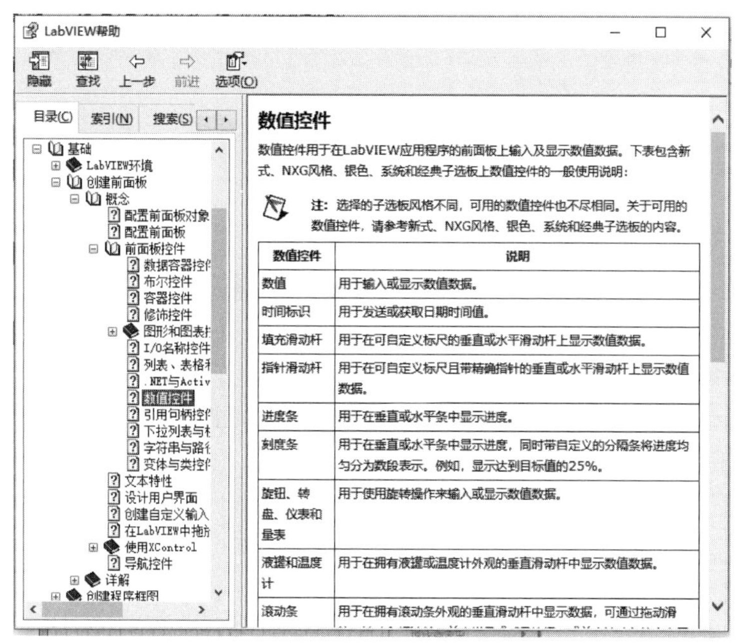

图2-45 “LabVIEW帮助”窗口

“LabVIEW帮助”窗口中包含对大多数选板、菜单、工具、VI和函数的详细说明。LabVIEW帮助也包含使用LabVIEW功能的分步指导。“LabVIEW帮助”窗口包含下列资源的链接：

（1）LabVIEW文档资源，包含供初级和高级用户使用的在线文档和印刷文档，其中包括PDF格式的所有LabVIEW用户手册。

（2）NI网站上的技术支持资源，包括NI开发者园地（NI Developer Zone）、知识库（KnowledgeBase）、产品手册文库（Product Manuals Library）等。

2.8.3 “NI范例查找器”窗口

“NI范例查找器”窗口包含许多LabVIEW的VI模板，用户可以使用这些模板创建VI。但是，这些VI模板仅仅是LabVIEW成百个范例中的一部分。可以修改范例VI，使它适合应用程序的需要，或将一个或多个范例复制并粘贴到自己创建的VI中。

除了NI自带的范例VI，还能在ni.com/zone上的“NI开发者园地”中找到数以百计的范例VI。“NI范例查找器”窗口可用于搜索所有的LabVIEW的VI范例。

选择“帮助”→“查找范例”，可以启动“NI范例查找器”窗口，或在启动对话框中选择

查找范例，也可以启动“NI范例查找器”窗口，如图2–46所示。

图 2–46 “NI 范例查找器”窗口

2.9 LabVIEW调试工具

2.9.1 纠正断开的VI

警告并不妨碍VI运行。警告用于帮助用户避免VI中的潜在问题，但是错误会使VI断开，在运行VI前必须排除所有错误。

1. 查看错误列表

单击断开的运行按钮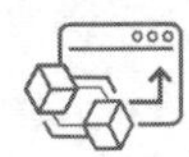或选择“查看”→“错误列表”，可找出VI断开的原因，如图2–47所示。错误列表窗口列出了所有的错误。“错误项”列出了内存中所有包含错误的项的名称，如有错误的VI和项目库。如两个或多个项具有相同的名称，“错误项”将显示每一项的具体应用程序实例。“错误和警告”列出了错误项中选择的VI错误和警告信息。“详细信息”描述了错误信息，有时还会建议如何纠正错误。单击“帮助”按钮，可显示LabVIEW帮助中对错误的详细描述和纠正错误步骤的相关信息。

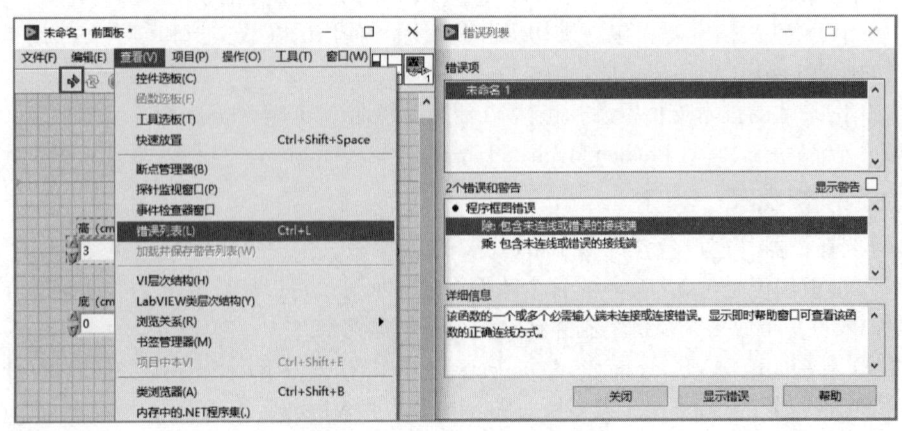

图 2–47 错误列表窗口的范例

单击“显示错误”按钮或双击错误说明，可高亮显示程序框图窗口或前面板窗口中包含错误的区域。

2. VI断开的常见原因

在编辑VI时导致VI断开的常见原因如下：

（1）由于数据类型不匹配或存在未连接的接线端，导致程序框图含有断线。

（2）必须连接的程序框图接线端没有连线。

（3）子VI是断开的或在将它的图标放置在程序框图后对该子VI的接线板进行了编辑。

2.9.2 设置VI修订历史

使用历史窗口，可显示VI的开发记录和修订号。修改VI时，可在历史窗口中记录和跟踪对VI所作的修改。选择“编辑”→“VI修订历史”，可打开历史窗口。也可将修订历史打印输出，或将其保存为HTML、RTF或文本文件。可在修订历史中设置选项、添加注释、查看，以及重置。

2.9.3 调试技巧

如果VI不是断开的，却得到了非预期的数据，可以使用以下方式确定和纠正VI或程序框图数据流中的问题。

1. 错误簇

大多数内置VI和函数有错误输入和错误输出参数。这些参数能够找到程序框图上每个节点产生的错误，也可将这些参数用于自己创建的VI。例如，如图2-48所示，从函数选板中的写入测量文件函数和获取波形属性函数的帮助说明中可以看见，两者均包含错误输入和错误输出参数。错误输入和错误输出用于检查错误并通过将一个节点的错误输出与另一个节点的错误输入连线指定执行顺序。

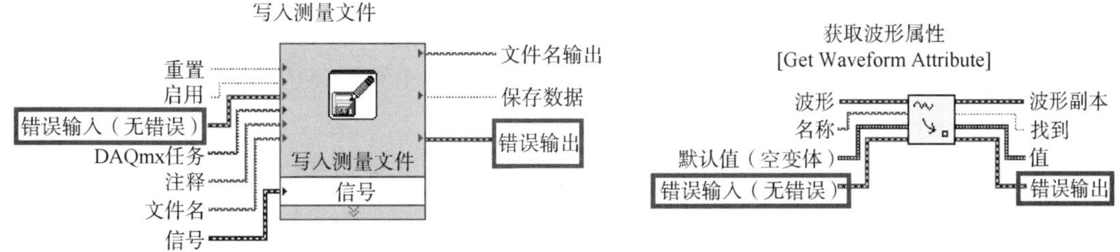

图2-48 函数中的错误输入和错误输出参数

（1）错误输入功能。错误输入说明该节点之前的错误情况，默认值为无错误。如错误在节点运行前发生，节点将把错误输入的值传递至错误输出。如节点运行之前没有错误发生，该节点将正常运行。如在节点运行时发生错误，节点将正常运行并在错误输出中设置其错误状态。

（2）错误输出功能。错误输出包含错误信息。若错误输入表示在该VI或函数运行前已出现错误，错误输出将包含相同错误信息，否则将表示VI或函数中出现的错误状态。右击错误输出的前面板显示控件，从弹出的快捷菜单中选择“解释错误”可获取更多关于该错误的信息。

VI运行时，LabVIEW会在每个执行节点检测错误。如LabVIEW没有发现任何错误，则该节点将正常执行。如LabVIEW检测到错误，则该节点会将错误传递到下一个节点且不执行那一部分代码。后面的节点也照此处理，直到最后一个节点。执行流结束时，LabVIEW报告错误。LabVIEW中的VI和函数以两种方式之一返回错误——数值错误代码或错误簇。通常，函数以数

值错误代码返回错误，而VI以错误簇即错误输入和错误输出来返回错误。

2. 程序框图工具栏的调试工具

（1）使用“即时帮助”窗口检查程序框图中每个函数和子VI的默认值。如果没有连线推荐或可选的输入端，VI和函数将传递默认值。例如，布尔型输入端在没有连线的情况下可能被设置为TRUE。

（2）单击高亮显示执行过程按钮可查看程序框图的动态执行过程。使用高亮显示执行的同时，结合单步执行，可查看VI中的数据从一个节点移动到另一个节点的全过程，如图2-49所示。高亮显示执行过程会大大降低VI的运行速度。

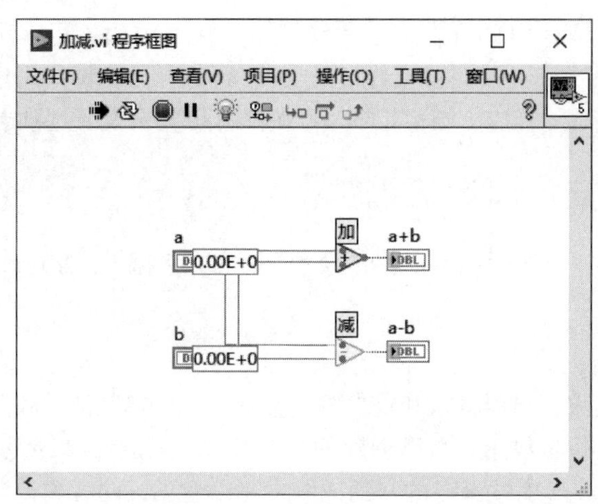

图 2-49　使用执行过程高亮显示的范例

（3）使用单步执行工具可查看VI运行时程序框图上VI的每个执行步骤。

3. 工具选板的调试工具

（1）用操作工具连续三次单击连线，可高亮显示整个路径，从而确保所有连线连接到正确的接线端上。

（2）探针工具用于检查VI运行时连线上的值。若程序框图较复杂且包含一系列每步执行都可能返回错误值的操作，可使用探针工具。探针工具位于工具选板，通过利用探针并结合高亮显示执行过程、单步执行和断点，可确认数据是否有误并找出错误数据。如有流经数据，高亮显示执行过程、单步调试或在断点位置暂停时，探针监视窗口会立即更新和显示数据。当执行过程由于单步执行或断点而在某一节点处暂停时，可用探针探测刚才执行的连线，查看流经该连线的数值。

（3）断点工具可在程序框图上的VI、节点或连线上放置一个断点，程序运行到该处时暂停执行，且暂停按钮为红色。在程序框图上放置一个断点，使程序框图在所有节点执行后暂停执行。此时程序框图边框变为红色，断点不断闪烁以提示断点所在位置。

VI在某个断点处暂停时，LabVIEW将把程序框图置于顶层显示，同时一个选取框将高亮显示含有断点的节点、连线或脚本。程序执行到一个断点时，VI将暂停执行，可进行下列操作：

① 用单步执行按钮单步执行程序。

② 查看连线上在VI运行前事先放置的探针的实时值。

③ 如启用了保存连线值选项，则可在VI运行结束后，查看连线上探针的实时值。

④ 改变前面板控件的值。

⑤ 检查调用列表下拉菜单，查看停止在断点处调用该VI的VI列表。

⑥ 单击“暂停”按钮可继续运行到下一个断点处或直到VI运行结束。

LabVIEW将断点与VI一起保存，但断点只在VI运行时有效。与其反复移除和创建断点，不如保存断点以反复使用。运行VI时，可能不需所有断点均处于活动状态。禁用断点后，运行VI时执行就不会在断点处停止。也可使用“断点管理器”窗口禁用、启用、清除或定位现有断点。右击程序框图上的对象，从弹出的快捷菜单中选择“断点”→“断点管理器”，打开“断点管理器”窗口，可逐个或在VI层次结构中删除断点，如图2-50所示。

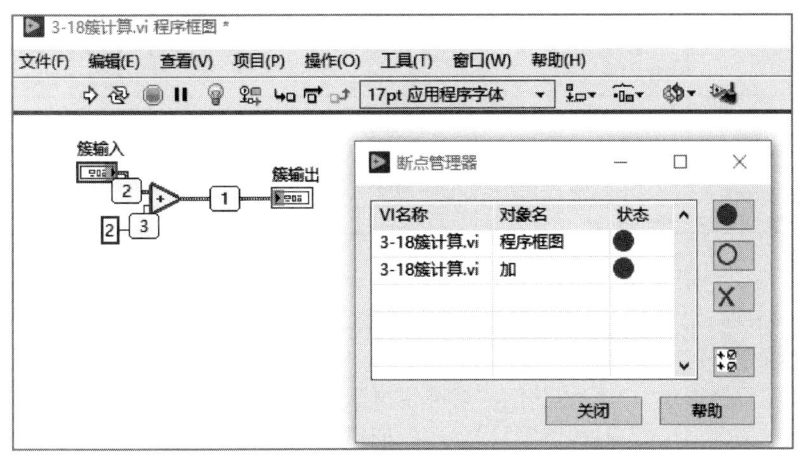

图2-50 “断点管理器”窗口

4. 验证对象的行为

（1）确定是否有函数或子VI传输的数据没有被定义，这种情况通常发生在数值型数据中。例如，在VI某处的节点上进行了除零操作，因而结果返回Inf（无穷大），而后续函数或子VI需要的是数值输入。

（2）检查输入控件和显示控件的数字表示法，确定是否有数据溢出。将浮点数转换成整数或整数转换成较短的整数时，可能会发生溢出。例如，将16位整数连接到了只接收8位整数的函数，函数将16位整数转换为8位整数，从而引发潜在的数据丢失。

（3）确定是否由于For循环执行零次循环而产生了空数组。

（4）确认移位寄存器已初始化，除非只把移位寄存器用于保存上一次循环执行的数据，并将数据传递至下一个循环。

（5）如果VI的运行速度比预期慢，应确认子VI关闭了执行过程高亮显示功能。同时，在不使用子VI前面板窗口和程序框图窗口时，应关闭它们，因为打开的窗口会影响执行速度。

（6）在源点和目标点检查簇元素的顺序。LabVIEW在编辑时能发现数据类型和簇大小的不匹配，但不能发现同类型元素的不匹配。

（7）确定VI不含有隐藏的子VI。将节点直接放置在另一个节点上，或者减小结构的尺寸而没有保持子VI可见，将会不经意地隐藏子VI。单击“高亮显示执行过程”按钮可查看程序框图的动态执行过程。

5. 错误处理

即使是非常可靠的VI也可能生成错误，如果没有建立错误检查机制，仅能确定VI不能正

常工作。通过错误检查可判定VI中错误发生的原因和错误出现的位置。

（1）自动错误处理。每个错误都有一个数值代码和相应的错误信息。默认状态下，VI运行时 LabVIEW 会通过中断执行，高亮显示产生错误的子VI或函数，并显示错误对话框，自动处理每一个错误。但需要注意的是，LabVIEW运行引擎不支持自动错误处理。

（2）禁用自动错误处理。如需使用其他错误处理方法，可禁用自动错误处理。禁用不同类型VI的自动错误处理的详细信息如表2–4所示。

表 2–4　禁用自动错误处理方法

VI 类　型	禁用自动错误处理
当前VI	选择“文件”→“ VI属性”。在“类别”下拉菜单中选择执行，取消勾选“启用自动错误处理”复选框
新建空白VI	选择“工具”→“ 选项”。在“类别”下拉菜单中选择程序框图，取消勾选“在新VI中启用自动错误处理”复选框
VI内部的子VI或函数	在子VI中创建错误输出显示控件，或连线子VI的错误输出参数至另一子VI或函数的错误输入端

（3）解释错误。错误发生时，在簇边界内右击，从弹出的快捷菜单中选择“解释错误”，可打开“解释错误”对话框。“解释错误”对话框包含产生错误的信息。如果VI有警告，但没有错误，快捷菜单将包括解释警告选项。

通过帮助解释错误菜单也可以访问“解释错误”对话框。VI 和函数通过数值错误代码或错误簇返回错误。通常，函数通过数值错误代码返回错误，而VI通过错误簇，即错误输入和错误输出返回错误。

小　　结

在本章中主要介绍了 LabVIEW 的启动、项目浏览器上的有关操作、新建和保存 VI、VI 中的基本操作以及帮助和调试工具的使用。

LabVIEW VI 的组成包括两个窗口、三个选板、图标和接线板、工具栏和快捷菜单。其中，两个窗口是前面板和程序框图；三个选板是控件选板、函数选板和工具选板；图标和接线板是创建和调用子 VI 的关键；帮助和调试工具能帮助用户解决使用 LabVIEW 过程中遇到的各种问题。

编程的基础操作：

（1）VI 的启动和保存。

（2）VI 的创建：

① 前面板的创建；

② 程序框图的创建；

③ 图标的编辑；

④ 接线板的编辑；

⑤ 子 VI 的创建和调用。

（3）帮助工具的使用：

① 即时帮助窗口；

② LabVIEW 帮助;
③ NI 范例。
（4）调试工具:
① 错误列表窗口;
② 工具栏中的调试工具;
③ 工具选板中的调试工具;
④ 错误簇。

习　　题

1. LabVIEW 的 VI 组成包括哪几个部分?
2. LabVIEW 的有哪几个操作选板? 如何快捷切换 ?
3. 创建一个 VI 程序，实现两个数值的大小比较，输出较大的数值。
4. 创建一个 VI 程序，计算两个数值的乘除运算，并将结果显示出来。
5. 创建一个 VI 程序，计算 (a+b) × c ÷ d，其中，a、b、c、d 可以任意输入数值，并将结果显示出来。
6. 在前面板上任意放置 6 个不同的控件，任意调整其大小。并进行以下操作:
（1）如果是输入控件，改变其输入内容。
（2）将其中的输入控件转换为输出控件、输出控件转换为输入控件。
（3）将 6 个控件大小设置成相同。
（4）将 6 个控件设置成顶端对齐，水平中心对齐。

上机实验

第2章上机实验

上机实验：熟悉VI的创建、编辑、子VI的创建和调用。

创建一个VI程序，完成一个汽车速度测量系统，输入车轮转速、车轮直径，显示车速，并设置超速报警，如图2–51所示。

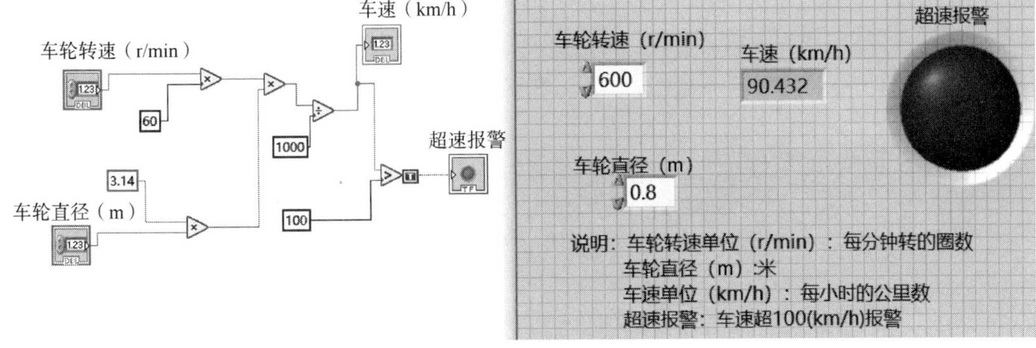

图 2–51　汽车速度测量系统

操作步骤：

（1）新建一个VI，命名为“汽车速度测量系统.VI”。

（2）打开前面板，在控件选板中的“新式”选项区中选择“数值子选板”→“数值输入控件”和“数值输出控件”，分别命名为车轮转速（r/min）、车轮直径（m）和车速（km/h）。

（3）在控件选板中的“新式”选项区中选择“布尔”→“圆形指示灯”，并命名为“超速报警”。

（4）用标签工具在前面板上说明各个数值的单位，并明确速度阈值。

（5）打开程序框图，在函数选板中的“编程”选项区中选择“数值子选板”→“乘”函数、“除”函数、“数值常量”。

（6）在函数选板中的“编程”选项区中选择“比较”→“大于？”函数。

（7）按照速度计算的逻辑功能各函数连接，运行程序，改变输入数值，验证报警灯颜色的变化。

第3章 数据类型与操作

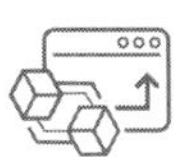

本章导读

重点掌握LabVIEW的数值型、布尔型、字符串型数据类型操作函数。掌握数组型、簇型数据的创建和应用，了解表格和列表框、树形、路径和其他类型如枚举型、时间型、变体型的使用。

3.1 数据类型简介

LabVIEW和许多高级编程语言一样，有一些预定义的基本数据类型，具有这些数据类型的数据只能作为一个整体来对待，不能分开进行操作。比较典型的有数值型、布尔型和字符串型。基本数据类型是使用LabVIEW编写程序的基础，也是构成复合数据类型的基石。复合型数据包括数组型、枚举型、簇型和波形数据。不同的数据类型和数据结构在LabVIEW中的创建和使用方法不同。在LabVIEW中，以不同的图标、连线外形和颜色来表示不同的数据类型，如表3-1所示。

表3-1　数据类型与特征颜色

控件接线端（图标）	数据类型名称	连线外形和特征颜色
1.23 DBL	数值型	（单实线，浮点类型橙色，整型蓝色）
TF	布尔型	（虚线，绿色）
abc	字符串	（波浪线，紫色）
123 DBL	数组型	（分别为1、2和3维数组，颜色随元素数据类型而变化）
	簇型	（棕色双线带孔：元素都是数值数据类型，棕色） （紫色双线带孔：元素不都是数值数据类型）

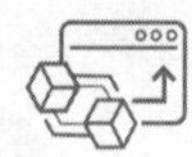

3.2 数值数据类型

3.2.1 数值型分类

数值数据类型的LabVIEW对象有两种：一种是前面板上的“数值”控件，相当于变量；另一种是程序框图上的“数值”子选板上的数值常量，如图3-1所示。数值输入和数值显示控件的外观五花八门，其目的是增强虚拟仪器面板的视觉效果，本质是一样的。

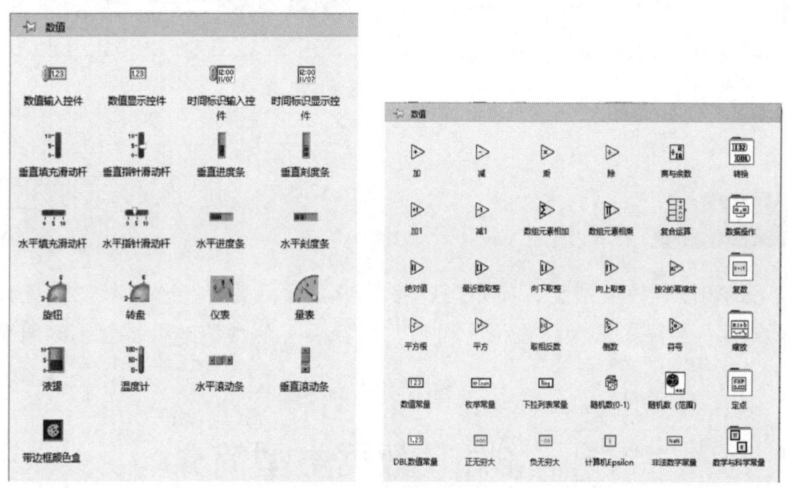

图 3-1　数值型对象

数值数据类型分为浮点型、整数和复数3种基本类型，从这3种基本形式可以衍生出更多的数据类型。

数值数据类型用于表示各种不同类型的数字。如图3-2所示，右击输入控件、显示控件或常量，选择“表示法”即可改变数字的表示类型。

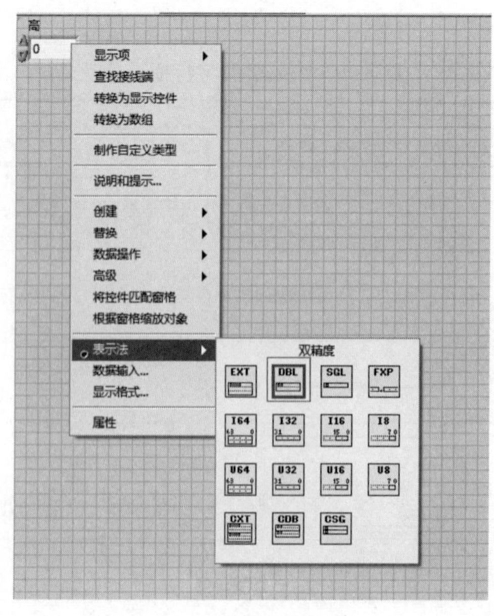

图 3-2　数值表示法

数值数据类型的子类型包括浮点型、整型和复数型三大类型。具体图标及含义如表 3-2 所示。

表 3-2　表示法内的图标说明

数据类型接线端	数值数据类型	存储位数
SGL	单精度浮点数	32
DBL	双精度浮点数	64
EXT	扩展精度浮点数	128
CSG	单精度浮点复数	64
CDB	双精度浮点复数	128
CXT	扩展精度浮点复数	256
I8	带符号字节（Byte）整数	8
I16	带符号字（Word）整数	16
I32	带符号长整数	32
U8	无符号字节整数	8
U16	无符号字整数	16
U32	无符号长整数	32

1. 浮点型

浮点型用于表示分数。LabVIEW 中，用橘黄色代表浮点型。

单精度（SGL）——单精度浮点数为 32 位 IEEE 标准的单精度格式。使用单精度浮点数可节省内存并避免溢出。

双精度（DBL）——双精度浮点数为 64 位 IEEE 标准的双精度格式。双精度为数值对象的默认格式，大多数情况下都使用双精度浮点数。

扩展精度（EXT）——在内存中，扩展精度数的字长和精度随所在平台的不同而不同。在 Windows 中，扩展精度数为 80 位 IEEE 扩展精度格式。

2. 整型

整型用于表示整数。有符号整型可以是正数也可以是负数。无符号整型用于表示正整数。LabVIEW 中，用蓝色代表整型。LabVIEW 将浮点数转换成整数时，VI 会对其四舍五入并转换为最接近的偶数。例如，LabVIEW 将 2.5 舍入为 2，将 3.5 舍入为 4。

3. 复数

复数由内存中两个相连的数值表示：一个表示实部；另一个表示虚部。由于复数属于浮点数的一种，所以 LabVIEW 中也用橘黄色代表复数。

单精度复数由两个 32 位 IEEE 单精度格式的实数和虚数构成。

双精度复数由两个 64 位 IEEE 双精度格式的实数和虚数构成。

扩展精度复数由两个扩展精度格式的实数和虚数构成。在内存中，扩展精度数的字长和精度随所在平台的不同而不同。在 Windows 中，扩展精度数为 80 位 IEEE 扩展精度格式。

注意：

如果把两个或多个不同表示法的数值输入连接到一个函数，函数将以较大较宽的格式返回输出的数据。函数在执行前会自动将短精度表示法强制转换为长精度表示法，同时，LabVIEW将在发生强制转换的接线端上放置一个强制转换点。

IEEE标准754规定了3种浮点数格式：单精度、双精度、扩展精度。IEEE标准从逻辑上用三元组{S, E, M}表示一个数N，如图3-3所示。

图 3-3　三元组

$$N=(-1)^S \times M \times 2^E$$

其中，S表示符号位，E表示N的指数位，M表示N的尾数位，只是表示小数点后的二进制位数。单精度数据中N共32位，其中S占1位，E占8位，M占23位。双精度数据中N共64位，其中S占1位，E占11位，M占52位。

3.2.2　数值型对象的操作

1. 数值型对象的替换

不管是前面板窗口上的数值型变量，还是程序框图窗口上的数值型变量，数值型对象的右键快捷菜单的设置基本类似，含有的不同之处也较简单，可自行摸索。数值型控件可以在输入控件和显示控件间转换：右击数值控件，在弹出的快捷菜单中选择“转换为显示控件”，就可以改变控件类型，如图3-4所示。在弹出的快捷菜单中选择“替换”，可改变控件类型。在弹出的快捷菜单中选择“表示法”，可改变数值的表示类型。

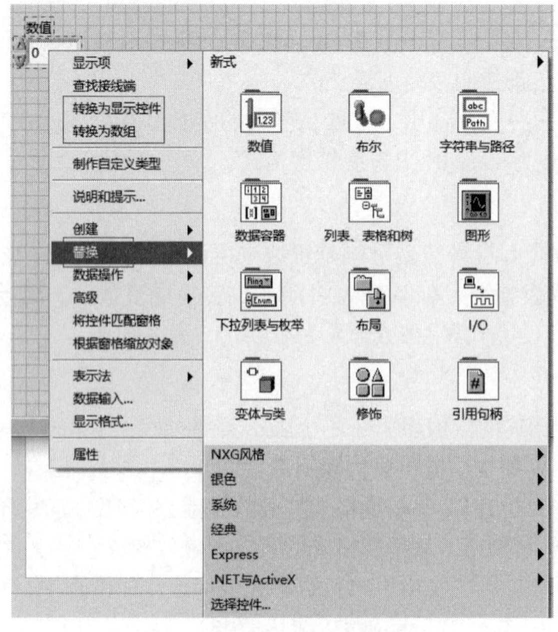

图 3-4　数值型控件的替换

2. 控件的属性设置

如果需要更改数值型控件的属性，可以在图3–4所示的快捷菜单中选择“属性”，打开属性对话框，如图3–5所示。该对话框共包括7个属性配置页面，分别为外观、数据类型、数据输入、显示格式、说明信息、数据绑定和快捷键。其中，说明信息、数据绑定和快捷键3项配置一般不做修改。

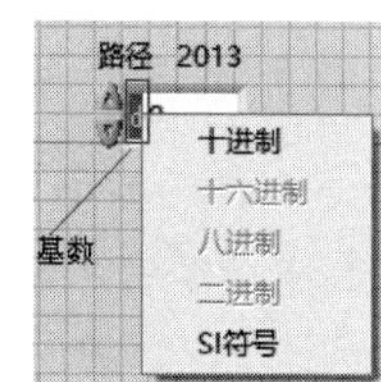

图 3–5　数值型控件的外观配置

（1）外观。

在属性配置页面上可以设置数值控件的外观属性，包括标签、启用状态、显示基数和显示增量/减量按钮等。

① 标签可见：标签用于识别前面板和程序框图上的对象。选中“可见”复选框可以示对象的自带标签，并启用标签文本框对标签进行编辑。

② 标题可见：同标签相似，但该选项对常量不可用。选中“可见”复选框可以显示标题，并使标题文本框可编辑。

③ 启用状态：选中“启用”单选按钮，表示可操作该对象，选中“禁用”单选按钮表示无法对该对象进行操作；选中“禁用并变灰”单选按钮表示在前面板窗口中显示该对象并将对象变灰。

④ 显示基数：显示对象的基数，使用基数改变数据的格式，如十进制、十六进制、八进制等。

⑤ 显示增量/减量按钮：用于改变该对象的值。

⑥ 大小：分为“高度”和“宽度”两项。对数值输入控件而言，其高度随输入字体的大小改动，只能修改控件宽度数据。

与数值输入控件外观属性配置页面相比，滚动条、旋钮、转盘、温度计和液罐等其他控件的外观设置页面稍有不同，如针对旋钮输入控件的特点，在外观属性配置页面又添加了定义指针颜色、锁定指针动作范围等特殊外观功能项。

（2）数据类型。

在此页面中可以设置数据类型和范围等。

① 表示法：为控件设置数据输入和显示的类型，如整数、双精度浮点数等。在数据类型页面中有一个表示法的小窗口，单击它则得到图3–6（a）所示的对话框。

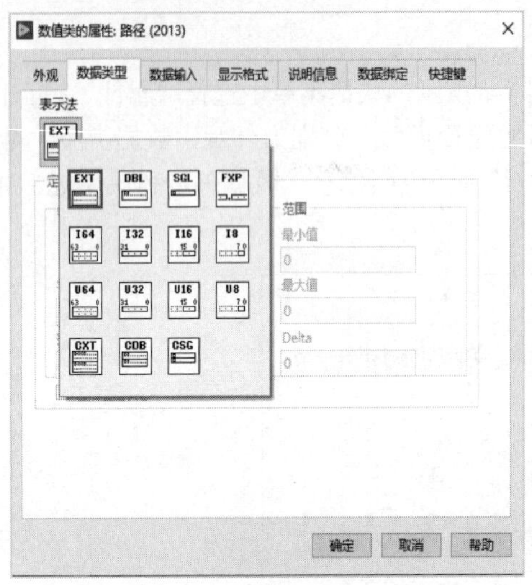

(a) 未启用定点

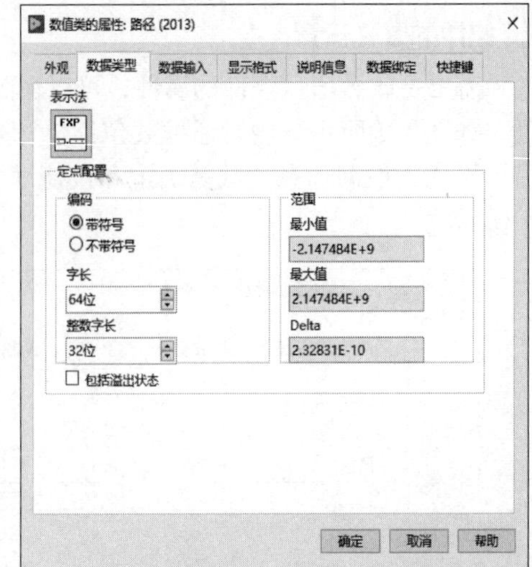

(b) 启用定点

图 3-6　数值型控件的数据类型配置

② 定点配置：设置定点数据的配置。只有在“表示法”设置为定点的情况下，可以配置编码或范围设置。其他表示法下，该定点配置为灰色，不可修改。编码即设置定点数据的二进制编码方式，可设置定点数据是否带符号、定点数据的字长、整数字长。字长调整后最大值和最小值、Delta值自动更新，如图3-6（b）所示。

（3）数据输入。

该属性用来编辑当前数值的最大值、最小值和增量，如图3-7所示。如果不进行操作，图上3个值均为默认界限。如果需要编辑最大值、最小值和增量，可以将“使用默认界限”选项去掉。超出界限值的响应，默认为“忽略”，如果选择为“强制”，当输入数值超出范围后，自动修改为界限值。

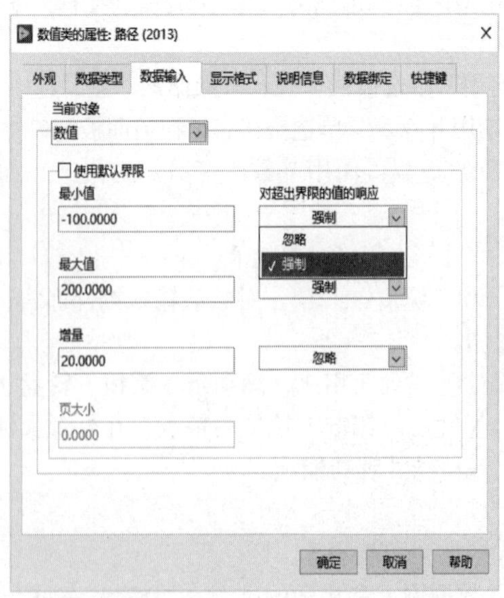

图 3-7　数值型控件的数据输入配置

（4）显示格式。

在此页面中可以设置数值的格式与精度，如图3-8所示。

图3-8　显示格式

类型：数值计数方法可选浮点、科学计数法、自动格式和S1符号4种。

① 浮点计数：以浮点计数法显示数值对象，输入小数点后的数值不足10位将自动补齐。

② 科学计数法：以科学计数法显示数值对象，并且输入小数点后的数值不足10位将自动补齐。

③ 自动格式：以LabVIEW所指定的合适的数据格式显示数值对象。

④ SI符号：以SI表示法显示数值对象，且测量单位出现在值后。

练习3-1：数值计数方法的操作练习。

操作步骤：

（1）前面板上放置输入显示控件4个，修改外观设置，输入标签和标题，调整控件大小。

（2）在三个控件中均输入100.0123，然后修改数据类型中的表示法，观察浮点型、整数型、复数型的区别，如图3-9所示。

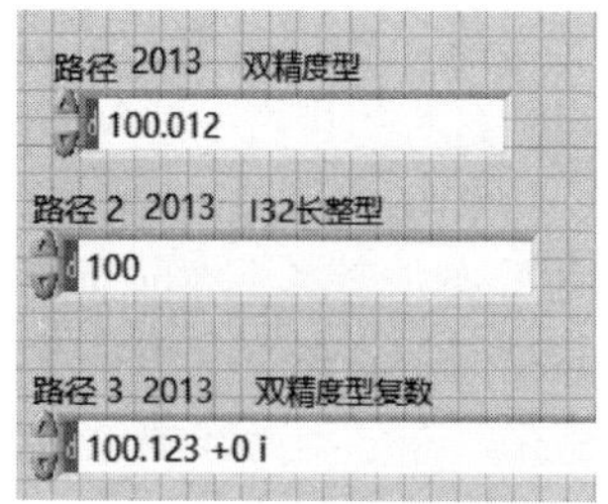

图3-9　浮点型、整型、复数型数据显示

（3）在数值输入控件中均输入100.012345，选择不同的计数形式和相同的位数及精度类型，如图3–10所示。

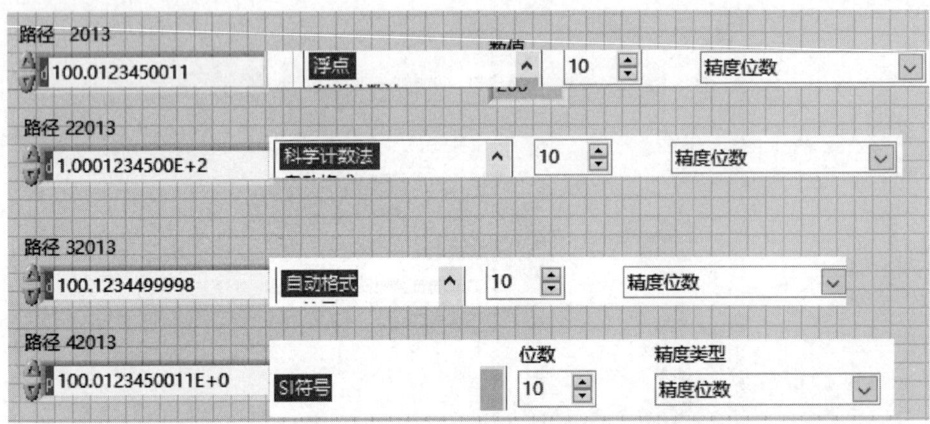

图 3–10　4 种数值计数类型的区别

（4）改变数值进制类型，查看显示效果，如图3–11所示。当设置数值进制类型为“十进制”“十六进制”“八进制”“二进制”时，计数位数和精度类型不可修改。

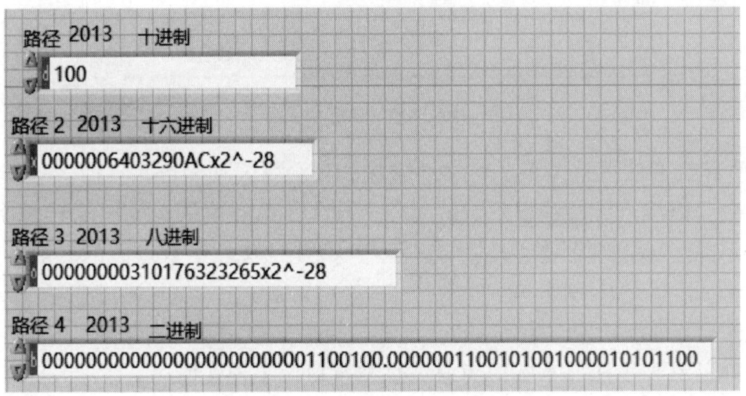

图 3–11　显示格式进制区别

 3.3　布尔型数据

布尔型数据在LabVIEW中的应用比较广泛。因为LabVIEW程序设计很大一部分功能体现在仪器设计上，而在设计仪器时经常会有一些控制按钮和指示灯之类的控件，这些控件的数据类型一般为布尔型；另外，在程序设计过程中进行一些判断时也需要用到布尔量。

布尔型数据的值为1和0，即真（TRUE）和假（FALSE）。通常情况下布尔型即为逻辑型，因此在程序框图中可进行与、或、非等布尔运算。在前面板窗口中，布尔型控件位于选板“新式–布尔”，如图3–12所示，其中包括开关按钮、翘板开关、摇杆开关、指示灯、按钮、单选按钮等控件。在程序框图的函数面板中，布尔型函数中包括真、假常量。

在布尔型控件上右击，通过弹出的快捷菜单选项可以对控件进行设置。其中大部分菜单选项与数值控件的右键快捷菜单相同，功能也基本相同，故这里不再详细介绍。

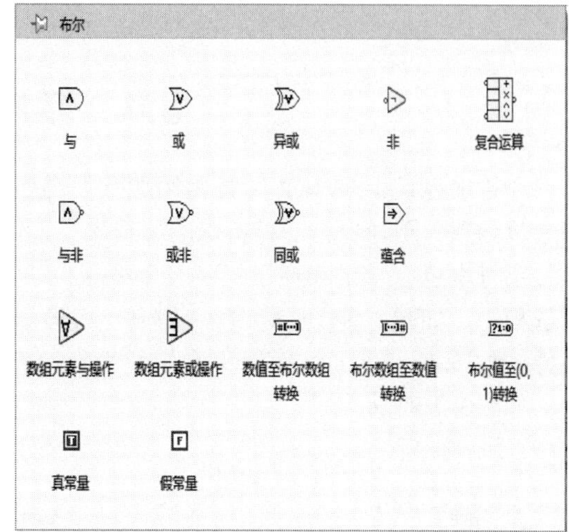

图 3–12　布尔型数据

不同之处在于布尔控件的机械动作设置项，如图3–13所示。在快捷菜单上，选择“机械动作”可查看机械动作设置项。触发和转换是两种主要的机械动作。触发动作与门铃的动作方式类似；转换动作与照明灯开关的动作方式类似。LabVIEW中开关、按钮控件的机械动作设置实际上就是模拟实际开关设备的动作状态，共提供了6种动作类型，其含义如表3–3所示。

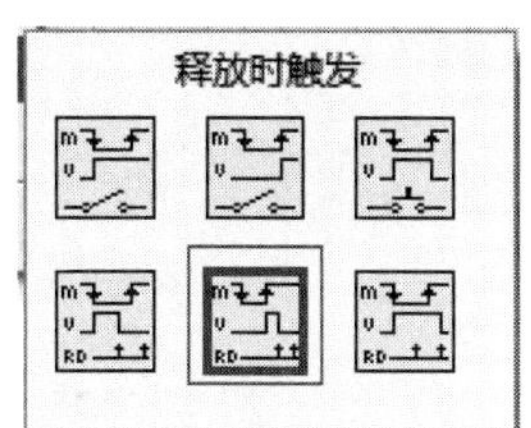

图 3–13　布尔机械动作

表 3–3　布尔机械动作类型

图　例	名　称	动 作 说 明
	单击时转换	单击后，立即改变状态并保持到再一次单击为止。与程序读取控件值的次数无关（类似机械开关）
	释放时转换	按下鼠标时状态不变，释放鼠标时改变状态，保持到下一次释放为止。与程序读取控件值的次数无关（类似机械按钮）
	保持转换到释放	单击时状态立即改变，鼠标按键释放后立即恢复。与程序读取控件值的次数无关
	单击时触发	单击时改变控件值，该值保持到程序读取一次为止，程序读取后恢复至默认值，不管是否处于按下状态
	释放时触发	释放时改变控件值，该值保持到程序读取一次为止，程序读取后恢复至默认值（类似对话框按钮）
	保持触发直到释放	单击时改变控件值，该值保持到释放以后再被程序读取一次为止，程序读取后恢复至默认值

如同数值型一样，布尔型控件外观、机械动作等也可以通过数据属性页进行设置，在此不再赘述。

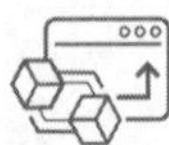

3.4 字符串与路径数据

字符串也是 LabVIEW 一种常用的数据类型，LabVIEW 提供了功能强大的字符串控件和字符串运算函数，路径也是一种特殊的字符串，专门用于对文件的处理。

字符串也有常量和变量，字符串变量位于前面板的“控件→“新式”→“ 字符串与路径”子选板中，如图 3–14 所示。在“列表、表格和树”子选板中也有 5 种可以输入和显示字符串的控件，如图 3–15 所示。字符串常量位于程序窗口的“函数”→“编程”→“ 字符串”子选板中，如图 3–16 所示。

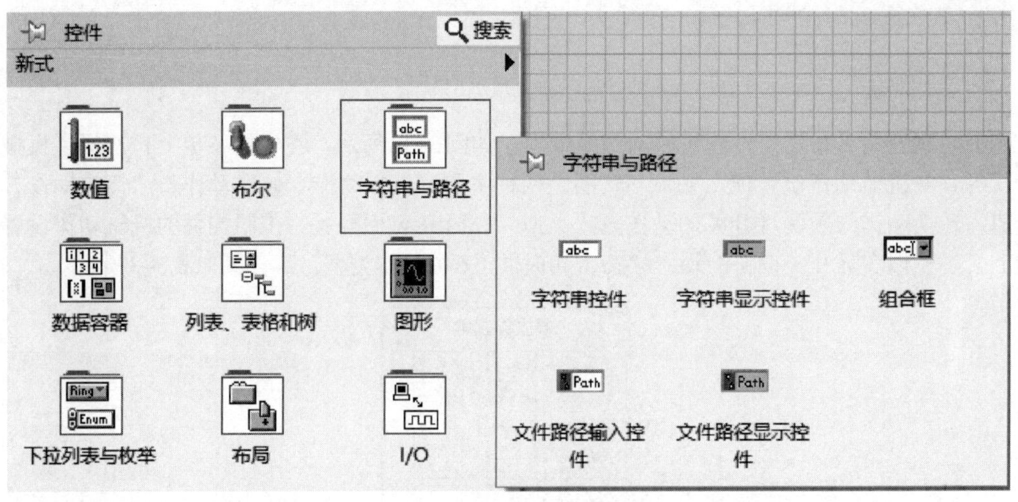

图 3–14　“字符串与路径”子选板

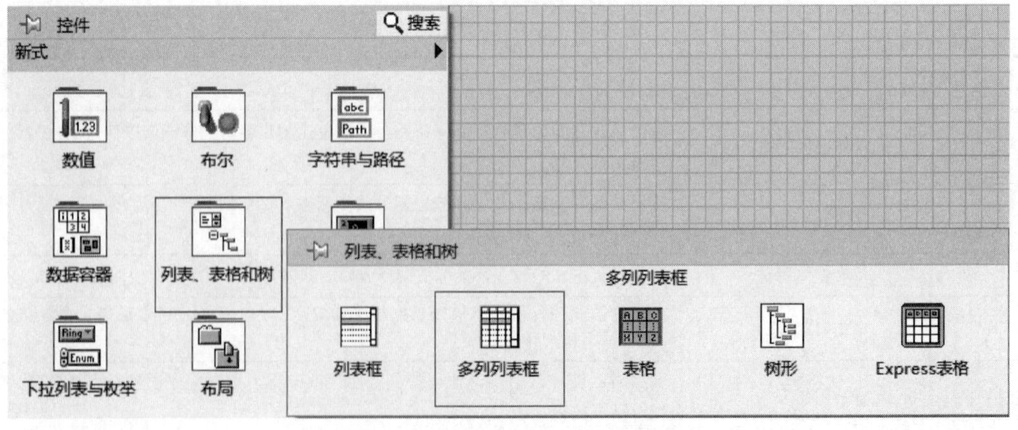

图 3–15　“列表、表格和树”子选板

图 3-16　程序框图“字符串”子选板

3.4.1　字符输入/输出控件

字符串输入/输出控件可实现最基本的字符串操作功能，对其属性可通过快捷菜单或属性对话框进行设置，如图 3-17 和图 3-18 所示。控件的替换操作与数值型控件的类似，不再重复。下面主要介绍字符串输入/输出控件的基本属性独有的显示样式、滚动条和刷新模式。

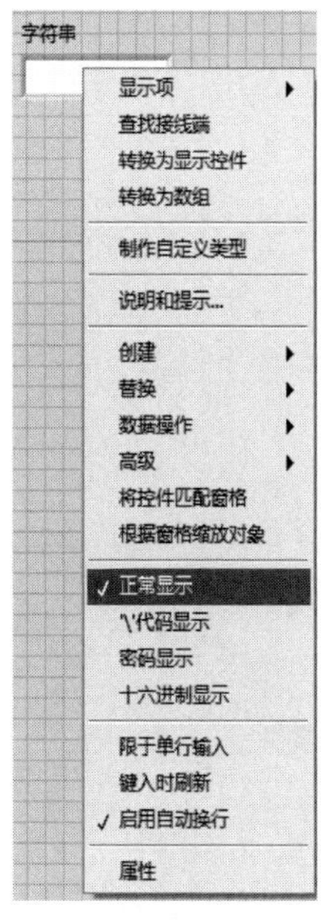

图 3-17　快捷菜单

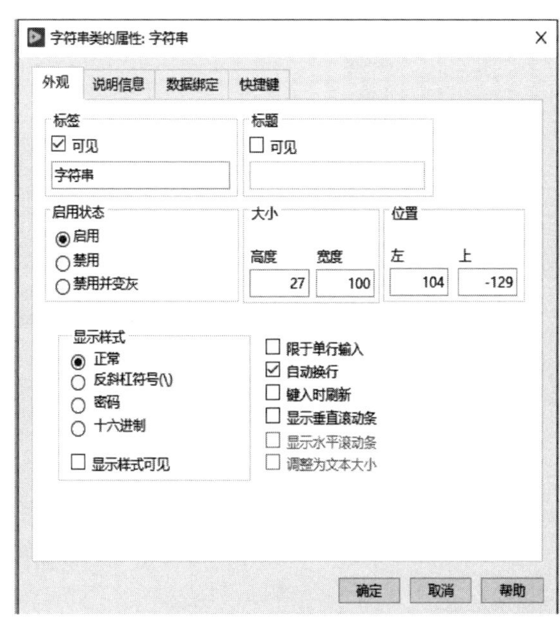

图 3-18　属性对话框

1. 显示样式

从属性对话框和快捷菜单中均可以设置显示样式。

（1）正常显示：这是LabVIEW默认的显示样式。

（2）反斜杠（\）代码显示：用户可使用该方式查看正常方式下不可显示的字符代码。

（3）密码显示：在这种方式下，用户输入的字符串均显示为星号（*）。

（4）十六进制显示：在这种方式下，字符以与其对应的十六进制ASCII码的形式显示，尤其在程序调试和VI通信时比较有用。

2. 滚动条

为了以较小的控件窗口显示更多的信息，使前面板更简捷，可在字符串属性对话框中使滚动条有效。

3. 键入时刷新

当“键入时刷新”选项有效时，在程序运行过程中，字符串显示器的内容将会随着字符的输入而改变，不需要用户单击工具栏上的确认按钮进行输入确认。

3.4.2 组合框

组合框将多个字符串组合在一个框中加以显示。每个字符串称为一个“项”，并且对应一个“值”。图3-19为组合框的属性对话框，下面重点说明“编辑项”配置，其他配置不再赘述。

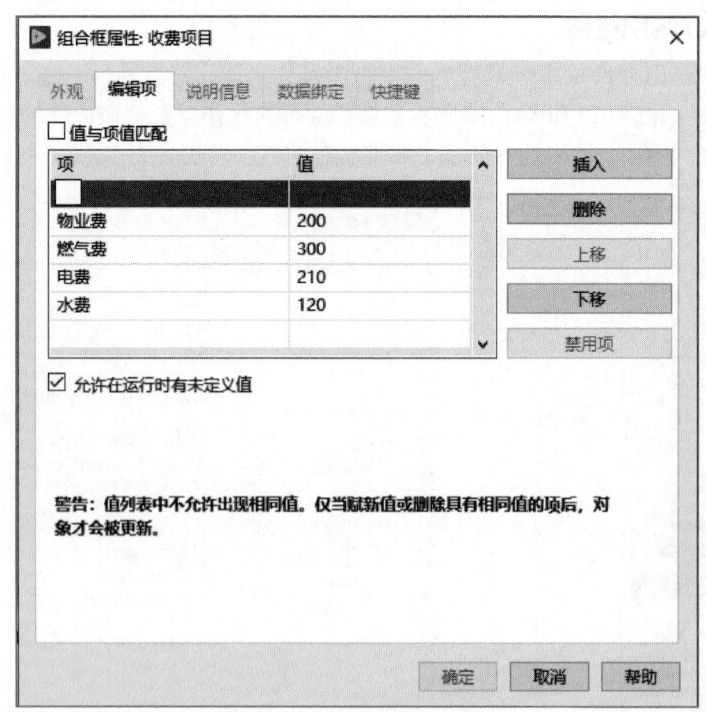

图3-19　组合框的属性对话框

在“编辑项”页面中，单击“插入”按钮可以新建一个显示的项目名称。若选中“值与项值匹配”复选框，则“值”不可修改，否则可在“值”下输入其他数据。

练习3-2：创建一个收费查询，可以简单查询各项收取的费用值。

操作步骤：

（1）在前面板上放置“字符串”控件和“字符串显示”控件。修改标签为“收费项目”和“费用（元）”。

（2）将“字符串”控件设置为限于单行输入、键入时刷新、显示垂直滚动条。

（3）编辑项目，输入“物业费”“燃气费”“水费”“电费”等，并修改其各项数值，如图3-19和图3-20所示。

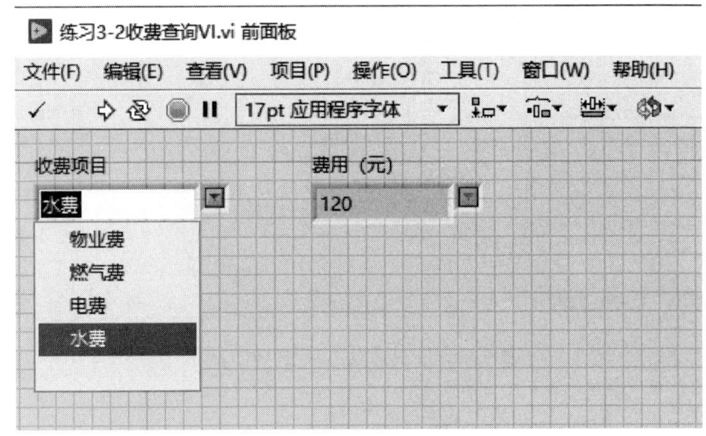

图 3-20　收费查询前面板

（4）在程序框图窗口上连接“字符串”控件和“字符串显示”控件，如图3-21所示。

图 3-21　程序框图窗口

（5）单击“运行”，可看到费用调试程序。

3.4.3　表格和列表框

1. 表格

表格是由字符串组成的二维数组，其每个单元格可放一个字符串。Express表格可以将数据快捷地转换为表格。字符串函数可用于处理表格数据。

在表格的属性对话框内，可以设置行数、列数、是否显示滚动条、线条、索引框等，如图3-22所示。在前面板上放置表格时可设置行首和列首，还可通过标签工具或操作工具更改行首和列首。行首和列首不属于表格数据。行首和列首都是独立数据，可通过属性节点读取和设置。通过表格左上角的索引框可指定哪些单元格可见。对表格索引的操作和对数组索引的操作类似。更深入的表格应用见第4章，需要与程序结构结合使用。

2. 列表框

列表框可配置为单选或多选。多列列表可显示更多条目信息，如大小和创建日期等，如图3-23所示。使用标签工具可向列表框类写入字符串。

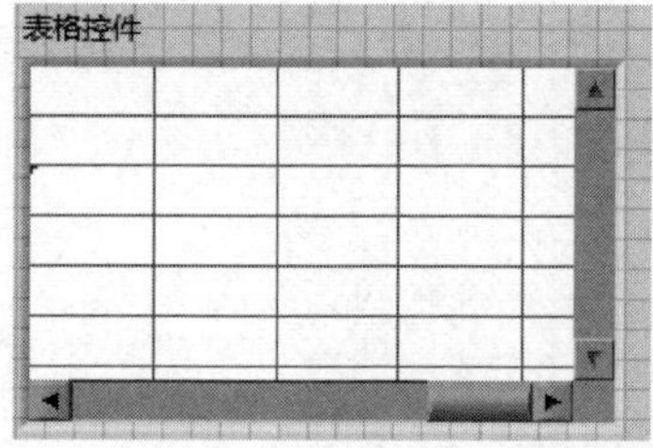

图 3-22　表格及其属性对话框

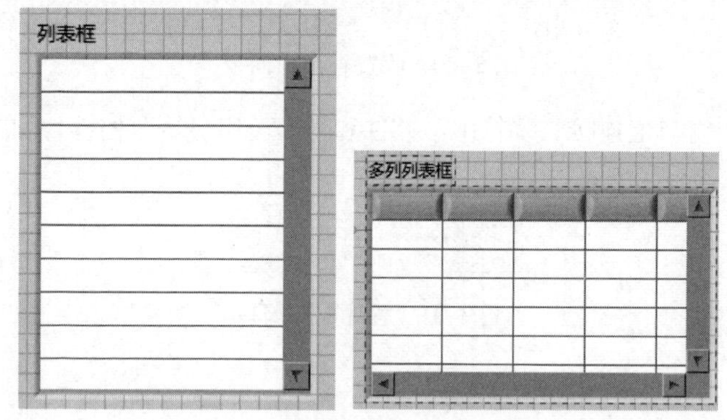

图 3-23　列表框与多列列表框

在运行时向列表框输入字符，LabVIEW 将在列表中选择以输入字符开头的第一项。按<←>或<→>键，选择与输入字符匹配的上一项或下一项。右击列表框并从弹出的快捷菜单中选择选择“模式”→“高亮显示整行”，选中某一项时，整行内容将以高亮显示。

可在列表项旁添加符号，例如，在 LLB 管理器窗口，目录和文件使用不同的符号。还可在列表项之间插入分隔行。

使用属性节点可以修改列表框项，获取列表框项的信息，如在运行时检测当前选中的项或往列表框输入字符时处理大小写字符。右击打开快捷菜单可删除或插入某行或某列。

3.4.4　树形

树形控件用于向用户提供一个可供选择的层次列表。对树形控件中输入的各个项进行组织，分为若干组项或若干组节点。

3.4.5　路径

路径控件用于输入或显示文件或文件夹的路径。如路径控件启用了“允许放置”，可直接从（Windows）Windows浏览器或（macOS）Finder中拖动一个路径、文件夹或文件至路径控件。路径控件与字符串控件的工作原理类似，但LabVIEW会根据用户使用操作平台的标准句法将路径按一定格式处理。

3.5　数　　组

数组用于管理一组相同类型的数据，由元素和维数两个参数定义。元素是组成数组的数据。而维数是数组的长度、高度或深度。一个数组可以是一维或多维的，而且每一维在内存允许的情况下可以有多达$(2^{31})-1$个元素。可以通过数组索引访问其中的每一个元素，索引的范围是$0\sim n-1$，其中n是数组中元素的个数。

可以拖动数值、布尔、路径、字符串、波形或簇等数据类型放置在数组上，从而创建相应类型的数组。因此，如果对一组相似数据进行操作并重复计算时，可以考虑使用数组。数组还适用于存储从波形收集的数据或在循环中生成的数据（每次循环生成数组中的一个元素）。

数组中不能再创建数组，但可以创建多维数组或创建一个簇的数组，其中每个簇均含有一个或多个数组；也不能创建子面板控件、选项卡控件、NET控件、ActiveX控件、图表或多曲线XY图类型的数组。

3.5.1　数组的创建

1. 在前面板上创建数组

（1）在前面板上放置一个数组外框，如图3-24所示，在前面板上从“控件选板”→“数据容器”中选中“数组”放置。

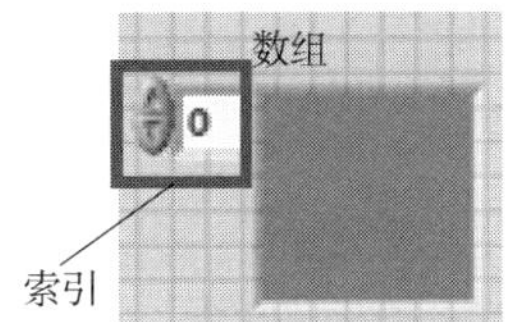

图 3-24　数组外框

（2）将一个数据对象或元素拖放到该数组外框中，数据对象或元素可以是数值、布尔值、字符串、路径、引用句柄、簇输入控件或显示控件。添加一个元素后的数组如图3-25所示。

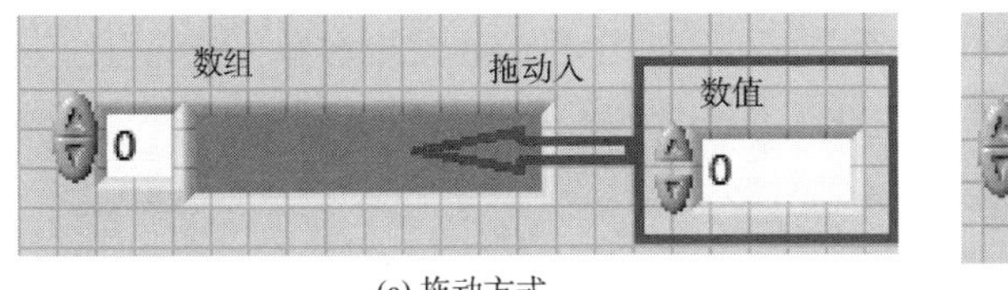

(a) 拖动方式

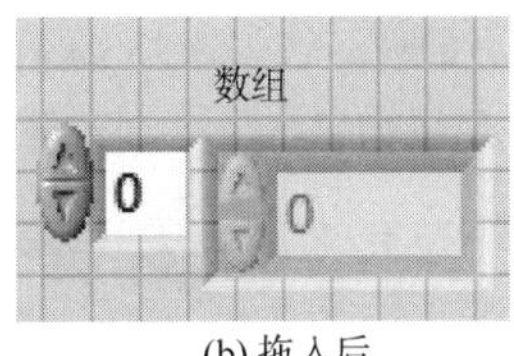

(b) 拖入后

图 3-25　添加数组元素

（3）将鼠标移动到数组边框或边角上，光标变成双向箭头或拖动图标后，直接横向或纵向拖动鼠标，增加元素的个数，如图3-26所示。

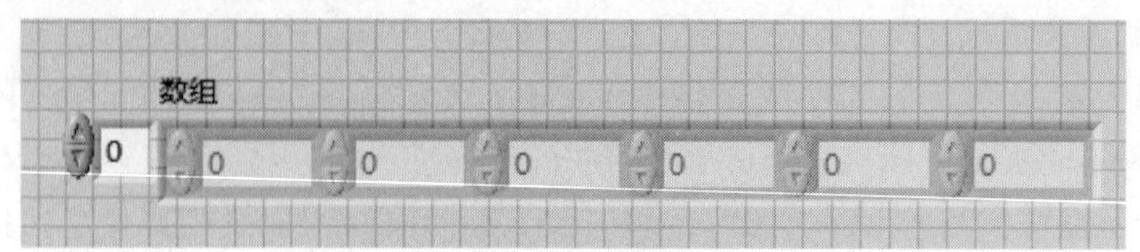

图 3-26　添加数组元素

（4）添加进去的元素的背景默认为灰色，表示数组元素无效，赋值后数组才会有效。可直接在元素框内输入，编辑元素值，如图3-27所示。若直接编辑最后一个元素，前面的所有元素都将变为有效值。若选中某一个元素，右击打开快捷菜单，选择“数据操作”→“当前值设置为默认值”，则其他灰色背景的无效元素自动更新成当前选中的元素值。

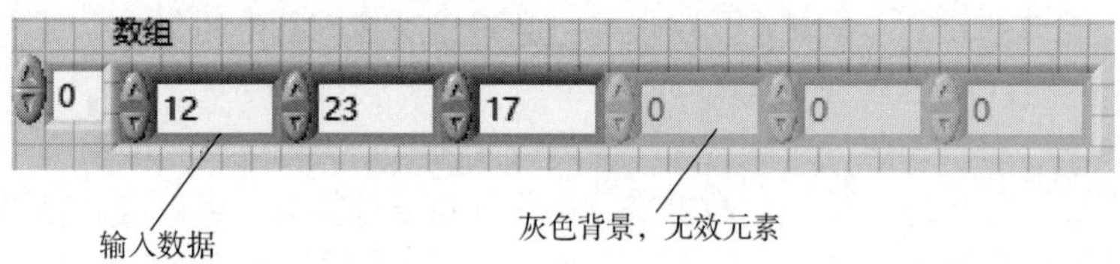

图 3-27　编辑元素值

练习3-3：创建一个八大行星的数组。

八大行星是指太阳系的八个大行星，按照离太阳的距离从近到远，它们依次为水星、金星、地球、火星、木星、土星、天王星、海王星。按照该顺序创建一个文本数组，如图3-28所示。

创建一个八大行星的数组

图 3-28　八大行星

操作步骤：

（1）在前面板上放置一个数组外框，并修改标签。

（2）将“字符串”加入数组成为元素。

（3）增加元素个数到9个。

（4）输入行星名称到元素框内。

（5）研究索引对元素显示的影响。索引值所对应的元素会出现在元素显示框左上角。

在图3-28中，当索引值为1时，元素显示框左上角的元素是水星。若索引值为0，则对应一个空框。若索引值为3，则元素显示框左上角的元素是地球，如图3-29所示。

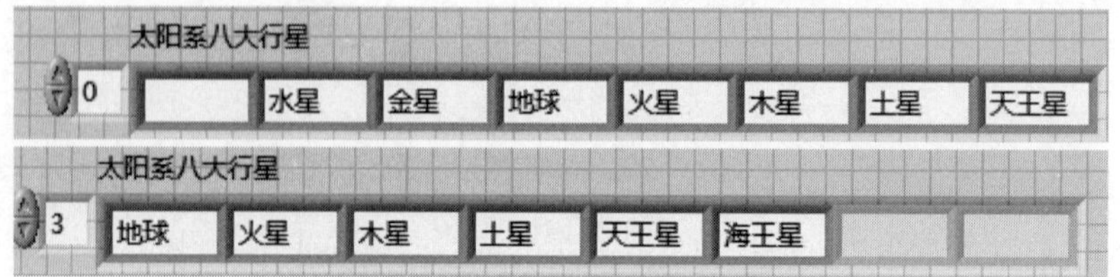

图 3-29　索引值与元素对应

2. 在程序框图中创建数组

在程序框图的“函数选板”→“数组”中选中“数组常量”放置在窗口上，再选择其他数据常量拖动进入数组外框。其余步骤类似于前面板上的操作，如图3-30所示。

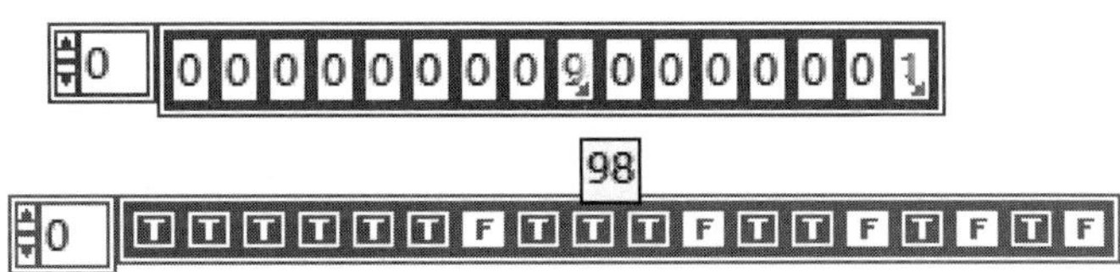

图 3-30 程序框图上的数组创建

3. 循环索引创建数组

For循环和While循环都可以在其结构中自动索引数组，此部分内容在第5章讲解。

4. 数组的维度设置

一维数组可以是一行，也可以是一列。如果要创建二维或高维数组，可有两种方法：一是将鼠标指针放置在数组的索引框的边角上，当出现双向箭头时向上向下拖动；二是在数组的快捷菜单或属性对话框中改变维度的大小。

在维度增加过后，添加一个元素到数组框内，再拖动数组边框可增加元素个数。创建、赋值后的数组的相关术语如图3-31和图3-32所示。从图3-32中可以看出，当给第6行第6列元素赋值后，6×6行列的其他未赋值元素也自动调整为有效元素。

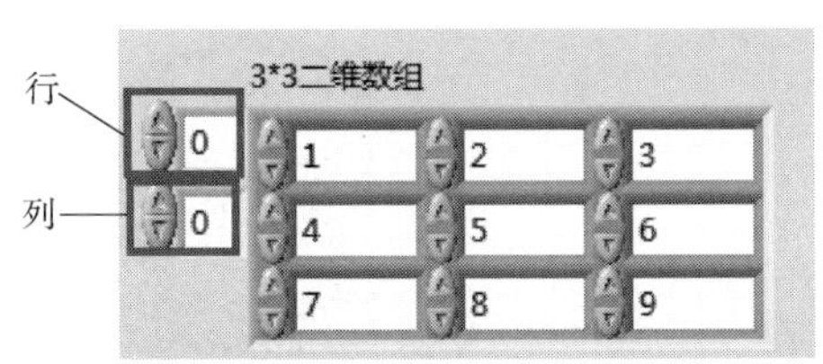

图 3-31 3行3列的二维数值数组

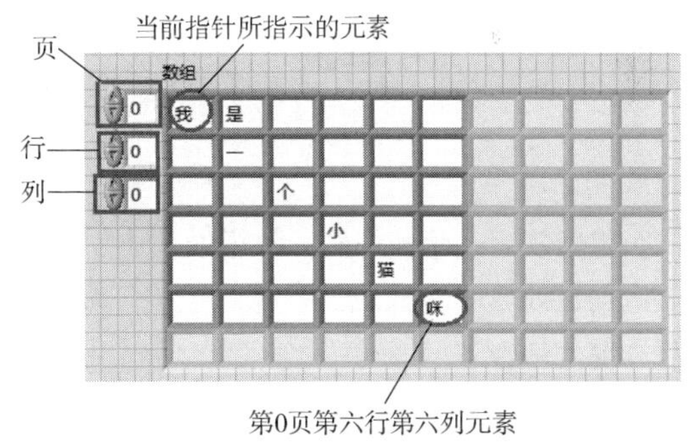

图 3-32 3维字符串数组

3.5.2 数组函数

在“函数选板”→“编程”→“数组”子选板上，有一些典型的数组操作函数，这些函数对于数组的使用非常重要，如图3-33所示。数组函数共计32个，操作步骤类似，功能有所区别，本节将介绍部分常用函数，其他数组函数请自行探索。

1. 数组大小

“数组”为任意维数的数组，“数组大小”返回各维的长度，会自动根据输入的数组情况匹配大小计算的输出形式。如果数组为一维，“数组大小”返回一个整数值；如果“数组”为多维，“数值大小”返回一维整型数组，每个元素为输入数组对应维的长度。

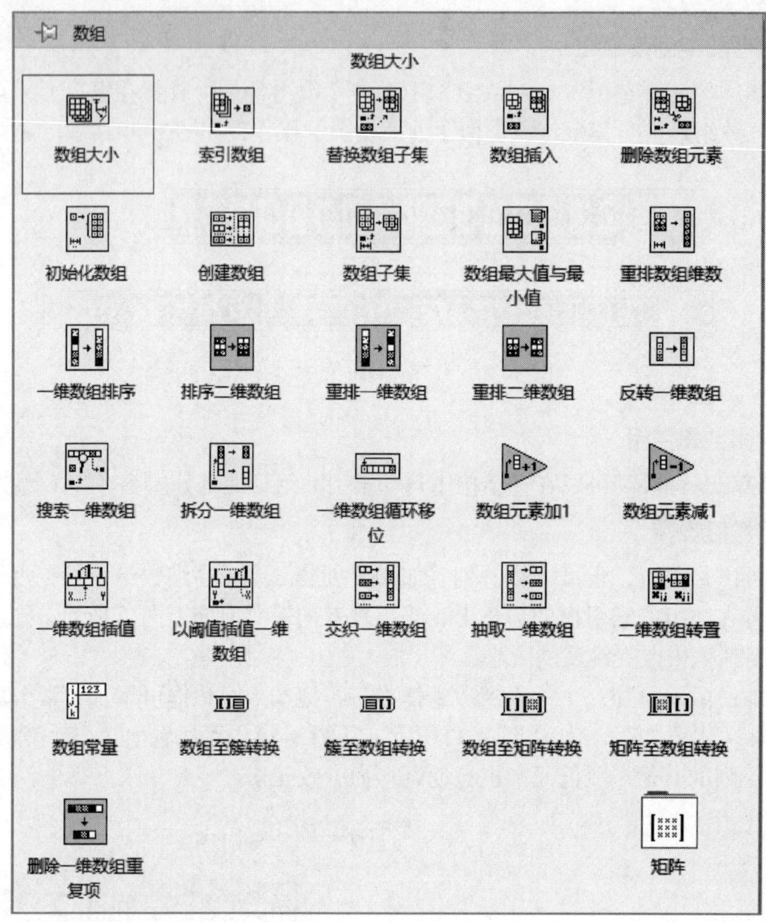

图 3-33　“数组”子选板

练习3-4：计算并显示数组的大小。

创建计算一维数组、二维数组、三维数组的大小的VI。

操作步骤：

（1）计算练习3-3的八大行星一维数组的大小。

① 在函数选板上选择“数组大小”函数放置在程序框图窗口上，从右击弹出的快捷菜单中选择“创建显示控件”，则程序窗口和前面板上添加一个数值显示控件，如图3-34和图3-35所示。

计算并显示数组的大小

图 3-34　计算一维数组大小前面板

② 用连线工具将程序框图上的对象连接起来即可。“数组大小”显示控件显示了一维数组的元素个数为8。

（2）计算二维数组的大小。

① 创建一个4行3列的二维数值数组，任意赋值。

② 在程序框图中添加“数组大小”函数，通过右键快捷菜单“创建显示控件”在窗口上增加一个“数值显示”控件，连线后会出现连线错误提示。这是由于多维数组的“大小”应该显示为一个数组，而不是一个数值。

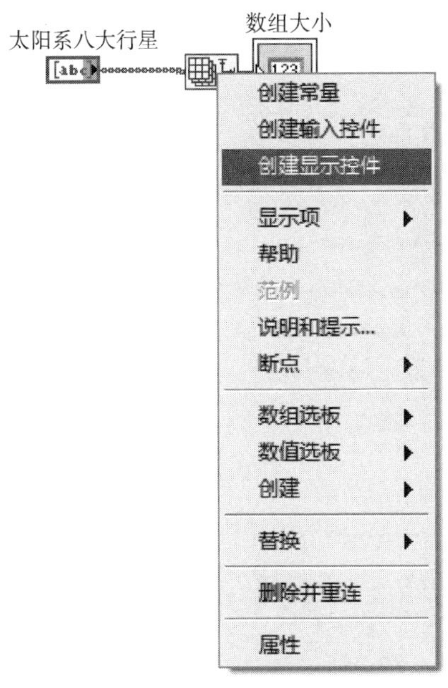

图 3-35　计算一维数组大小的程序

③ 可以先将二维数组与“数组大小”函数先连接起来，再通过右键快捷菜单“创建显示控件”，创建的显示控件会自动修正为数组，连线完成，如图3-36所示。

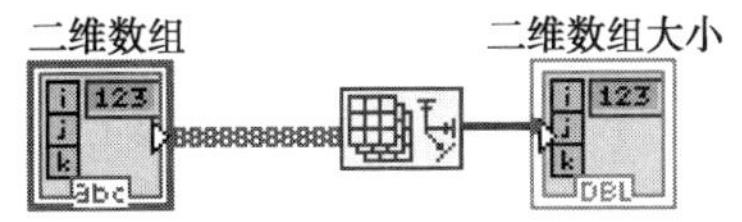

图 3-36　计算二维数组的大小（程序框图窗口）

④ 也可以在前面板上创建一个数值数组后，右击转换为显示控件，再在程序框图上连接起来，效果相同。

⑤ 二维数组的大小运算结果如图3-37所示。显示为第0页的数组为3行2列的数组。

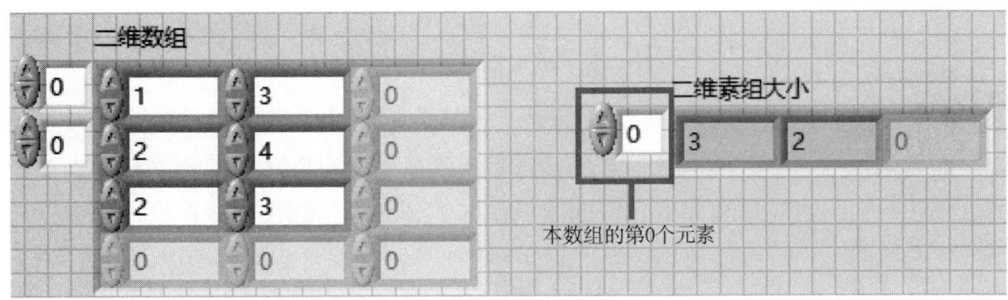

图 3-37　二维数组的大小（前面板）

（3）计算三维数组的大小。

程序创建的操作过程同二维数组的一样。简单介绍一下显示结果。如图3–38（a）所示，显示的是第0页的数组赋值，手动赋值的有效元素是6行6列，图3–38（b）显示的是第1页的赋值，手动赋值的有效元素是7行7列。通过操作过程可知，两页的有效元素会自动按照最大的行列值用空格补齐，最后显示的三维数组大小是2页7行7列。

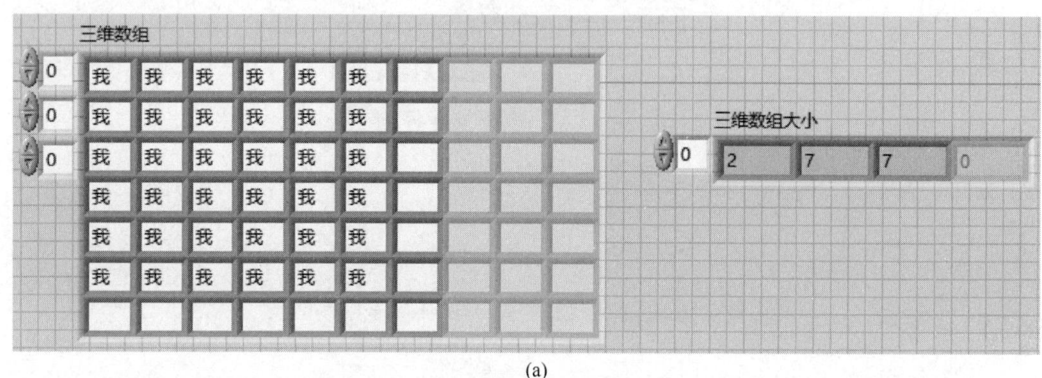

(a)

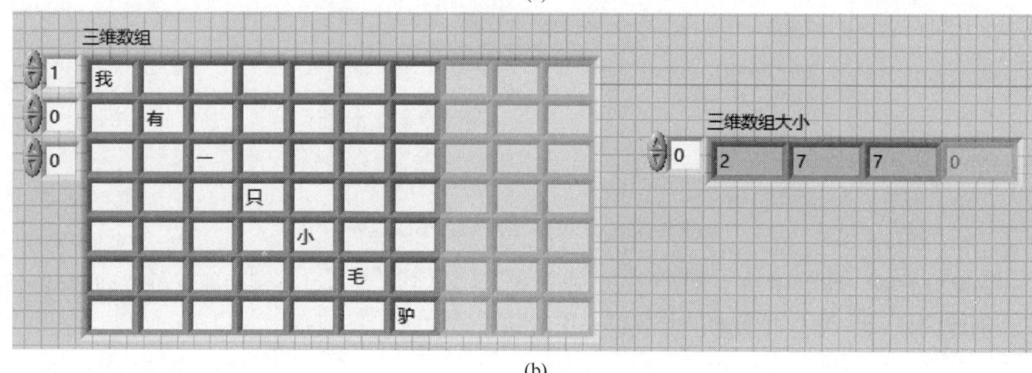

(b)

图 3–38　三维数组的大小（前面板）

2. 索引数组

索引数组用于索引数组元素或数组中的某一行，此函数会自动调整大小以匹配输入数组的维数，如图3–39所示。

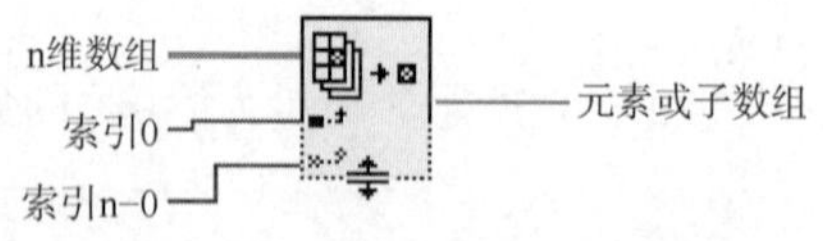

图 3–39　索引数组函数图标

一个任意类型的*n*维数组接收输入参数后，自动生成*n*个索引端子组，这*n*个输入端子作为一组，拖动函数的下边沿可以增加新的输入索引端子组，这和数组的创建过程相似，每组索引端子对应一个输入端口。建立多组输入端子时，相当于使用同一数组输入参数，同时对该函数进行多次调用，输出端口返回索引值对应的标量或数组。索引数组函数用法如图3–40所示，行索引和列索引都有输入值，则索引输出为元素，只设置行索引或列索引则输出显示为子数组。

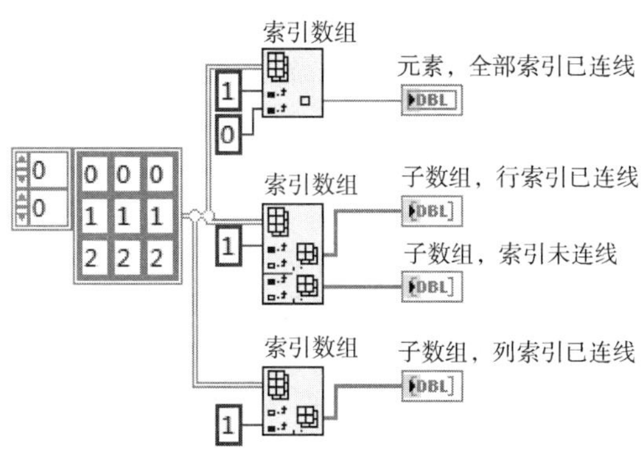

图 3–40 索引数组示例

练习3–5：使用索引数组，显示指定数据。

创建一个二维数组，可提取并显示指定的元素或子数组。索引数组VI的前面板与程序框图如图3–41和图3–42所示。

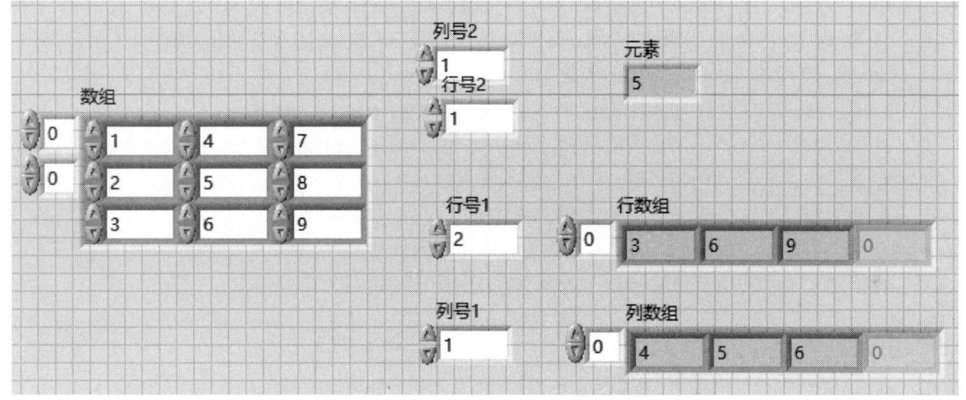

图 3–41 索引数组的使用 VI（前面板）

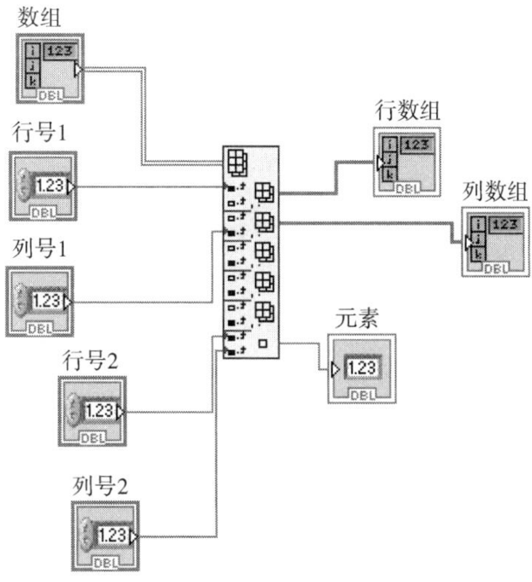

图 3–42 索引数组的使用 VI（程序框图）

操作步骤：

（1）在前面板上创建一个3行3列的二维数组，并放置4个数值输入控件，分别命名为“行号1”“行号2”“列号1”“列号2”。其中，“行号1”“列号1”用于指定某一行或某一列子数组；“行号2”、“列号2”联合使用，用于指定某一元素。

（2）在程序框图窗口上添加一个索引数组函数，并光标拖动下边沿增加索引端子组。

（3）在前面板上再放置一个数值显示控件、两个一维数组显示控件，分别名为“元素”“行数组”“列数组”。在程序框图上将所有对象按逻辑功能连接起来，如图3-42所示。

（4）也可先将输入控件连接到索引数组函数，然后在索引数组函数的对应索引端子组右击调出快捷菜单，选择“创建显示控件”，同样可得到图3-41。

（5）运行结果说明：图3-42上，行号2和列号2表示输出第1行第一列元素为5；行号1表示显示第2行的子数组，列号1表示输出显示第1列的子数组，显示结果正确。

3. 替换数组子集

替换数组子集函数的连线端子如图3-43所示，功能是从索引中指定的位置开始替换数组中的某个元素或子数组。连线数组至该函数时，函数可自动调整大小，显示连线数组各个维度的索引。可一次替换多个元素或数组子集。替换数组子集不影响原始的输入数组。该函数可截取任何行、列或页的大小超出输入数组的子数组。

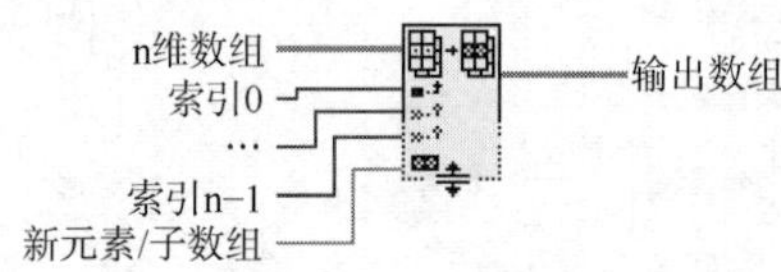

图 3-43　替换数组子集函数接线端子

4. 数组插入

数组插入函数的连线端子如图3-44所示，其功能是向数组中插入新的元素或子数组。

*n*维数组是要插入元素、行、列或页的数组。输入可以是任意类型的*n*维数组。该函数只在一个维度上调整数组的大小。因此，只能连线一个索引输入。连线的索引确定数组中可以插入元素的维度。例如，要插入行，连线行索引；要插入列，连线列索引。必须注意的是，接线端子中不能保留空的插入数组的输入端子，否则会提示错误。

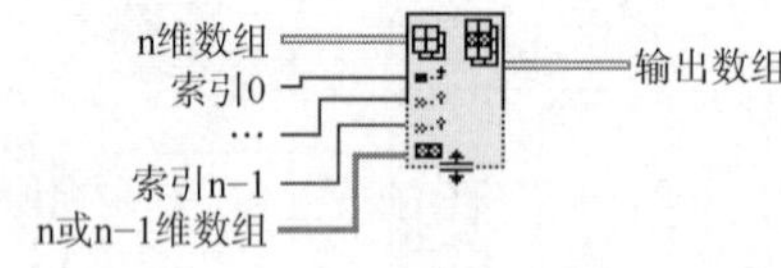

图 3-44　插入数组子集函数接线端子

5. 删除数组元素

数组插入函数的连线端子如图3-45所示，该函数的功能是从指定的*n*维数组的索引位置开始删除一个元素或指定长度的子数组。返回已删除元素的数组子集，删除的元素或数组子集在已删除的部分中显示。连线数组至该函数时，函数可自动调整大小以显示数组各个维度的索引。

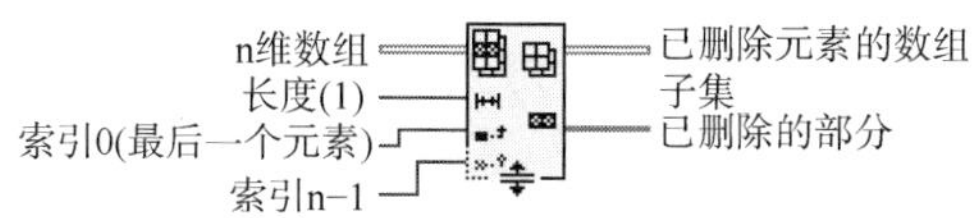

图 3–45　删除数组元素函数接线端子

练习3–6：数组的替换、插入、删除练习。

在二维数组中练习删除、替换、插入一个一维数组，并总结。VI前面板如图3–46所示，程序框图窗口如图3–47所示。

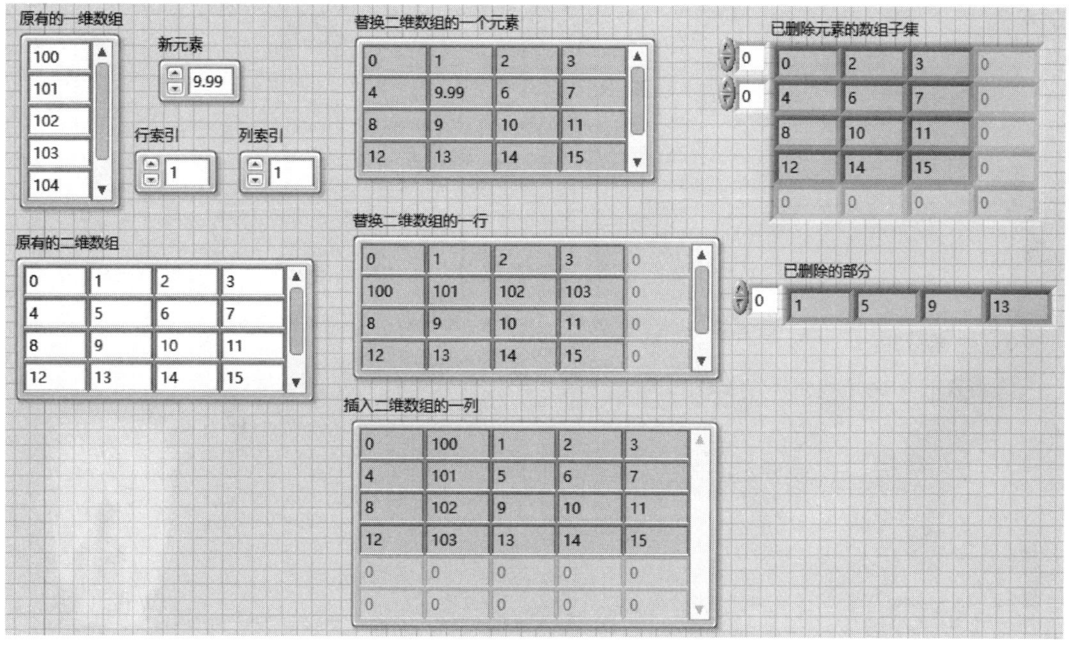

图 3–46　替换、插入、删除练习 VI（前面板）

操作步骤：

（1）在前面板上，创建一个一维数组和二维数组并任意赋值，放置三个数值输入控件，分别命名为“新元素”“行索引”“列索引”。

（2）在程序框图中，放置两个替换数组子集函数、一个删除数组元素函数、一个数组插入函数。

（3）按照逻辑功能，将二维数组连接到各函数的左上角“n维数组”的端子，一维数组连接到替换数组子集函数和数组插入函数的左下角“子数组”或“n或n–1维数组”的端子。行索引、列索引连接到各函数左侧的“索引（行）”或者“索引（列）”的端子上。

（4）在各函数的右侧端子处右击调出快捷菜单，选择“创建显示控件”，得到与之匹配的数组显示控件。

（5）选择“编辑”→“整理程序框图”，可将程序框图连线自动合理布局，如图3–47所示。

（6）运行结果说明：①新元素替换了原二维数组中的第1行第一列的元素。②一维数组替换了原二维数组中的第一行。③一维数组插入到了原二维数组的第一列，原二维数组增加了一列。④删除了第一列，显示了删除一列后的数组和已删除的元素。⑤在插入和替换过程中，可

以发现，一维数组的元素个数是5，插入或替换到二维数组中时，自动按二维数组的行长度或列长度截取元素，所以一维数组中的元素104不出现在二维数组中。

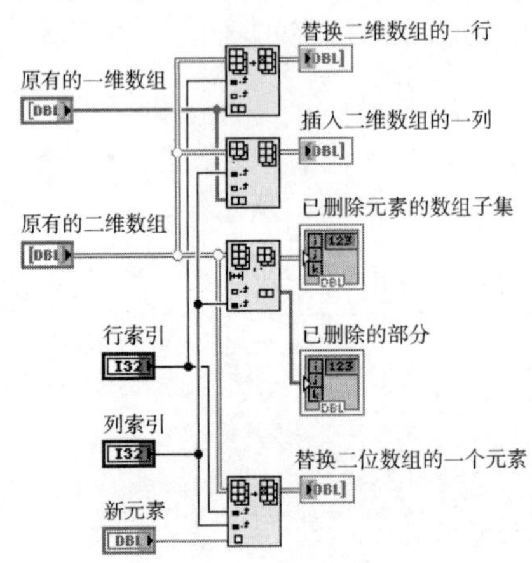

图 3–47　替换、插入、删除练习 VI（程序框图）

6. 创建数组

该函数的功能是连接多个数组或向*N*维数组添加元素，图标如图3–48所示。

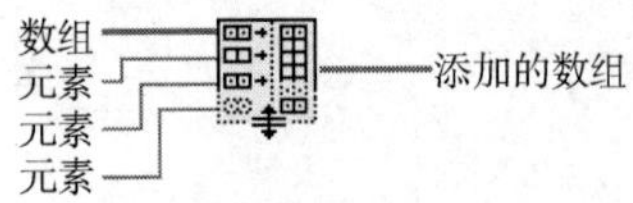

图 3–48　创建数组函数图标

创建数组函数有“连接输入”和“添加”两种模式。如输入数组的维度相等，可右击函数，在弹出的快捷菜单中取消勾选或勾选“连接输入”，可在两种模式之间切换。如选择连接输入，函数将按顺序添加全部输入数组，形成输出数组，该数组的维度与输入数组的维度相同。如未选择连接输入，函数创建的数组比输入数组多一个维度。例如，一维数组输入至该函数，输出值为二维数组。如有需要，可填充输入以匹配最大输入的大小，如图3–49所示，具体操作步骤与前面所述的练习类似，请自行探索。

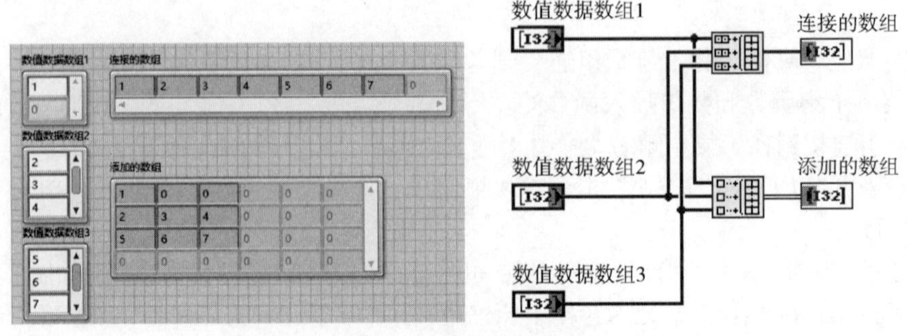

图 3–49　创建数组 .VI

当输入数组的维度不相等时将自动选择连接输入，且不可取消。在快捷菜单中选择连接输入时，创建数组图标上的符号会发生变化，以区别两个不同的输入类型。

7. 初始化数组

该函数用于创建n维数组，每个元素都初始化为元素的值，函数图标如图3-50所示。通过定位工具可调整函数的大小，增加输出数组的维数（元素、行、列或页等）。

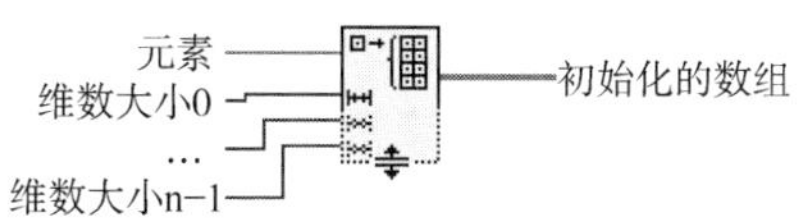

图3-50　初始化数组函数图标

3.6 簇

LabVIEW中的簇是一种数据结构。簇成员可以是任意的数据类型，可以相同也可以不同，但必须同时是输入控件或同时是显示控件。簇不能在运行时添加新元素，成员的逻辑顺序是由它们放入簇的先后顺序决定的，与它们在簇中的摆放位置无关。第一个放入簇的元素形式决定该簇是输入控件还是显示控件。

将几个数据元素捆绑成簇可以消除程序框图上混乱的连线，减少子VI所需的接线板接线端的数目。

前面板上簇控件位于“控件”→“数据容器”子选板中，程序框图中簇函数位于“编程”→“簇、类与变体”子选板内，如图3-51和图3-52所示。

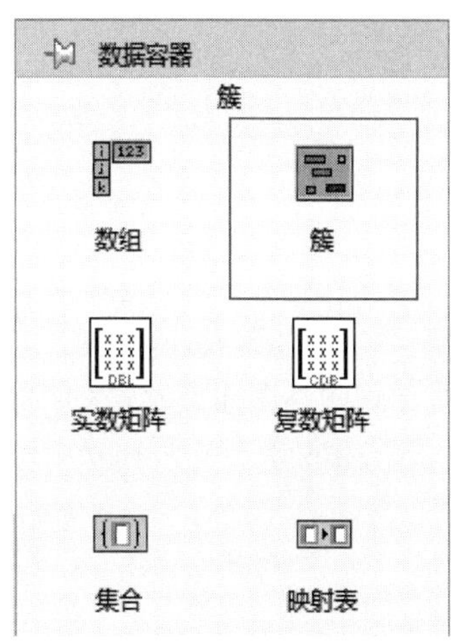

图3-51　“数据容器”子选板（前面板）

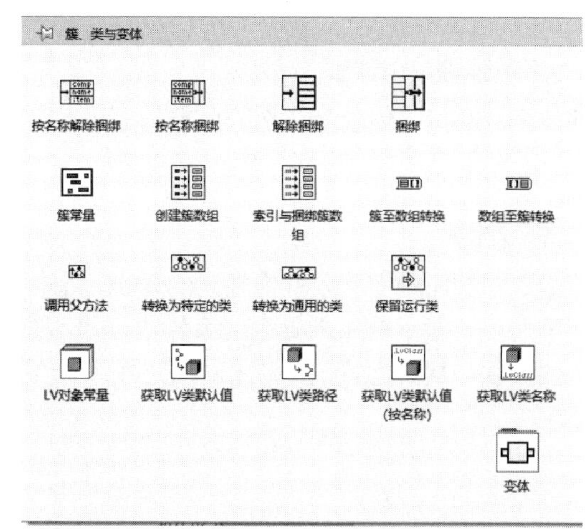

图3-52　“簇、类与变体”子选板（程序框图）

3.6.1　簇的创建

簇的创建方法与数组类似，可以通过三种方法来创建。

1. 在前面板上创建簇

（1）在图3-51中，选择簇，放置在前面板上，如图3-53所示。簇空壳中不包含任何内容。

（2）将前面板上已有的或者控件选板上的其他对象拖放到该空壳中，如图3–54所示，在簇中添加了一个布尔控件、一个数值控件、一个字符串控件。

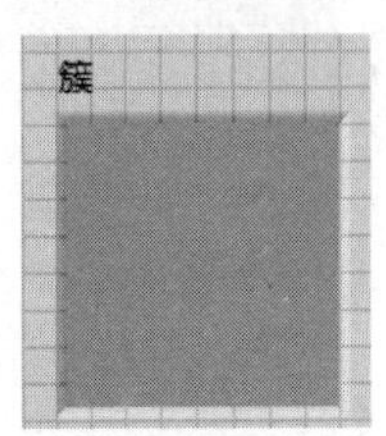

图 3–53　簇空壳

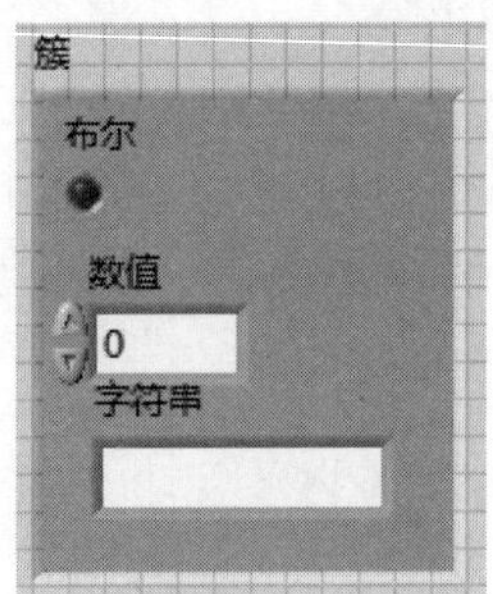

图 3–54　创建簇

2. 在程序框图中创建簇

在图3–52中选中“簇常量”放置在窗口上，再选择其他数据常量拖动进入数组外框。其余步骤类似前面板，如图3–55所示。

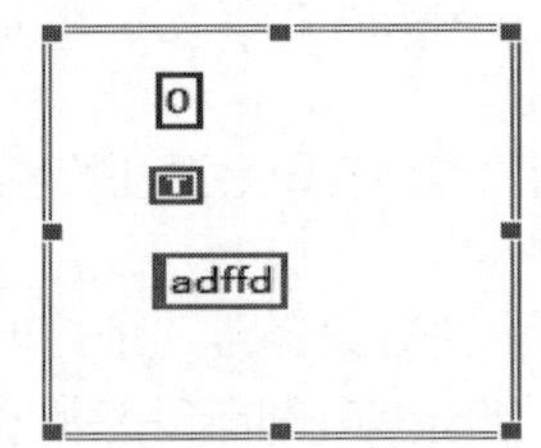

图 3–55　程序框图中簇的创建

3. 使用簇函数创建簇

部分簇函数可以创建簇，部分函数的输出数据类型是簇类型。

3.6.2　簇函数

1. 解除捆绑

该函数的功能是使簇分解为独立的元素，图标如图3–56所示。连线簇至该函数时，函数可自动调整大小，显示簇中的各个元素输出。该函数按照在簇中出现的顺序输出元素。该函数输出的个数必须与簇中元素的个数相匹配。如两个或两个以上元素为相同类型，可在簇中记录它们的顺序。

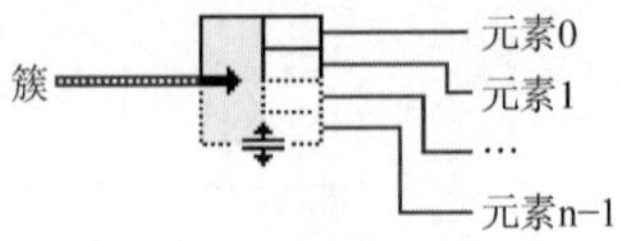

图 3–56　解除捆绑函数

2. 捆绑

捆绑函数有两个基本用法：可以将各个不同数据类型的数据组成一个簇；修改给定簇中的某一个元素值，图标如图3–57所示。捆绑函数中元素端口的个数可以增加或者删除，方法是用定位工具向下拖动节点一角或在节点左侧弹出菜单选择“添加输入”或“删除输入”，但端口的个数必须与簇中元素的个数一致。

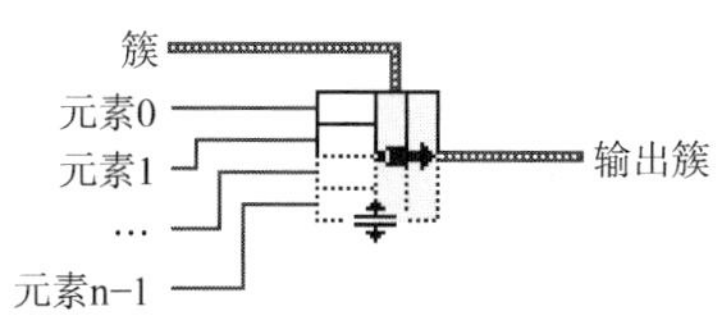

图 3-57　捆绑函数

练习 3-7： 捆绑与解除捆绑函数的使用。

完成图 3-58 和图 3-59 所示的捆绑与解除捆绑 VI 的编译。

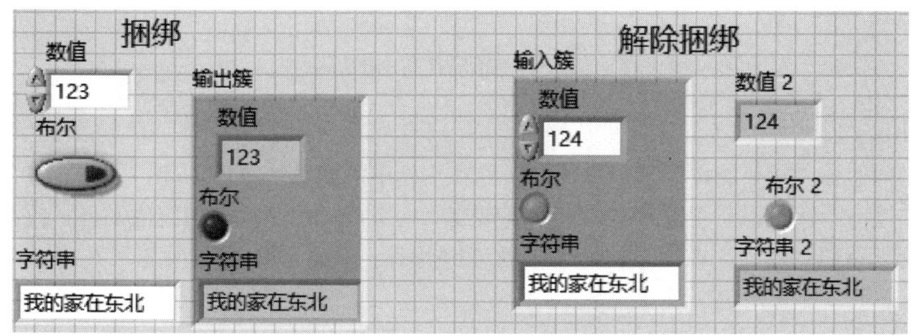

图 3-58　捆绑和解除捆绑 VI（前面板）

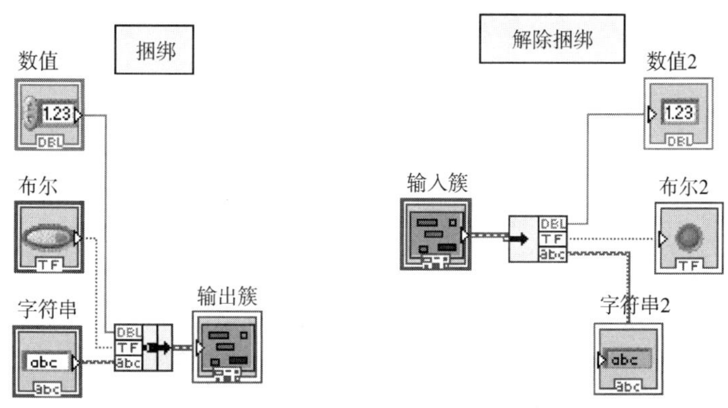

图 3-59　捆绑和解除捆绑 VI(程序框图)

操作步骤：

（1）在前面板上放置三种不同数据类型的输入控件，可自行选择，并修改标签名称和赋值。

（2）在“分类、类与变体”选板中拖动“捆绑”函数放置在程序框图窗口，用定位工具向下拖动改变函数的输入端子个数，并将三种输入控件连接到捆绑函数。

（3）右击函数调出快捷菜单，选择“创建显示控件”，自动生成一个输出簇。

（4）运行程序即可，输出簇中可显示三个输入控件的具体赋值。

（5）在前面板上复制该输出簇并将其转换为输入簇，在程序框图连接到解除捆绑函数，用用定位工具向下拖动改变函数的输出端子个数。

（6）右击函数输出端子调出快捷菜单，选择“创建显示控件”，自动生成与数据类型匹配的显示控件。

3. 按名称解除捆绑

该函数按指定的标签名称返回簇元素，不必在簇中记录元素的顺序，图标如图3-60所示。该函数不要求元素的个数和簇中元素个数匹配。连线簇至该函数后，可在函数中选择单独的元素。

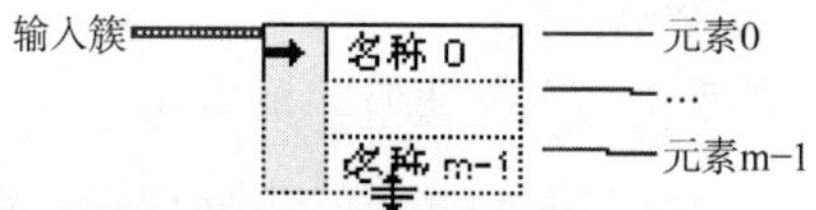

图 3-60　按名称解除捆绑

4. 按名称捆绑

按名称捆绑函数只能按照簇中成员的名称替换簇中的成员，不能创建一个簇。当在其输入簇端口连接一个簇时，元素输入端口会出现该簇第一个成员的名称。用定位工具下拉改变大小可列出簇元素名的列表，或通过快捷菜单的“选择项、添加元素/删除元素”选项选取具体元素名。

练习3-8：按名称捆绑与按名称解除捆绑函数的使用。

完成图3-61和图3-62所示的按名称捆绑与按名称解除捆绑 VI 的编译。

按名称捆绑与按名称解除捆绑函数的使用

操作步骤：

（1）创建一个簇，如图3-61左侧所示，可任意赋值，并定义每个数据的标签。

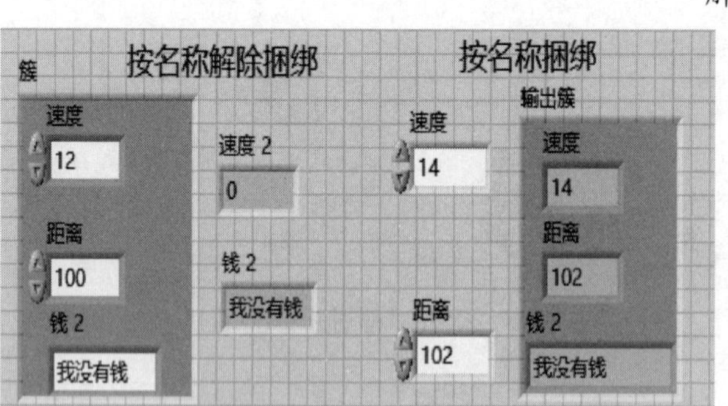

图 3-61　按名称解除捆绑与按名称捆绑练习 VI(前面板)

（2）在“分类、类与变体”选板中拖动“按名称解除捆绑”函数放置在程序框图窗口，用定位工具向下拖动，可看到函数的输出端子按元素进入簇的顺序排列，并标注了元素的标签名称。

（3）右击函数输出端子调出快捷菜单，选择“创建显示控件”，自动生成与之数据类型匹配的显示控件。图3-62中，只输出了“速度2”和“钱2”，空的输出端不影响程序运行。

（4）在“簇、类与变体”选板中拖动“按名称捆绑”函数放置在程序框图窗口，将第（1）步中创建的簇连接到该函数。

（5）用定位工具向下拖动，可看到函数的输入端子按元素进入簇的顺序排列，并标注了元素的标签名称。可观察到各项数据标签重复多次出现。

（6）将新的“速度”元素、“距离”元素连接到函数的标签名称相同的端子。此时，输入端子不能空，否则会提示错误。删除多余的输入端子。

（7）右击函数输出端子调出快捷菜单，选择“创建显示控件”，自动生成一个输出簇。

（8）从运行结果可以看到，新的元素数值输入函数后替换了簇中相同名称的元素数值。

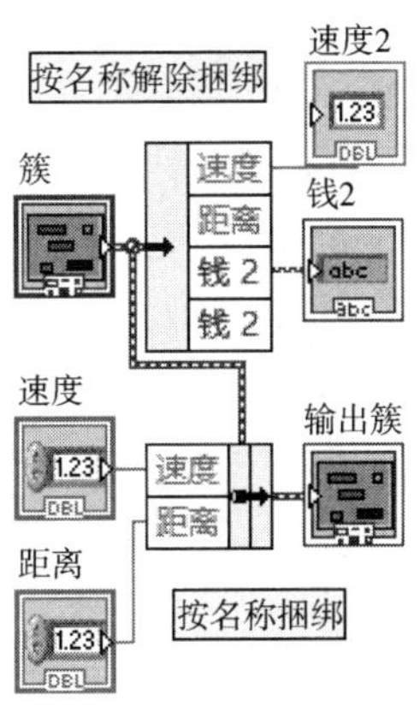

图 3-62　按名称解除捆绑与按名称捆绑练习 VI(程序框图)

5. 簇与数组的转换

数组与簇的相互转换在LabVIEW中很方便，尤其是 LabVIEW 中关于数组的操作功能多于簇。簇与数组之间的转换函数，如图3-63所示 。

簇 ——[ ]—— 数组　　数组 ——[ ]—— 簇

图 3-63　簇至数组转换函数和数组至簇转换函数

数组与簇转换函数可以转换一维数组为簇，簇元素和一维数组元素的类型相同。右击函数，在弹出的快捷菜单中选择“簇大小”，设置簇中元素的数量。默认值为9。该函数最大的簇可包含256个元素，数组成员不足时补0或补“空”。簇至数组转换函数，将输入簇的每个成员作为新建立的一维数组的一个成员，簇成员数据类型必须一致。

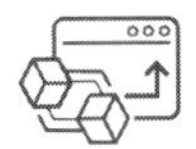

3.7　其他数据类型

3.7.1　枚举类型

枚举型数据包括：枚举型输入控件、枚举型常量或枚举型显示控件。枚举类型包含在控件选板的“下拉列表与枚举”子选板中，如图3-64所示。枚举常数包含在函数选板的“数值”子选板中。枚举型数据常用字符串和其对应数值型数字组合为一组。例如，可以创建一个名称为

月份的枚举类型，如图3-65所示，在枚举型输入控件的属性对话框中可以插入月份。在“编辑项”页面中，每输入一项就按一下<Enter>键，光标自动跳到下一行。月份的变量值可能为：一月为0，二月为1……十二月为11。

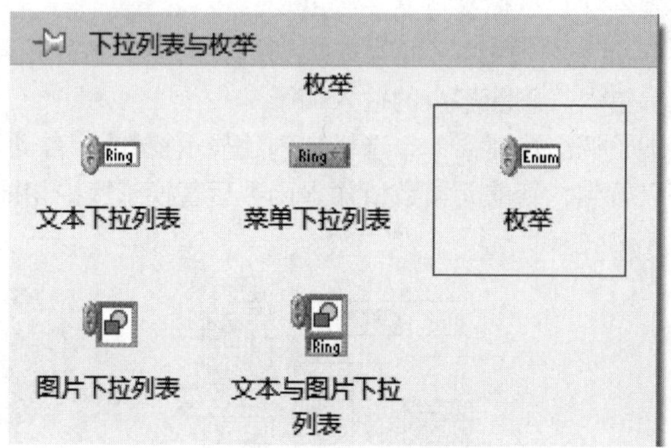

图 3-64 “拉列表与枚举”子选板

枚举型数据在程序框图上处理数字要比处理字符串简单得多。图3-66显示了与图3-65对应的前面板，包含该枚举型输入控件的月份、枚举型输入控件中的数据选择以及前面板在程序框图中相应的接线端。

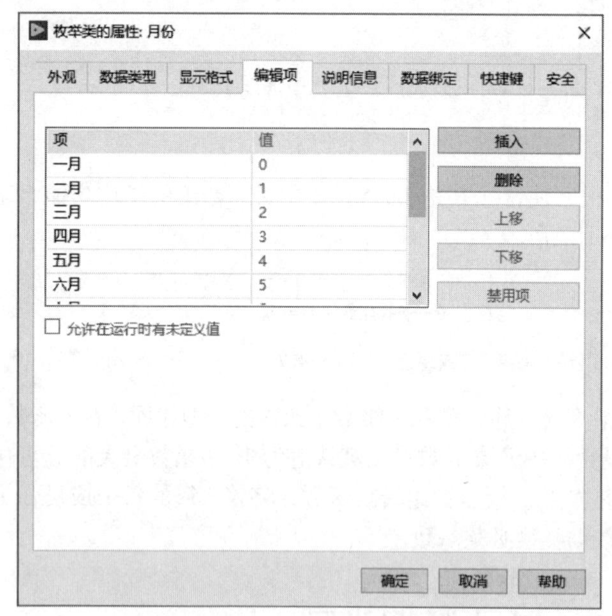

图 3-65 枚举型输入控件月份的属性

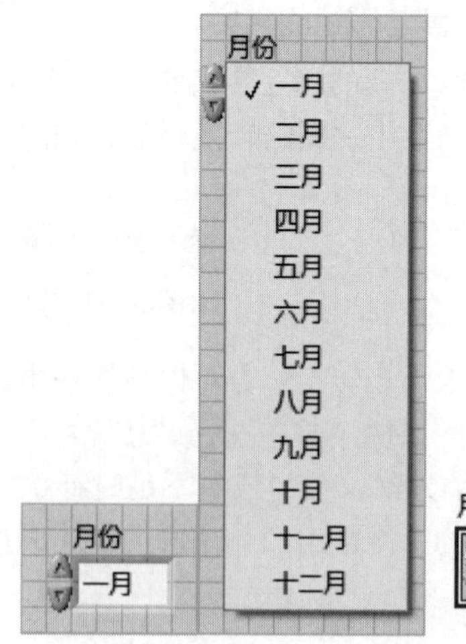

图 3-66 枚举型输入控件月份

3.7.2 时间类型

时间类型是 LabVIEW 中特有的数据类型，用于输入或输出时间和日期。时间标志控件位于控件选板的“数值”子选板中。时间常数位于函数选板的“定时”子选板中，如图3-67所示。

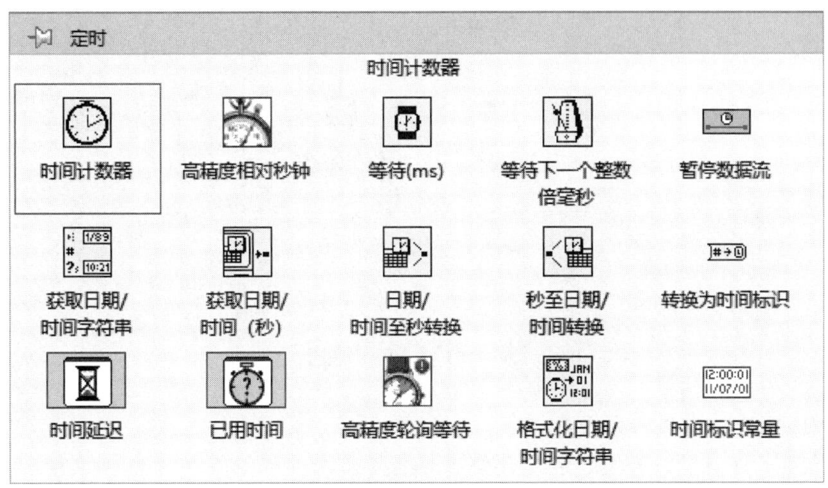

图 3-67　“定时”子选板

右击时间标志控件，从弹出的快捷菜单中选择“属性”，可以设置时间日期的显示格式和显示精度，与数值属性的修改类似。单击时间日期控件旁边的“时间与日期选择”按钮，可以打开图3-68所示的“设置时间和日期”对话框。

图 3-68　“设置时间和日期”对话框

3.7.3　变体类型

变体数据类型和其他数据类型不同，它不仅能存储控件的名称和数据，而且还能携带控件的属性。例如，当要把一个字符串转换为变体数据类型时，它既保存字符串文本，还标志这个文本为字符串类型。LabVIEW 中的任何一种数据类型都可以使用相应的函数来转换为变体数据类型。该数据类型包含在前面板控件选板的“变体与类”子选板中，如图3-69所示。

变体数据类型主要用在 ActiveX 技术中，以方便不同程序间的数据交互。在 LabVIEW 中可以把任何数据转换为变体数据类型。

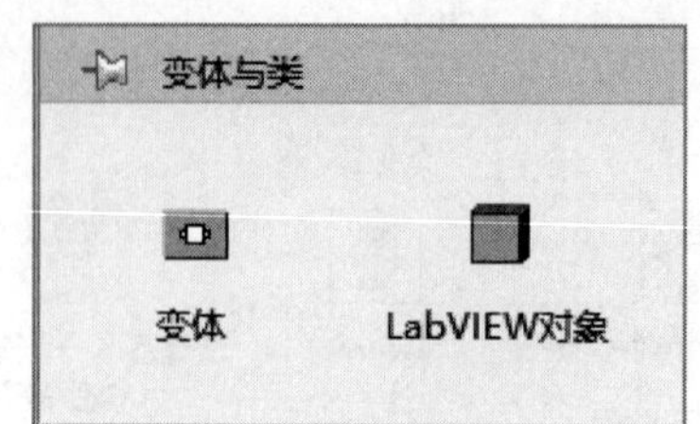

图 3-69 “变体与类”子选板

小　　结

在 LabVIEW 中，常用的数据类型有：

（1）数值型：浮点型、整型、和复数型三大类型；

（2）布尔型为逻辑型，值为 1 和 0，即真或假；

（3）字符串型：有常量和变量。

（4）数组：用于管理一组相同类型的数据，由元素和维数两个参数定义。

（5）簇：簇成员可以是任意的数据类型。

每一种数据类型在控件选板中和函数选板中都有其对应的控件和操作函数。

创建数组和创建簇的方法都有三种，有相似之处。创建方法如下：

（1）在前面板上创建数组或簇。

（2）在程序框图中创建数组或簇。

（3）循环索引创建数组或使用簇函数创建簇。

习　　题

1. 用 LabVIEW 的基本运算函数编写以下算式的 VI。

（1）$V = \frac{4}{3}\pi r^3$；

（2）$x = \frac{-b \pm \sqrt{b^2 - 4ac}}{2a}$。

2. 创建一个 4 行 4 列的字符串型二维数组，并为其赋值。

3. 创建一个 3 行 4 列的二维数组，并将其前 2 行 2 列单独提出作为新数组输出。

4. 创建一个簇输入控件，并创建三个簇元素，分别为字符串“姓名”、数值型“学号”、布尔型“缴费”，从控件中提取出已“缴费”成员，并显示。

上机实验

第3章上机实验

上机实验：簇数组数据输出为文档。

将一个包含学生各科成绩的簇数组，输出为Word或表格文档存储。VI前面板、程序框图以及运行结果如图3-70 ~ 图3-72所示。

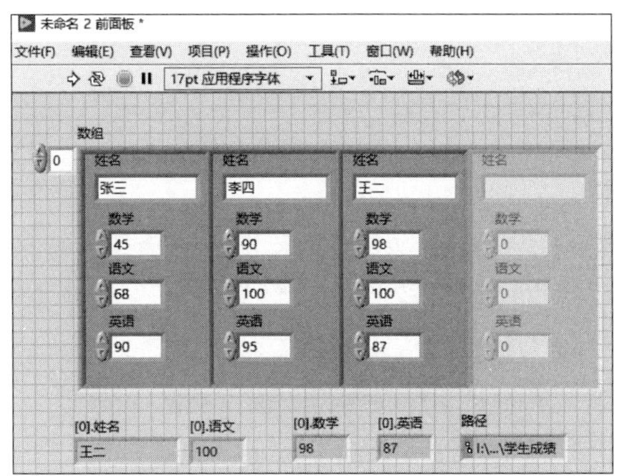

图 3-70　学生成绩 VI 的前面板

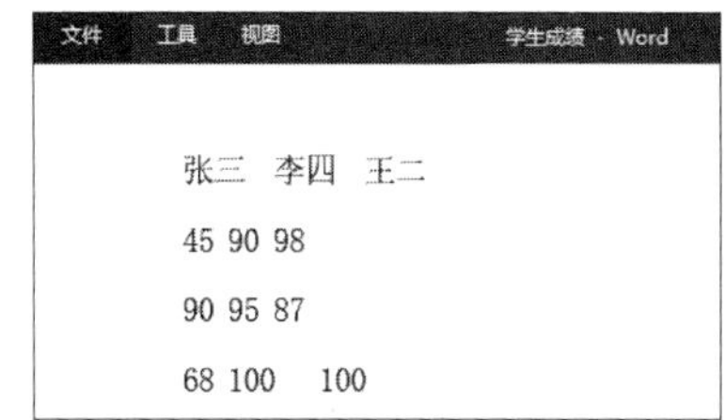

图 3-71　运行结果

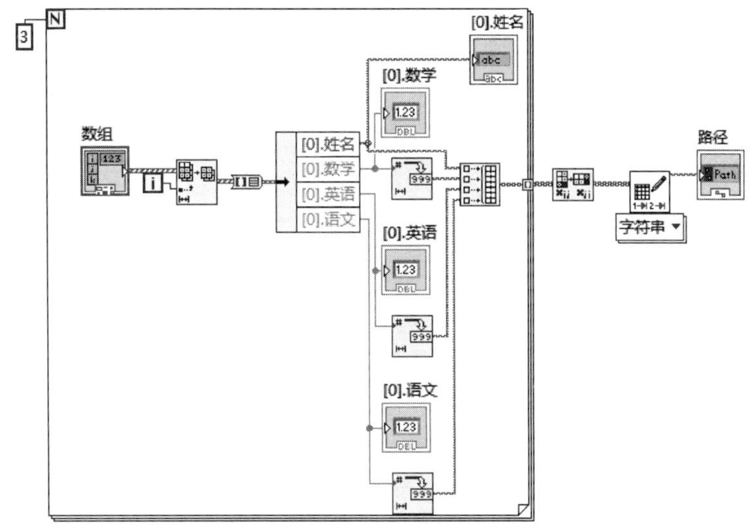

图 3-72　学生成绩 VI 的程序框图

操作步骤：

（1）新建一个一维簇数组，每个簇中包含一个字符串控件，命名为“学生姓名”；三个数值输入控件，分别命名为“数学”“语文”“英语”。数组至少包含三名学生，可对成绩任意赋值。

（2）在程序框图中，在“函数选板”→“文件I/O”子选板中选中“写入带分隔符电子表格”放置。打开“即时帮助”窗口，查看该函数的使用注意事项，如图3-73和图3-74所示。从帮助窗口中可以看出，该函数能够接收的一维数组或二维数组是字符串或数值型数据，而不是簇。直接连接簇数组和该函数会提示错误。因此，需要对簇数组进行处理，将数据类型转换为字符串或数值型。

（3）由于需要对每一个数据进行转换，所以在此简单应用For循环结构，深入讲解该结构的深入介绍请见第4章。在“函数选板”→“结构”子选板中“For循环”放置在程序框图中，将簇数组拖动到For循环内。

（4）在循环结构内部放置“数组子集”函数，将For循环的技术接线端i 连接到数组子集函数的索引端子，由于数组含有3个簇，将循环次数N设置为3。

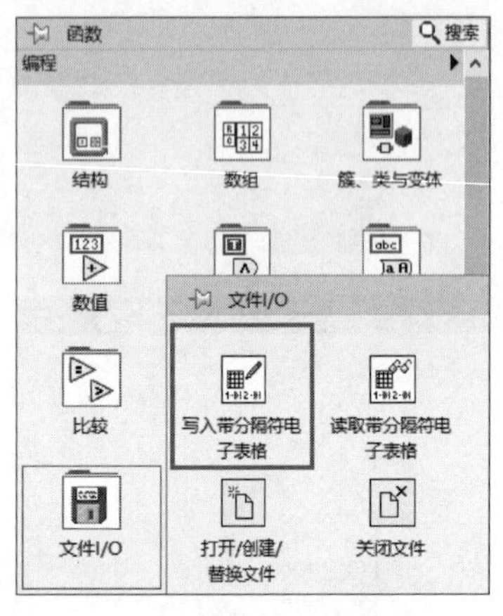

图 3-73　文件 I/O 子选板

即时帮助
写入带分隔符电子表格
[Write Delimited Spreadsheet.vi]
格式(%s)
文件路径（空时为对话框）
二维数据
一维数据
添加至文件？（新文件：F）
错误输入（无错误）
转置（否:F）
新建文件路径（取消时为非法...
错误输出
字符串
使字符串、带符号整数或双精度数的二维或一维数组转换为文本字符串，写入字符串至新的字节流文件或添加字符串至现有文件。
通过连线数据至二维数据或一维数据输入端可确定要使用的多态实例，也可手动选择实例。

图 3-74　“写入带分隔符电子表格”即时帮助

（5）放置“数组至簇转换”函数和“按名称解除捆绑”函数，用于将索引出的子数组转换成簇，并将该簇按名称解除捆绑。将名称分别设置为“姓名”“数学”“语文”“英语”。并在“按名称解除捆绑”函数每个输出端后生成显示控件，用于实时显示解除捆绑后的数据。

（6）在“函数选板”→“字符串”→“数值/字符串转换”子选板中，选中“数值至十进制数字符串转换”，连接到“按名称解除捆绑”函数的“数学”“语文”“英语”的输出端上。用于将数值型数据转换成字符串型数据。

（7）放置“创建数组”函数，将转换完成的数据重新生成二维数组。

（8）在循环结构外部放置“数组转置”函数，其输入端连接到“创建数组”的输出端，其输出端连接到“写入带分隔符电子表格”函数的“二维数据”输入端。

（9）在“写入带分隔符电子表格”函数的“新建文件路径”输出端上右击“创建显示路径”。参照图 3-72 检查程序所有连线。可在“编辑”菜单中整理程序框图和前面板，使布局更合理，更美观。

（10）同时打开程序框图和前面板，在程序框图工具栏中选择高亮显示，运行程序，可观察到数据流动和变化。运行结束后，会弹出文件保存对话框，选择路径并命名，如图 3-75 所示。将保存的文件打开，即可得到图 3-71 所示的运行结果。

图 3-75　文件保存对话框

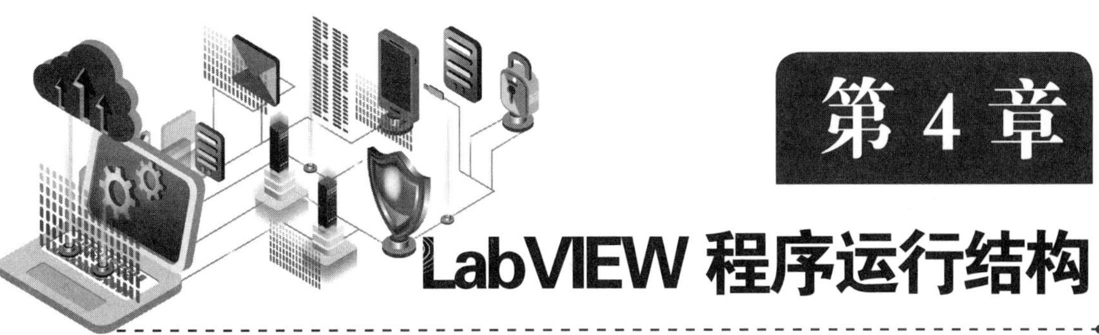

第 4 章 LabVIEW 程序运行结构

本章导读

重点掌握 LabVIEW 程序框图中函数选板下编程中的 For 循环、While 循环、条件结构、事件结构。掌握公式节点、共享变量、局部变量和全局变量的使用，理解反馈节点如何传递数据，了解程序框图禁用结构。

4.1 概　　述

对于各种程序语言，无论是底层的汇编语言还是高级的VB、VC语言，用于控制管理程序执行流的结构都是必要的。LabVIEW的核心是采用结构化数据流程图编程，因此程序运行结构也是其不可或缺的重要节点类型。最基本的结构有两种：条件跳转结构和顺序结构，其他结构都是基于这两种结构的派生。例如，循环结构中的For循环就是一种特殊的条件跳转结构。每当执行完成循环体内部的程序代码，内部循环计数器加1，同时与内部设置的循环次数进行比较，不相等则继续，相等则跳出循环，执行循环体外部代码。

本章首先介绍LabVIEW中的循环结构，了解其不同之处；接着以此为基础阐述在结构中传递数据的各种方式，认识其在图形化编程当中的重要性；然后介绍层次结构和定时结构；最后学习如何使用公式节点表达各种公式。

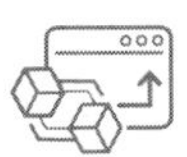

4.2 循环结构

不管使用何种编程语言，都需要经常重复执行同一段程序。LabVIEW结构选板中，排在最前面两位的结构就是While循环和For循环。使用这两种循环结构可以控制简化程序中出现的重复操作，大大减少程序执行所占用的空间和产生的冗余。这两种循环结构的主要区别在于：For循环执行的是预设循环次数；而While循环无须预设次数，而是持续循环直至指定条件被满足。

4.2.1 For循环

For循环按照预设循环次数重复执行其子框图内的代码，其可以一次都不执行，特别适用于数组操作。图4–1中显示了LabVIEW中的For循环、For循环的相应流程图和实现For循环功能的伪码范例。

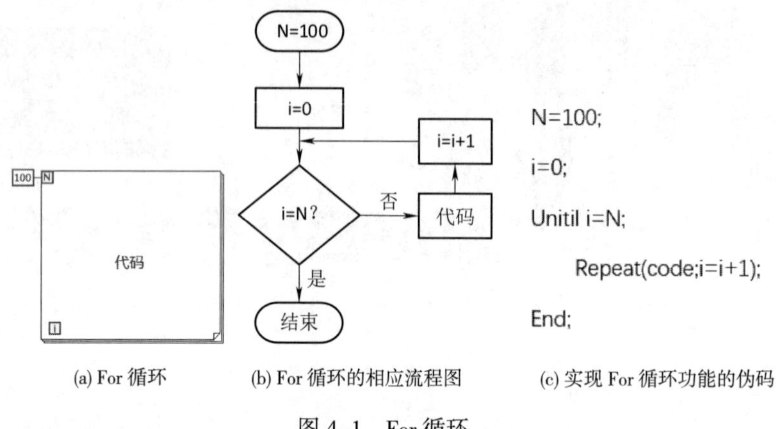

(a) For 循环　　(b) For 循环的相应流程图　　(c) 实现 For 循环功能的伪码

图 4–1　For 循环

其相当于C语言中的for循环：

```
for (i=0;i<n:i++)
{
  循环体代码
}
```

由此可以对比看出，在C语言中，For循环由三个基本要素组成：初值设定i=0，循环条件i<n，更新表达式i++。而在LabVIEW中，则只需要设定一个元素，即循环次数N的值。如图4–2所示，计数接线端（输入接线端）的值用于表示重复执行该子程序框图的次数；计数接线端i（输出接线端）用于表示已完成的循环次数。For循环执行前就检查是否符合条件，第一次循环时，计数接线端返回i=0。

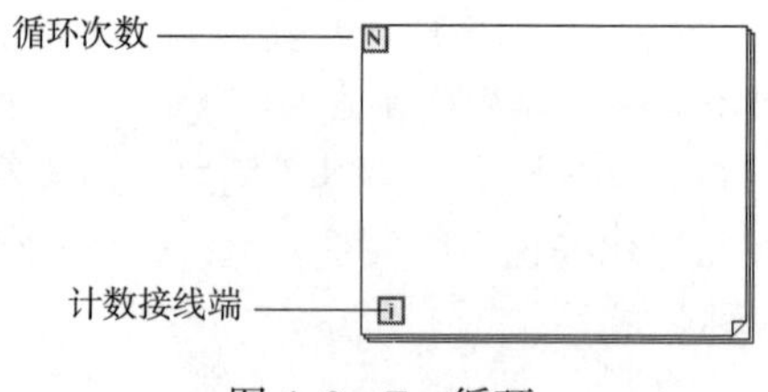

图 4–2　For 循环

需要注意的是，循环次数N和计数次数i的数据类型都是32位有符号整数，即I32。虽然这两者的运行都不需要I32的负数部分，但是由于I32是计算机系统默认的数据类型，因此它的运行速度比无符号数U32更快。

如果将一个双精度浮点数连接到64位的计数接线端，LabVIEW将更长位数的数值转换为32位有符号整数。通常，当不同的表示类型被连接到函数的输入端时，函数将以更长或更宽的表示法返回值。

LabVIEW自动选择更长位数的表示法。如果位数相同，LabVIEW将选择无符号表示法，而非选择有符号表示法。例如，当一个DBL和一个I32类型连接到乘函数时，结果为DBL类型。如图4–3所示，由于64位有符号整数所用的位数比双精度浮点数所用的位数少，所以64位有符号整数将被强制转换为双精度浮点数。“乘”函数下面的输入有红色的点，这是强制转换点，用于表示数字的强制类型转换。

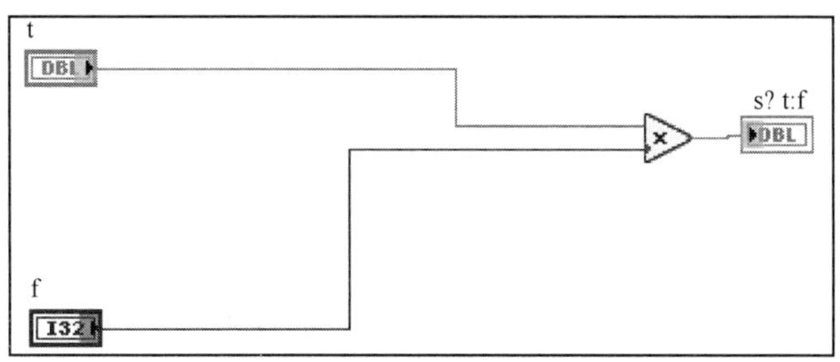

图 4-3　强制转换点示例

需要注意的是，For循环的计数接线端是以相反的方式工作的。虽然这与正常的转换准则相反，但是因为For循环只能执行整数次循环，所以这种转换是必要的。

练习4-1：For循环的创建。

For循环位于“编程”→“结构”选板上，其创建方法有两种。

（1）直接创建。

（2）在程序框图上放置While循环，然后右击While循环的边框，从弹出的快捷菜单中选择替换为For循环，将While循环转变为For循环。

练习4-2：利用For循环每秒产生一个随机数，共执行100 s，并用数字显示控件显示产生的随机数，如图4-4所示。

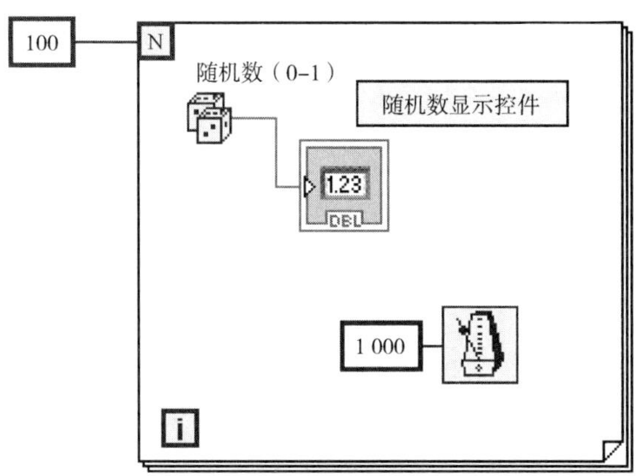

图 4-4　For 循环范例

利用For循环产生随机数并显示

操作步骤：

（1）创建循环框架。在程序框图中选择“函数”→“编程”→“结构”→“For循环”，并在其循环计数端的左端右击，在弹出的快捷菜单中选择“创建常量”，将数值设置为100。

（2）创建随机数及其输出显示。在For循环框架中右击，在程序框图中选择“函数”→“编程”→“数值”→“随机数（0-1）”。然后在前面板中选择“控件”→“新式”→“数值”→“数值显示控件”，接着切换回程序框图，将以上两者进行连线。

（3）建立时间控制。在For循环框架中右击，在程序框图中选择“函数”→“编程”→“数值”→“数值常量”，将其值设置为1 000。然后在程序框图中选择“函数”→“编程”→“定时”→“等待下一个整数倍毫秒”，将其与“数值常量”相连。从而将每个循环控

制的时间控制在1 000 ms，也就是1 s。

（4）单击菜单栏左上角的“运行”，执行VI程序。

4.2.2 While循环

While循环不需要事先指定循环的次数，只有当指定条件被满足时，才结束退出循环，其循环次数完全取决于指定条件的逻辑值。因此，While循环至少需要运行一次，也可以多次运行。它可同时适用于简单计算和复杂设计模式的构造。当不知道运行程序需要多少次循环时，While循环就显得很重要，例如，想在一个正在执行的循环中跳转出去时，就可以通过设置某种逻辑条件从而跳出循环。类似文本编程语言的Do循环或Repeat…Until循环，While循环将执行子程序框图直到满足某一条件。图4-5显示了LabVIEW中的While循环、While循环的相应流程图和实现While循环功能的伪码范例。

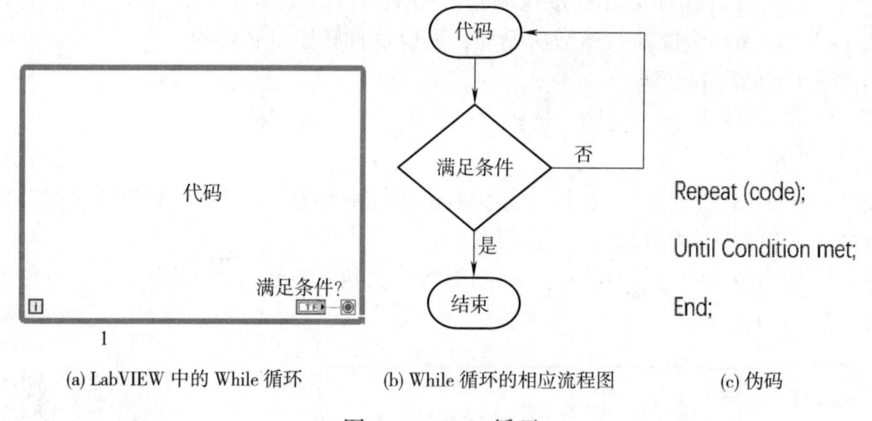

(a) LabVIEW 中的 While 循环　　(b) While 循环的相应流程图　　(c) 伪码

图 4-5　While 循环

其相当于C语言中的do…while循环：

```
do
{
   循环体代码
}while（逻辑判断）
```

由此对比可以看出，在C语言和LabVIEW中，While循环都是由两个基本要素组成：循环计数i和逻辑停止条件。While循环是先执行程序，再检查条件端子，所以至少执行一次。和For循环一样，第一次循环时，计数接线端返回0。

While循环会不断执行子程序框图，直至条件接线端（输入接线端）收到特定的布尔值时才停止执行。如图4-6所示，条件接线端的默认动作和外观是真（T）时停止。当条件接线端为真（T）时停止时，While循环将执行其子程序框图直到条件接线端接收到一个TRUE值。右击该接线端或While循环的边框，并选择真（T）时继续，可改变条件接线端的动作和外观。当条件接线端为真（T）时继续，While循环将执行其子程序框图直到条件接线端接收到一个FALSE值。使用操作工具单击条件接线端也可改变条件。计数接线端（输出接线端）用于表示已完成的循环次数。

练习4-3：判断出随机数大于等于10.00。

分析：当且仅当“与”函数的两个输入都为真时，函数的返回值为真，否则，函数的返回值为假。

图 4-6　条件接线端真（T）时停止和继续

操作步骤：

（1）在图4-7中，可能产生无限循环。通常，理想的情况是满足一个条件时就可以停止循环，而不是同时满足两个条件时才可以停止循环。

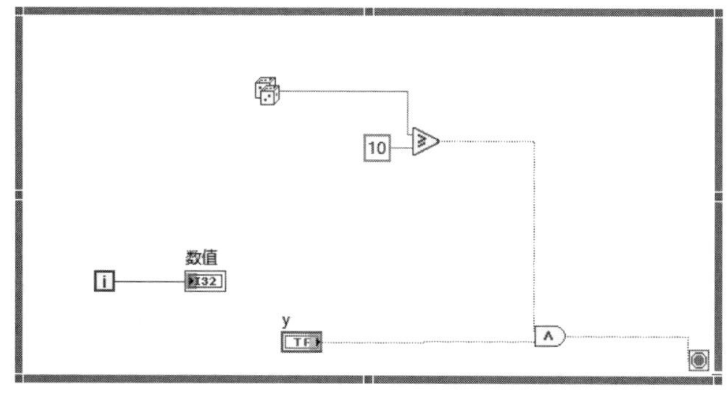

图 4-7　无限循环范例

（2）用While循环进行错误处理可以将错误簇连接到While循环的条件接线端，用于停止While循环的运行。错误簇连接到条件接线端上时，只有错误簇状态参数的TRUE或FALSE值会传递到接线端。当错误发生时，While循环即停止执行。

（3）将一个错误簇连接到条件接线端上时，快捷菜单项真（T）时停止和真（T）时继续将变为假（F）时停止和假（F）时继续。如图4-8所示，错误簇和停止按钮可以决定何时停止循环。对于大多数循环而言，建议采取推荐的方法停止循环。

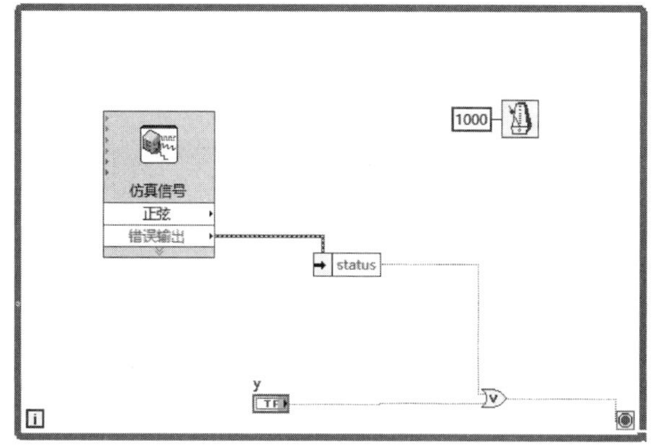

图 4-8　错误簇和停止按钮停止循环

练习4-4：使用While循环显示正弦波形。

使用While循环显示正弦波形

操作步骤：

（1）创建波形产生源。在前面板中选择“控件”→“信号处理”→“波形生成”→“仿真信号”，然后双击“仿真信号”将其信号类型设置为正弦信号，完成后单击“确定”按钮，完成设置。

（2）创建显示控件。在前面板中选择“控件”→“新式”→“波形图表”→“波形图”，作为波形动态显示的输出控件。

（3）创建布尔开关控制循环的结束。在前面板中选择“控件”→“新式”→“布尔”→“开关按钮”，将其命名为“停止”，当需要停止程序执行的时候，单击该按钮，VI程序停止，跳出循环。

（4）创建循环结构。在程序框图中选择“函数”→“编程”→“结构”→“While循环”，将While循环框架拖动至包围以上控件和函数，并通过鼠标调整其大小。

（5）连线。将仿真信号输出的信号端与波形图的输入端相连，停止按钮与循环条件接线端连在一起。

（6）运行程序。单击菜单栏中的运行，可以实时观察到动态的正弦图形。在前面板中单击“停止”按钮，将结束本次循环，波形图中的正弦波形将停止刷新，如图4-9所示。

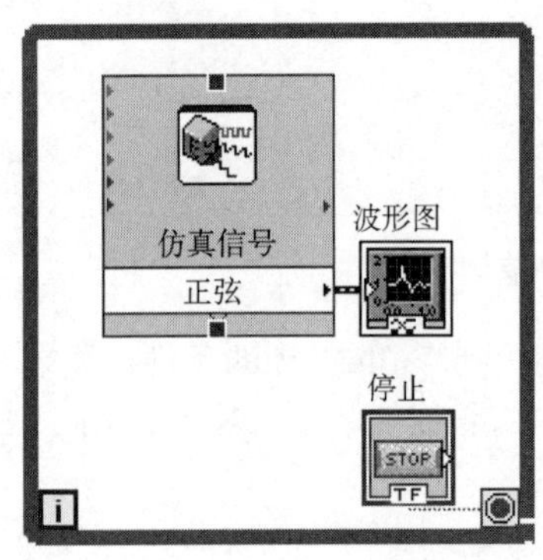

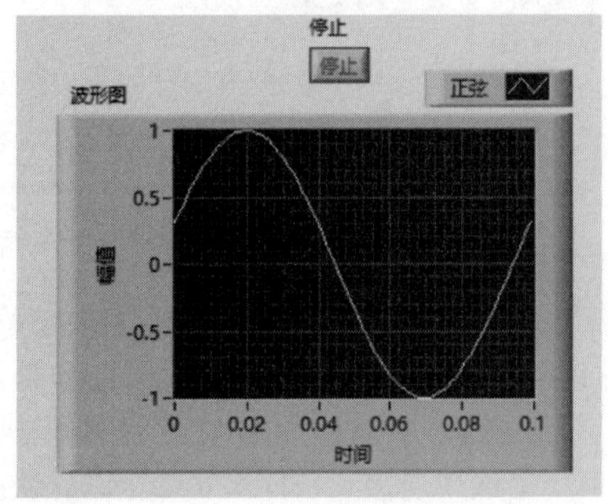

图4-9 While循环显示正弦波形VI前面板和程序框图

注意：只需将对象拖放到While循环内部即可为其添加程序框图对象，且While循环将至少执行一次。

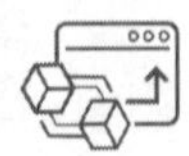

4.3 结构中的数据传递

4.3.1 变量

到目前为止，本书所讲述都只是在程序框图上通过接线端向前面板写入或者读取数据，如果需要从其他前面板或者VI程序中读取数据或者获得数据更新，就需要用到变量。

在LabVIEW的程序框图的“函数”→“编程”→“结构”选板中，包含三种变量：共享变量、局部变量和全局变量，如图4-10所示。

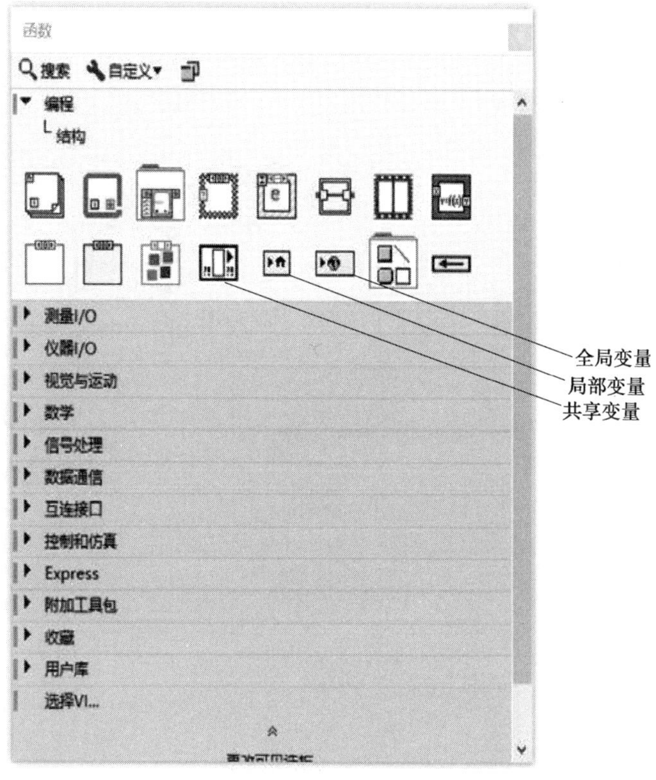

图 4–10　三种变量

其中，局部变量和全局变量在各种编程语言中都是常见的概念，两者之间的区别主要在于变量作用域范围的不同。局部变量仅在当前调用它的VI中作用，也就是说可以从同一个VI程序框图中的多个地方访问前面板。全局变量的作用域可以是多个VI，即允许在多个不同的VI中访问任意类型的数据值，前提是假定那些地方不能连接VI节点或同时运行几个VI。共享变量与全局变量类似，但工作范围可以跨越多个本地和网络应用程序，还有附加特性可以实现数据缓冲功能，有助于避免在使用全局变量中遇到的同步问题。

1. 局部变量

局部变量是LabVIEW中的内置对象，创建一个局部变量的方法有两种。第一种方法是直接创建局部变量，将首先显示一个图标为的节点，如图4–11所示，表示局部变量没有被赋值，可以在前面板添加输入或者显示控件，然后通过选择项与控件相连接，从而进行填充和连接。第二种方法是直接在程序框图中已有的控件上右击，在弹出的快捷菜单中选择“创建”→“局部变量”。

局部变量不能单独使用，而是必须和前面板中的某个输入或者显示控件相互对应。局部变量代表的是对控件中存储数据的引用，而不是控件本身，所以一个控件可以生成多个局部变量，而每一个局部变量都需要复制对应控件所存储的数据，从而实现在一个VI程序的多个位置对前面板的相应数据进行访问，也可以在无法连线的区域之间实现数据的传递。

对于比较大的数据结构（如大的数），因为每一个局部变量在使用时都会复制数据，从而更多地消耗内存，使得此时的执行速度比使用连线传递数据的速度慢。全局变量亦是如此。因此，大的数据和结构不适合使用局部变量或者全局变量，这时可以考虑使用移位寄存器。同

时，过多使用局部变量将大大降低程序的可读性，造成不易发现的错误。

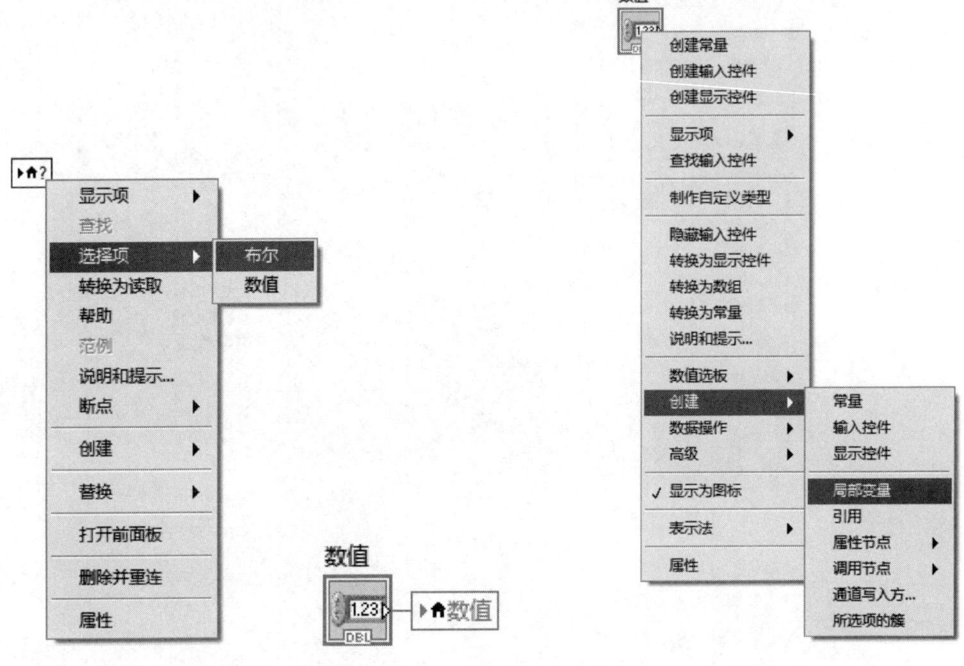

(a) 创建方法一　　(b) 创建方法二

图 4–11　局部变量的创建

练习4–5：如图4–12所示，实现使用同一个停止布尔按钮同时控制两个While循环。

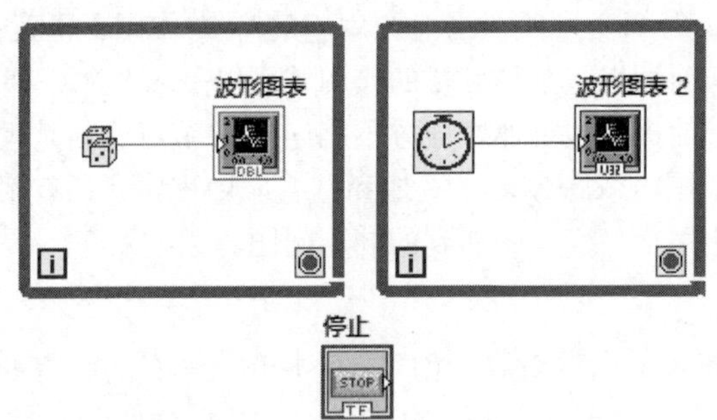

图 4–12　使用同一个停止按钮

分析：

（1）如果从循环外将停止按钮同时连接至While循环的右侧条件接线端，则循环开始后将不能再次读取循环外的控件。如果停止按钮为True时开始循环，则只循环一次；停止按钮为False时，将永远执行。

（2）如果在其中的一个循环内放置停止按钮，然后连线到另外一个循环中，则问题同上，在第一个循环停止执行前，第二个循环还没有开始（数据依赖）。

（3）在一个循环内放置停止按钮，然后使用局部变量连接至另外一个循环的条件接线端。因为局部变量总是包含与其相连的前面板对象的最新值，从而使得VI程序中有不止一处访问控件，而不需要连到相应的接线端，如图4–13所示。

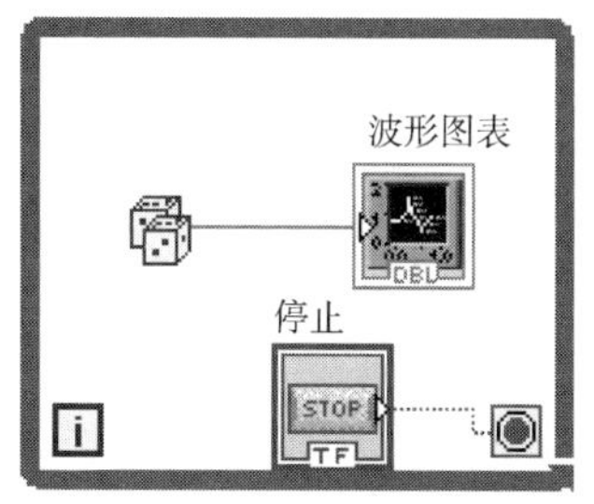

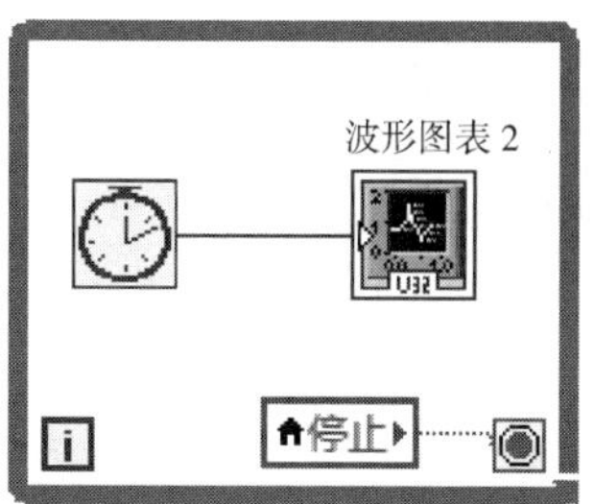

图 4-13 利用局部变量实现使用同一个停止按钮

2. 全局变量

全局变量的作用域是不受限制的，这是因为 LabVIEW 的全局变量存储在单独的文件中，全局变量的文件名扩展名也是 VI，但是和一般的 VI 有明显不同，它只有前面板而没有内置全局变量程序框图，一个全局变量 VI 可以存储一个或者多个全局变量。创建一个全局变量同样有两种方法。

第一种方法是直接创建全局变量，将首先显示一个图标为的节点，表示全局变量是一个没有程序框图的 VI，双击该图标，弹出程序框图，如图 4-14 所示，在全局变量的程序框图内（不同于局部变量在前面板）可编辑全局变量，添加输入或者显示控件，然后通过选择项与控件相连接，从而进行填充和连接。

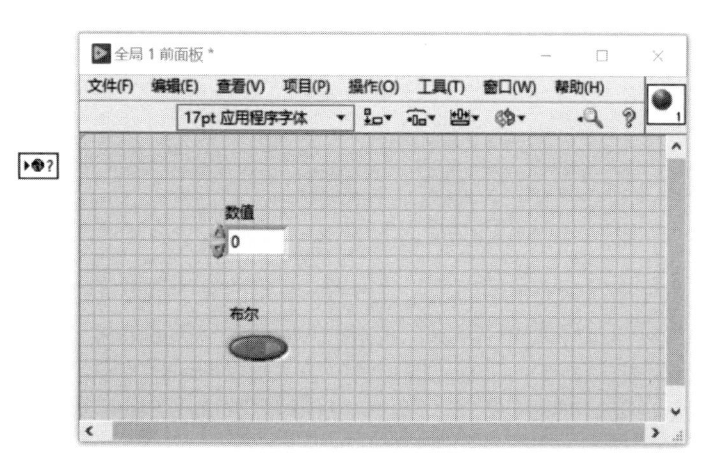

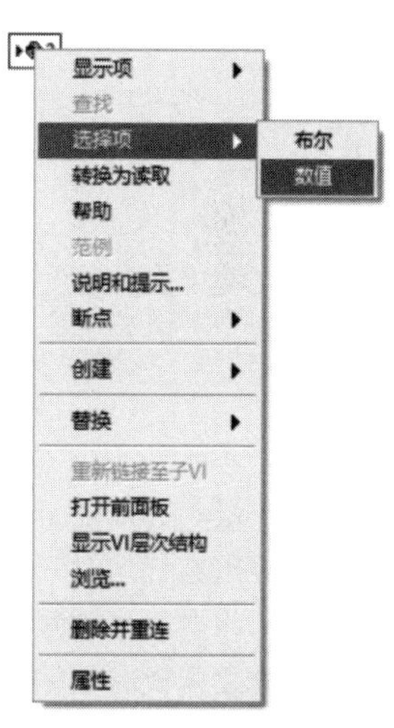

图 4-14 创建全局变量

第二种方法是在 LabVIEW 程序框图的“文件”→“新建”选项下选择“全局变量”，如图 4-15 所示，单击“确定”按钮后打开设计全局变量的窗口。

全局变量虽然是用控件表示的，但是它只利用控件代表它的数据类型，只能完成简单的数据存储，不具备控件的其他属性。也就是说，无法像对常规控件那样利属性节点控制它的外观等。

全局变量存储在一个单独的 VI 程序文件中，一个文件可以存储多个全局变量。和局部变量一样，全局变量使用时也需要进行数据复制，因此同样不适合存储大型的数据结构，如大的数组、字符串等。尤其是字符串，因为它的长度经常发生变化，所以需要反复调用内存管理器，

用于改变字符串所占空间的大小。由于全局变量用于在各个VI之间交换数据，对于简单的数据类型，如布尔标量、数值标量等，它的运行速度要高于普通VI。对于大型数据，由于必须进行数据的内存复制，速度反而不如一般的VI，因为普通VI通过数据流往往能做到缓存复用，从而避免数据复制的操作，所以速度更快，更有效率。

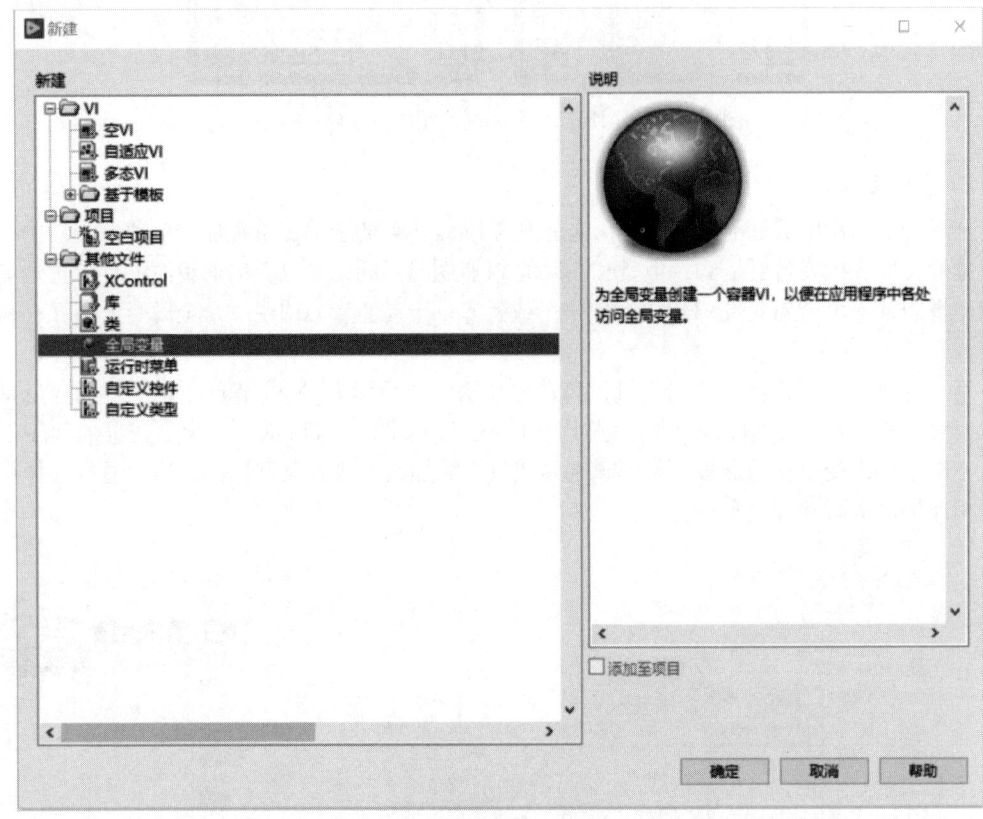

图 4-15　创建全局变量

全局变量与局部变量一样，也存在数据竞争的问题。使用后，数据的流动不再依数据的连线，它们可以在任何时间、任何地点强行改变控件的值，而当多处的局部变量试图改变同一控件的值时，将会很难预测控件当前的值是多少。且程序的输出取决于程序的运行顺序，使用变量后的运算之间没有数据依赖关系，很难判断哪个先运行。可以使用数据流或者顺序结构，从而强制加入运行顺序控制，或者避免同时对同一个控件的多个变量进行读写。

与局部变量相比，全局的危险性更大。局部变量的作用域仅限于一个单独的VI，因此它的数据竞争可以完全限制在VI的本身。全局变量则不然，因此，出现数据竞争的可能性大大增加了。

使用全量变量和局部变量，可以使编程简单快捷，但是需要考虑、是否绝对需要局部变量或者全部变量，以及全局变量和局部变量对简化编程有多大作用，考虑是否可能对整个程序造成很大影响。

练习4-6：利全局变量编写程序，创建一个全局变量和两个VI。

当两个VI同时运行时，第一个VI产生一个余弦波形，送至全局变量中，第二个VI从全局变量中将波形读出，并在波形图中显示出来。

利用全局变量编写程序，创建一个全局变量和两个VI

操作步骤：

（1）设置工作环境，新建VI，选择菜单栏中的“文件”→“新建VI”命令，新建一个空白的VI，包括前面板及程序框图。

（2）保存VI。选择菜单栏中的“文件”→“另存为”命令，将VI命名为“正弦波形”。

（3）重复以上步骤，保存“波形显示”VI。

（4）创建全局变量。选择菜单栏中的“文件”→“新建”命令，打开“新建”对话框，选择“全局变量”选项，在弹出的窗口中，右击空白处，在“控件”→“新式”选项下选择创建一个数组，并把一个数值常量放置在数组右侧框中，否则将导致输入数据类型不匹配无法连线，如图4–16所示。

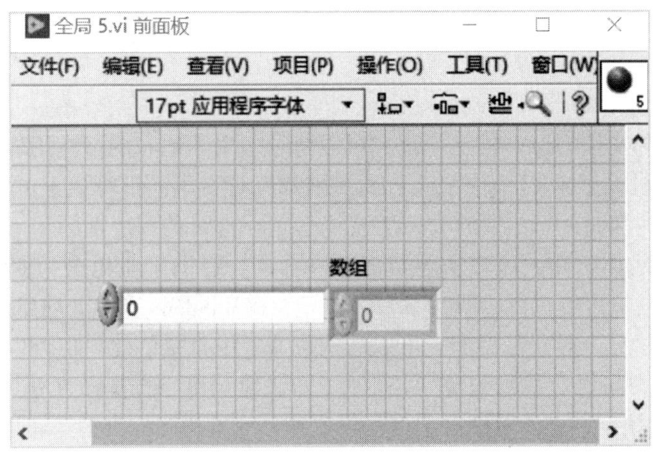

图 4–16　错误设置数组

（5）创建正弦波形数据VI。打开“正弦波形”VI，在程序框图的“函数”选板上选择“编程”→“结构→“While循环”函数，拖动到空白处，再选择“For循环”嵌套在While循环中。接着在“函数”→“数学”选板下分别选择“数值常量”，分别设置为360和180、π、“÷”和“×”。在“数学”→“初等函数与特殊函数 ”→“三角函数”→“正弦函数”中，如图4–17所示进行连线。

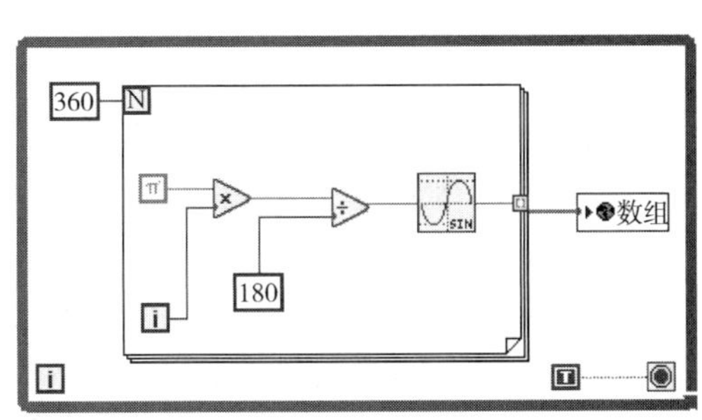

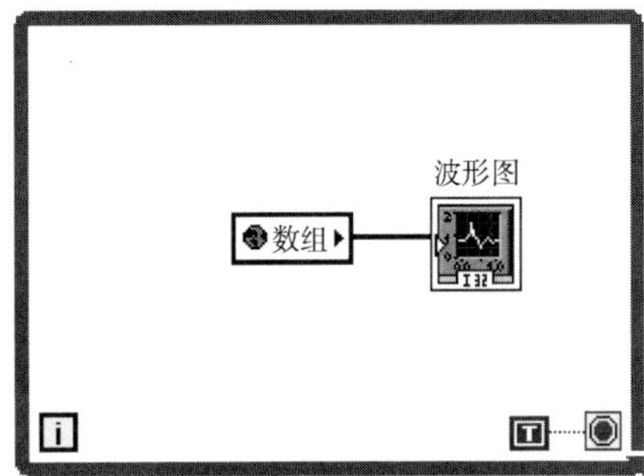

图 4–17　利用全局变量产生和显示正弦波形的程序框图

（6）创建波形显示VI。打开“波形显示”V1。利用该VI显示数据，通过全局变量“数组”将“正弦波形.vi”中产生的数据结果复制到“波形显示.vi”中，并通过波形图进行显示，如图4–18所示。

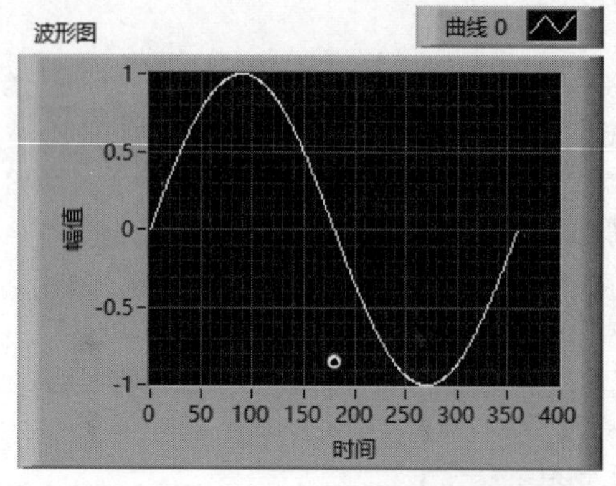

图 4-18　利用全局变量显示正弦波形的前面板结果

3. 共享变量

共享变量与全局变量类似，但工作范围可以跨越多个本地和网络应用程序。共享变量可以应用于同一个计算机上多个VI程序之间或通过网络运行在不同计算机上的VI程序之间。当改变一个共享变量的属性时，不需要修改使用该共享变量的VI的程序框图。

共享变量具有附加特性，可以实现数据缓冲功能，有助于避免全局变量中遇到的同步问题。使用共享变量的VI可以运行于所有平台，但只能在Windows平台上创建共享变量。

共享变量的创建与全局变量类似，可以从函数选板中直接创建。也可以先创建一个新的项目，在项目浏览器中右击“我的电脑”，在弹出的快捷菜单中选择“新建”→“变量”，弹出“共享变量属性”对话框，在该对话框中可以设置共享变量的名称类型等属性，如图4-19所示。

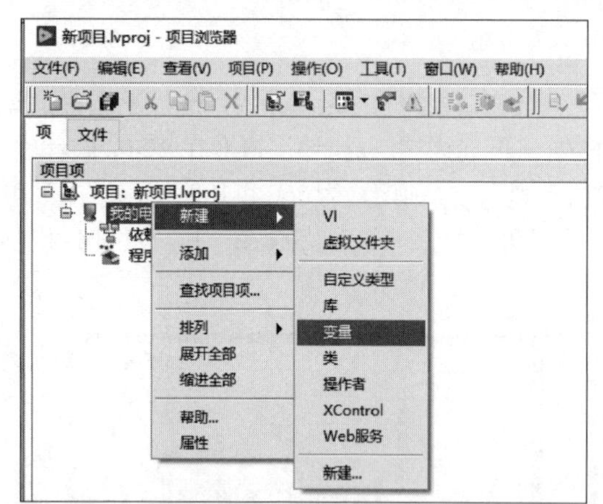

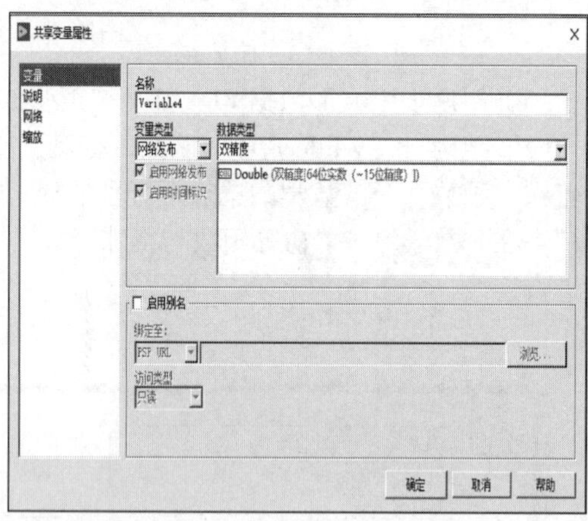

图 4-19　创建共享变量

使用共享变量进行数据共享时，仅需要在程序框图中编写少量程序，甚至不需要编写程序。缓冲和单一写入限制等共享变量的配置选项，可在“共享变量属性”对话框中调整。在“变量类型”下拉列表框中，可以看到共享变量有三种：网络发布、单进程以及时间触发的共享变量。数据选择“网络发布”选项，表示可以创建从远程计算机或同一网络上的终端读写数据的共享变量；选择“单进程”选项，可以创建从单个计算机上读写数据的共享变量；时间触发的共享变量是可以应用于LabVIEW的实时系统模块，只有安装LabVIEW实时模块后才可以使用。

对共享变量配置完成后，单击“确定”按钮完成共享变量的创建，如图4–20所示，将在未命名项目1→未命名库1中生成一个名为Variable2的变量。共享变量是一种已配置的软件项，它以代表一个值，也可以代表一个I/O点，而不是一个单独的VI，是LV库的部分，只能创建在某个LV库（lvlib文件）下，如果从项目库以外的终端或文件夹创建共享变量，会创建相应的新项目库并在项目库中包括该共享变量。在项目中打开含有共享变量节点的VI，如该共享变量节点没有在项目浏览器中找到相关的共享变量，则该共享变量节点就会断开，所有与该共享变量相关的前面板控件的连线也会断开。

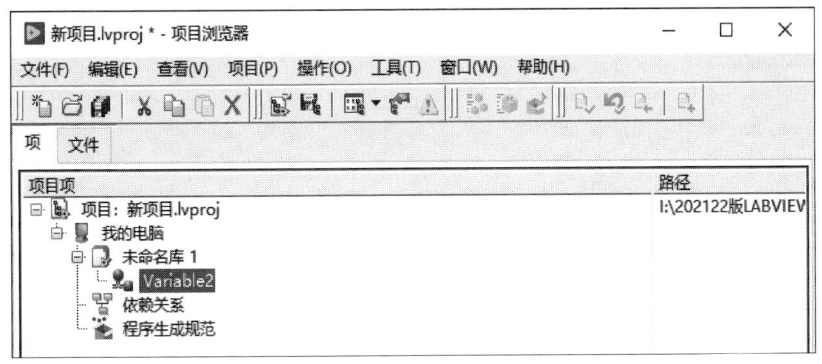

图 4–20 共享变量创建完成

终端上的每个共享变量都有一个位置，NI-PSP协议根据位置信息唯一确定共享变量，右击共享变量所在的项目库，从弹出的快捷菜单中选择“部署”，可部署项目库所在项目库连接的共享变量，必须来源于前面板对象程序框图的共享变量节点，或其他共享变量右击项目库，选择“部署全部”，将共享变量的所有项目库部署到该终端。

使用共享变量，可以在程序框图中使用共享变量，将项目浏览器窗口中的共享变量施放至相同项目中VI的程序框图中，可创建一个共享变量节点，如图4–21所示。共享变量节点是一个程序框图对象，用于指定项目浏览器窗口中相应的共享变量，共享变量节点可用于读写共享变量的值，并读取用于该共享变量数据的时间标记。

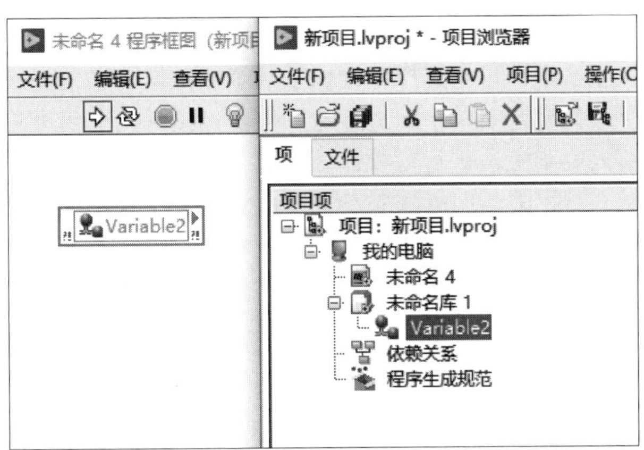

图 4–21 引入共享变量

在程序框图的数据通信选板上，也可找到共享变量，将其拖动到程序框图中，然后将该共享变量节点和处于活动状态的项目中的共享变量进行绑定。方法一：可单击该共享变量节

点启动“选择变量”对话框，在选择变量对话框的共享变量列表中选中Variable2。方法二：可右击该共享变量节点并从弹出的快捷菜中选择“选择变量”，如图4-22所示。默认情况下，共享变量节点被设置为读取。右击这个共享变量节点，从弹出的快捷单中选择“访问模式”→“写入”。

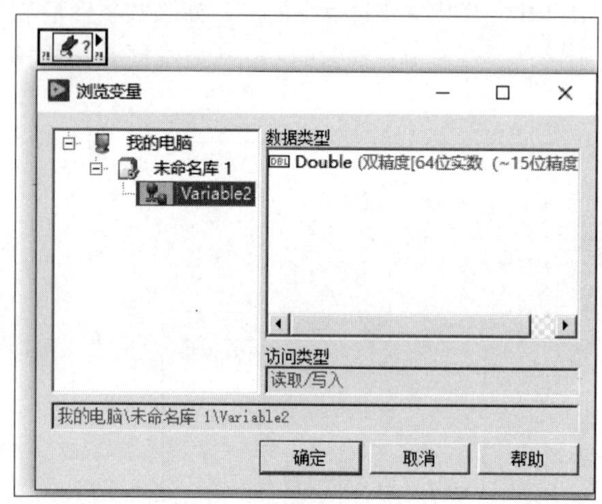

(a) 方法一

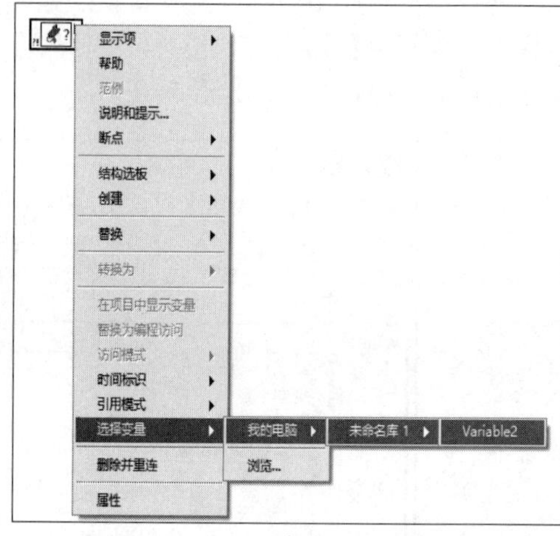

(b) 方法二

图 4-22　配置共享变量的访问类型

利用时间标识显示控件可以确定一个共享变量是否失效，或最近一次读取之后是否被更新，要记录一个单个文件写入共享变量的时间标识，必须先在共享变量属性对话框中选择“启用时间标识”复选框，如果需要给一个共享变量节点添加一个时间标识显示控件，只需要右击程序框图上的共享变量节点，从弹出的快捷菜单上选中“显示时间标识”即可，如果应用程序需要读不止一个最近更改的值，可对缓冲进行配置。

如果需要改变一个共享变量的配置，只需要在项目浏览器中右击这个共享变量，从弹出的快捷菜单中选择“属性”，并显示变量属性对话框中的变量。

默认情况下，多个应用程序可对同一个共享变量进行写操作。也可以将一个网络发布的共享变量设置为每次仅接受来自一个应用程序的更改，只需要在共享变量属性对话框的变量页上，勾选“单个写入”复选框即可。这样就确保了共享变量每次仅允许一个写操作。在同一台计算机上，共享变量引擎仅允许对单个源进行写操作。连接到共享变量的第一个写入方可进行写操作，之后连接的写入方则无法进行写操作。当第一个写入方断开连接时，队列中的下一个写入方将获得共享变量的写权限。LabVIEW会向那些无法对共享变量进行写操作的写入方发出相应提示。当一个共享变量的配置被改变后，既可以右击它所在的项目库，从弹出的快捷菜单中选择相应的前面板“部署”选项来更新当前终端上这个共享变量的属性。

4.3.2　移位寄存器

使用循环结构编程时，经常需要访问前一次循环产生的数据。例如，如果需要每次循环采集一个数据且每得到5个数据后计算这5个数据的平均值，就需要记住前面几次循环产生的数据。LabVIEW中，移位寄存器是循环结构中重要的附加对象，它可以将当前循环中的数据值传递到下一次循环中。

移位寄存器相当于文本编程语言中的静态变量。移位寄存器用于将上一次循环的值传递至下一次循环。移位寄存器以一对接线端的形式出现，分别位于循环两侧的边框上，位置相对，如图4–23所示。

右击循环的左侧或右侧边框，并从弹出的快捷菜单中选择“添加移位寄存器”就可以创建一个移位寄存器。右侧接线端含有一个向上的箭头，用于存储每次循环结束时的数据。LabVIEW可将连接到右侧寄存器的数据传递到下一次循环中。循环执行后，右侧接线端将返回移位寄存器保存的值。

移位寄存器可以传递任何数据类型，并和与其连接的第一个对象的数据类型自动保持一致。连接到各个移位寄存器接线端的数据必须属于同一种数据类型。

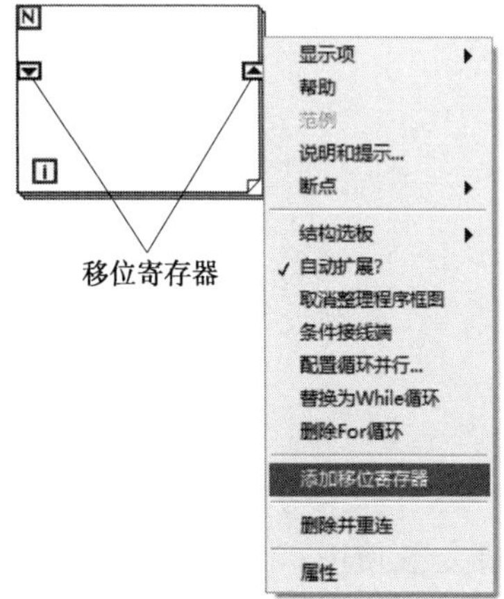

图 4–23 For 循环中的移位寄存器

1. 初始化移位寄存器

初始化移位寄存器即赋给移位寄存器一个初始值，在VI运行过程中，每执行第一次循环都使用该值对移位寄存器进行赋值。通过连接输入控件或常数至循环左侧的移位寄存器接线端，可初始化移位寄存器，如图4–24所示。

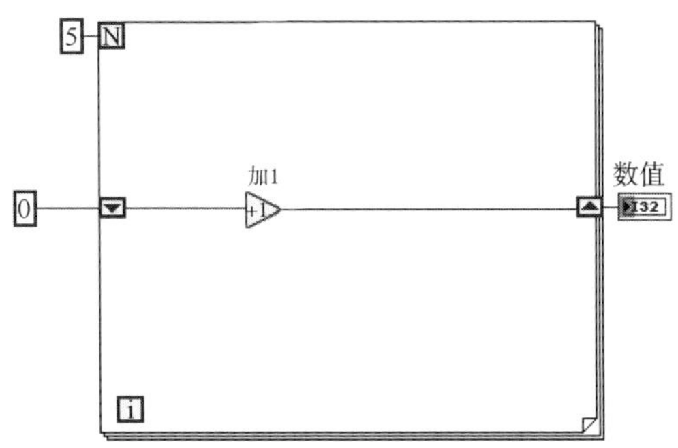

图 4–24 初始化移位寄存器

图4–24中的For循环将执行5次，每次循环后，移位寄存器的值都增加1。For循环完成执行5次后，移位寄存器会将最终值（5）传递给显示控件并结束VI运行。每次执行该VI，移位寄存器的初始值均为0。

如果没有初始化移位寄存器，循环结构将使用上一次循环执行时写入该寄存器的值，或在循环未执行的情况下使用该数据类型的默认值。

使用未初始化的移位寄存器可以保留VI连续执行期间的状态信息。图4–25即是未初始化的移位寄存器。

图4–25中的For循环将执行5次，每次循环后，移位寄存器的值都增加1。第一次运行VI时，移位寄存器的初始值为0，即32位整型数据的默认值。For循环完成5次循环后，移位寄存器会将最终值（5）传递给显示控件并结束VI运行。而第二次运行该VI时，移位寄存器的初始值是上一次循环所保存的最终值5。For循环执行5次后，移位寄存器会将最终值（10）传递给显示控件。如果再次执行该VI，移位寄存器的初始值是10，依此类推。关闭VI前，未初始化的移位寄存器将保留上一次循环的值。

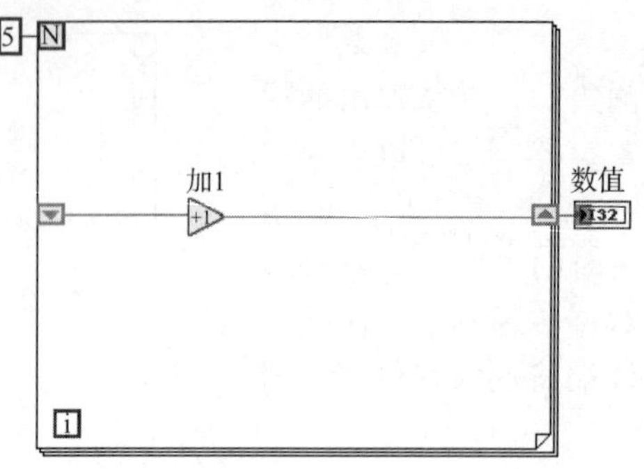

图 4–25　未初始化移位寄存器示例

因此，在使用移位寄存器时，应当明确其初始值，否则左侧接线端将在各次循环调用之间保留数据，可能会导致程序逻辑错误，但某些场合下也可利用它实现特殊的程序功能。

循环中可添加多个移位寄存器。如循环中的多个操作都需使用前面循环的值，可以通过多个移位寄存器保存结构中不同操作的数据值。

练习4–7：使用For循环框架计算$\sum_{x=1}^{100} x$，如图4–26所示。

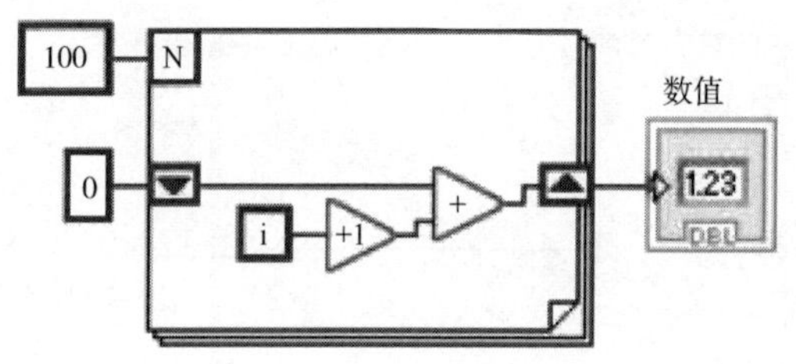

使用For循环框架计算

图 4–26　计算$\sum_{x=1}^{100} x$

操作步骤：

（1）创建For循环结构。在程序框图中选择“函数”→“编程”→“结构”→“For循环”，要求累加上限为100，所以在“For循环”计数端的左端右击，在弹出的快捷菜单中选择“创建常量”，将数值设置为100。

（2）设计累加过程。利用“For循环”的循环计数端口从0开始计数这一特性（而不是1），首先在程序框图中选择“函数”→“编程”→“数值”→“加1”，将其输入端与循环计数端口相连。然后在“For循环”框架上右击，在弹出的快捷菜单中选择“添加移位寄存器”，在左侧移位寄存器的输入端右击，选择“添加常量”，将其数值设置为0。接着将左侧移位寄存器的输出端与“加1”的输出端共同连接至程序框图中的“函数”→“编程”→“数值”→“加”的输入端，最后将“加”的输出端连接至右侧移位寄存器的输入端。

（3）创建数值显示控件。在前面板中选择“控件”→“新式”→“数值”→“数值显示控件”，接着切换回程序框图，将其与右侧移位寄存器的输出端进行连线。

（4）单击菜单栏左上角的“运行”，执行VI程序，验证输出结果是否为5050。

2. 层叠移位寄存器

通过层叠移位寄存器可访问此前多次循环的数据。层叠移位寄存器可以保存多次循环的值，并将这些值传递到下一次循环中。右击左侧的接线端，从弹出的快捷菜单中选择“添加元素”，可创建层叠移位寄存器。如图4-27所示，图中在While循环的左侧边框上的移位寄存器输入接线端依次添加了4个元素，这样就能够依次获得前4次循环的值。在第i次循环开始时，左端移位寄存器中的每个元素自动更新为前几次循环后右端寄存器中缓存的数据，例如，左侧第1个移位寄存器中是第*i*–1次循环右端寄存器送出的值，第2个移位寄存器中是第*i*–2次循环右端寄存器送出的值，第3个移位寄存器是*i*–3次循环右端寄存器送出的值，第4个移位寄存器是*i*–4次循环右端寄存器送出的值，依此类推。

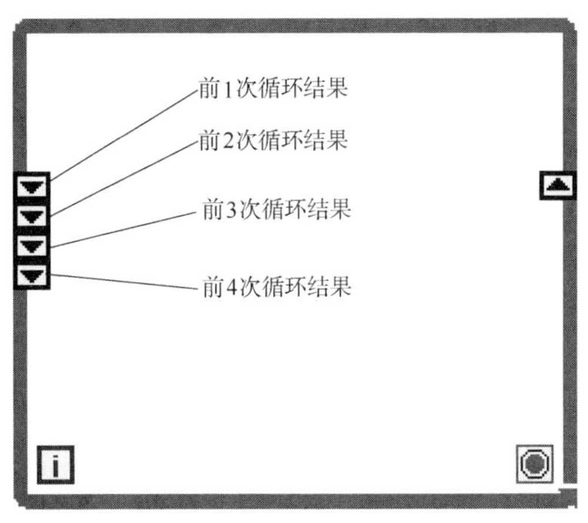

图 4-27　层叠移位寄存器

练习4-8：使用For循环与移位寄存器实现斐波那契数列第*n*个数的运算，如图4-28所示。

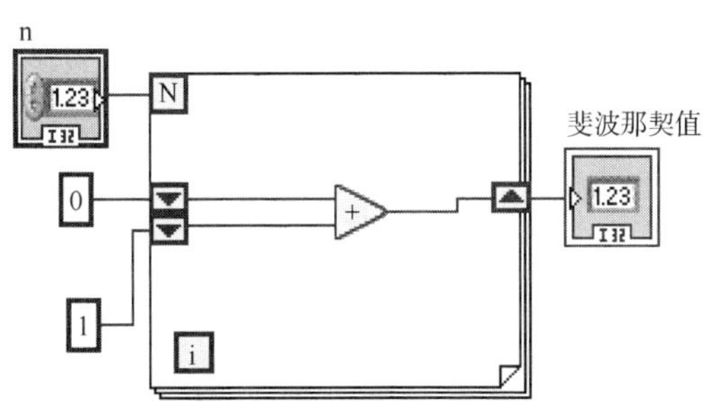

图 4-28　斐波那契数列第 *n* 个数的运算

使用For循环与移位寄存器实现斐波那契数列第*n*个数的运算

操作步骤：

（1）创建数值输入控件和数值显示控件。在前面板中分别选择“控件”→“新式”→“数值”→“数值输入控件”和“数值显示控件”，分别命名为“n”和“斐波那契值”。

（2）创建For循环结构。在程序框图中选择“函数”→“编程”→“结构”→“For循环”，在循环框架上右击，在弹出的快捷菜单中选择“添加移位寄存器”，添加一个移位寄存器，之后再左侧移位寄存器上继续右击，在弹出的快捷菜单中选择“添加元素”，在两个元素的左侧接线端右击，选择“创建常量”，分别将其值设置为0和1，将移位寄存器进行初始化。然后在循环框架中，选择“函数”→“编程”→“数值”→“加”，将其左端与左侧两个元素的输出端相连，右侧连接至右侧移位寄存器的输入端。

（3）连线显示。将右侧移位寄存器的输出端连接至“数值显示控件”的左侧输入端。

（4）单击菜单栏左上角的“运行”，在前面板中输入数值n的具体值，执行VI程序，验证输出结果是否正确。

注意：层叠移位寄存器只能位于循环左侧，右侧的接线端仅用于把当前循环的数据传递给下一次循环。在图4–28中，如在左侧接线端上再添加一个移位寄存器，则上两次循环的值将传递至下一次循环中，其中最近一次循环的值保存在上面的寄存器中，而上一次循环传递给寄存器的值保存在下面的寄存器中。

练习4–9：使用For循环与移位寄存器实现n！的计算并显示最终计算结果，如图4–29所示。

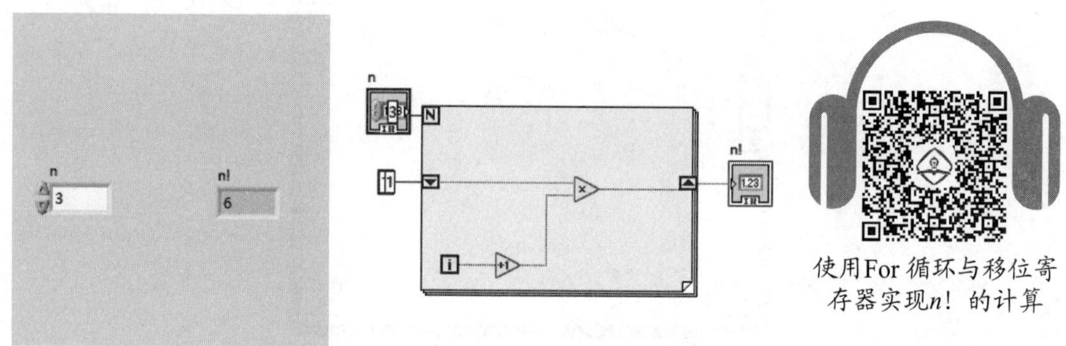

图4–29　n!的计算

操作步骤：

（1）创建数值输入控件和数值显示控件。在前面板中分别选择“控件”→“新式”→“数值”→“数值输入控件”和“数值显示控件”，分别命名为“n”和“n！”。

（2）创建在For循环。在程序框图中选择“函数”→“编程”→“结构”→“For循环”，在循环框架上右击，在弹出的快捷菜单中选择“添加移位寄存器”，添加一个移位寄存器，并在其上继续右击，选择“创建常量”，将其值设置为1，对移位寄存器的值进行初始化，即设置阶乘从1开始计算。然后在循环框架中，选择“函数”→“编程”→“数值”→“x”和“+1”，将循环计数器的输出接线端连接至“+1”的输入端，并将“+1”的输出端和将左侧移位寄存器的输出接线端一起连接至“x”，最后将乘法运算的结果作为右侧移位寄存器的输入端。

（3）设置n的数值并运算。在前面板中对输入的n值进行设置，然后“高亮显示执行过程”，观察计算过程和结果。

4.3.3　反馈节点

反馈节点位于“函数”→“编程”→“结构”中，如图4–30所示。早期的LabVIEW版本中没有反馈节点，其功能与移位寄存器相近，相当于只有左侧接线端的移位寄存器。反馈节点和移位寄存器都可以在循环结构之间提供数据的传输。例如，在两次循环之间传输数据时，既可以使用反馈结点，也可以使用移位寄存器。

反馈节点主要保存VI执行或者循环上一次的运行数据，它使用连接初始化接线端的值作为第一次程序框图或循环执行的初始值。如果反馈节点的初始化接线端没有和任何值进行连线，那么该VI将使用数据类型的默认值。

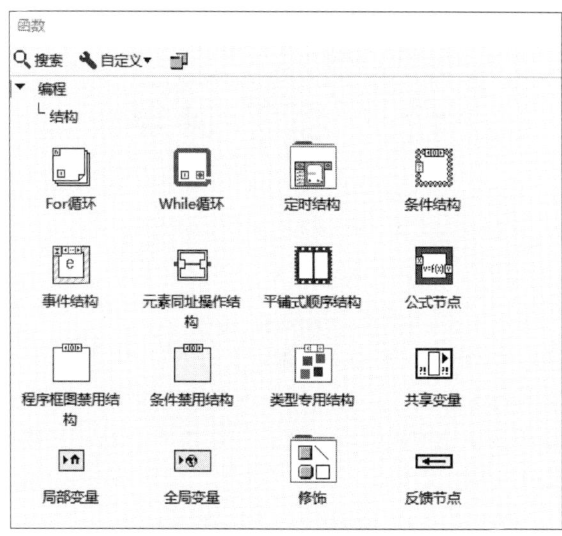

图 4-30　反馈节点

反馈节点和移位寄存器可以通过快捷菜单相互转换。同移位寄存器一样，反馈节点也存在初始化的问题。但是，反馈节点可以脱离循环而独立存在，这种情况一般在子VI中创建函数的全局变量时发生，此时反馈节点不需要初始化。初始化接线可以选在循环外或者循环内，通过快捷菜单可以切换。

新版本LabVIEW中反馈节点提供了启用接线端选项，默认情况下不显示该接线端，可以通过反馈节点的属性对话框对反馈节点进行配置，设置其是否显示。类似于While循环中对于停止条件的设置，如果设置启用接线端连接True，那么反馈节点按用户在属性对话框或节点快捷菜单中的配置运行。如果设置启用接线端连接False，则反馈节点忽略输入的新值，同时保持内部数据不变，其将始终输出内部保存的上一次数值，也就是接线端为True时的最近一次的数值，这种情况将持续到启用接线端的逻辑条件值变为True时结束。

在默认情况下，反馈节点将上一次VI执行或循环的最终数据保存下来。通过属性对话框，可以将反馈节点设置为延迟，并可以设置以z变换的方式显示。延迟的次数也可以在属性对话框中设置，类似于循环中左接线端的移位寄存器的层叠，即添加多个元素显示前几次的运行结果，在反馈节点中的多次延迟可以使节点多次延迟执行VI程序或多次延迟循环输出，从而缓存最近几次的循环值。实际上设置延迟为1就是通畅的反馈节点用法。如增加延迟值，使其大于一次执行或循环的执行时间，在延迟结束前，反馈节点仅输出初始化接线端的值。然后，反馈节点可以按顺序输出存储值。反馈节点边框上的数字为延迟。

练习4-10：移位寄存器与反馈节点的相互转换，求解0+1+2+3。

操作步骤：

（1）在程序框图中选择“函数”→“编程”→“结构”→“For循环”，将For循环框架拖动至空白处。

（2）初始值和循环次数设置。在程序框图中选择“函数”→“编程”→“数值”，选择“+”，并创建两个数值常量，分别设置为3和0。

（3）结果显示。在前面板中选择“控件”→“新式”→“数值”→“数值显示控件”，创建显示控件用于存储并显示最终的计算结果。

（4）使用反馈节点。在For循环框架上右击，选择“添加移位寄存器”。此时将初始数值常

量0，连接至移位寄存器左侧接线端，然后在移位寄存器左侧接线端右击，选择“替换为反馈节点”。此时将产生反馈节点和其对应的初始化端子。如果没有将初始值连接至移位寄存器，反馈节点将无法使用该值，即无法转化产生反馈节点的初始化端子。

（5）如图4-31所示，完成连线。

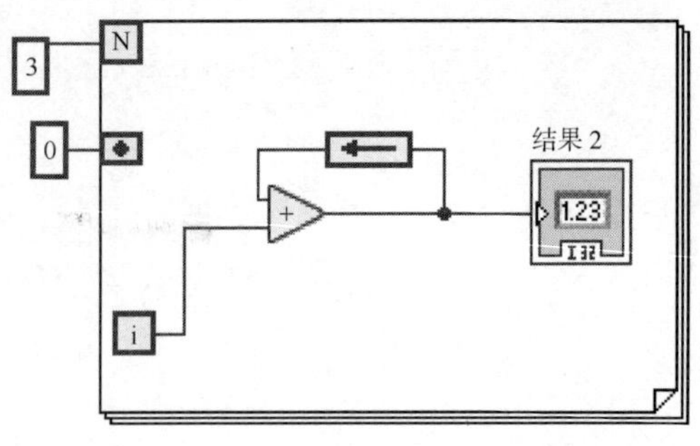

图 4-31　移位寄存器与反馈节点的互转换

注意：循环中一旦连线构成反馈，就会自动出现反馈节点箭头和初始化端子。使用反馈节点需要注意其在选项板上的位置，若在分支连接到数据输入端的连线之前把反馈节点放在连线上，则反馈节点把每个值都传递给数据输入端；若在分支连接到数据输入端的连线之后把反馈节点放到连线上，反馈节点把每个值都传回VI或函数的输入，并把最新的值传递给数据输入端。

反馈节点和移位寄存器的功能与本质是完全相同的。反馈节点的优点在于它不需要从循环的边框上连接数据线，因此可以把程序写得更简洁美观。尤其是熟悉反馈概念的控制或电子专业的工程师，可以直观地理解这一节点的用途。由于反节点实际依赖于循环结构，而它们之间又没有数据线相连，使用反馈节点时空易弄乱逻辑关系。另外，反馈节点也会导致某些连线上数据的逆向流动。如果逆向数据线过长，不利于阅读程序，就不如使用移位寄存器了。

4.3.4　隧道

流入或流出结构的数据在通过结构时，会在结构的边框上形成一个颜色与数据线上的数据类型一致的实心方形，这个方形称为隧道，负责把数据传进或传出结构。

以While循环结构为例。根据数据进出结构的方向，隧道可以分成两类：一类是输入隧道，其输入端位于For循环结构外侧，内侧为输出端；另一类是输出隧道，输出隧道的输入端在结构内侧，输出端在结构外侧。图4-32中，While循环的计数接线端+1后与隧道相连，那么隧道（蓝色方形）中数值将会被一直保存，直到While循环停止才会被传送至数值显示控件“数值”中，并在“数值”中显示计数接线端的最终值。类似的，在进出其他结构或者在之间传送数据的时候，也可以采用隧道。

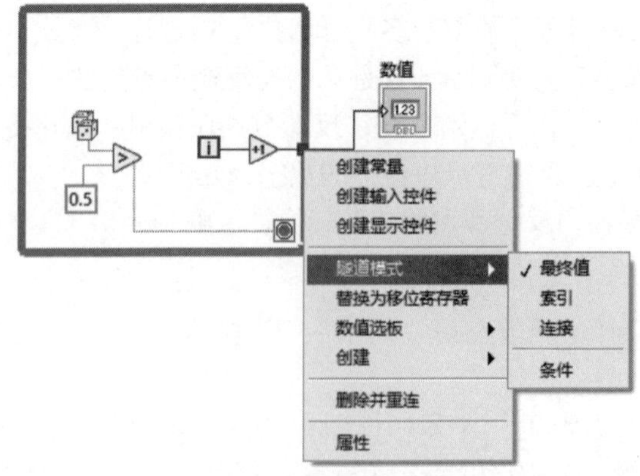

图 4-32　结构隧道范例

如图4-32所示，隧道一共有4种模式，包括最终值、索引、连接和条件。上例中展示了默认情况下最终值的使用，而当输入隧道的数据类型为数组时，循环结构可以采取第二种隧道方式索引，来使隧道具备自动索引功能。索引指的是循环边框外数组中的元素按照顺序依次流入或流出循环框架。当隧道开启索引功能的时候，每次循环迭代将依次取出循环结构外数组的一个元素，相当于结合了隧道和索引数组两者的功能。启用索引的隧道是一个空心的方形，在隧道的右键快捷菜单中，可以选择禁用索引或启用索引。

在For循环结构中，当隧道启用索引功能时，将不再需要设置循环次数，此时的循环次数由输入数组的长度自动决定，其长度就是循环需要迭代的次数，这样的设置使得循环结构更加高效。

练习4-11：建立4行1列的数组，元素分别为1、2、3和4，利用For循环的隧道功能传输数据，显示输出结果“循环次数”“数组长度”，索引后依次输出“元素”和原数组每个元素“元素2”。

分析：运行该程序，每次迭代过程中，“循环次数”和“数组长度”的值是相同的，“元素”和“元素2”的值也是相同的对出隧道，也可以开启索引功能引输出隧道，相当于把结构内每次迭代产生的数据组成一个数组传递到结构外。

操作步骤：

（1）创建输入控件。在前面板上选择“控件”→“新式”→“数据容器”→“数组”，将其拖动至前面板的空白处，单击右下角，将大小改为1×4。然后选择“控件”→“新式”→“数值”→“数值输入控件”，将其拖动至“数组”控件右侧，接着依次输入1、2、3和4。

（2）创建循环框架。在程序框图中选择“函数”→“编程”→“结构”→“For循环”，将For循环框架拖动至空白处。然后选择“函数”→“编程”→“数组”→“数组大小”和“数组索引”，拖放至循环框架内部。接着将循环框架外部的“数组”分别连接至“数组大小”和“数组索引”的左侧输入端，同时将“数组索引”左下方的索引接线端连接至循环的计数接线端。

（3）创建输出控件。在前面板上选择“控件”→“新式”→“数值”→“数值显示控件”，创建4个输出显示控件，将其分别命名为“循环次数”“数组长度”“元素”“元素2”。

（4）如图4-33所示，进行连线。连接至“数组大小”和“数组索引”的隧道默认为启用索引，应当通过右击并选择弹出的快捷菜单中的“禁用索引”进行禁用。

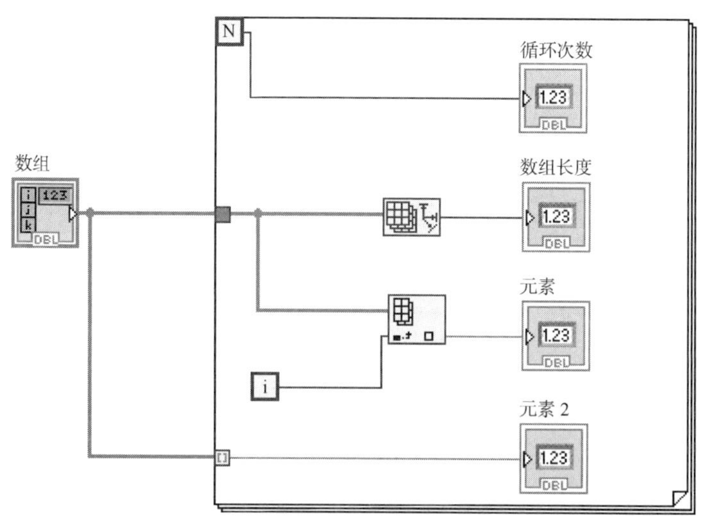

图 4-33　循环结构的隧道

如果同时有多个索引输入隧道，且与它们相连的数组长度不一致，则循环迭代次数为这几个数组中长度最短的那个数组的长度；如果同时也为数组提供循环次数值，即输入一个N值，

那么循环的次数为这几个数组的长度和N值中最小的一个。

通过索引输入隧道连接的输入数组如果是个空数组，则循环迭代次数为0，在调试程序的过程中，有时会出现这种情况，明明提供了N的值，循环却没有迭代或迭代次数不对，此时就需要查看循环结构是否有索引输入隧道，以及与它们相连的数组长度。

如果与索引输入隧道相连的是一个多维数组，每通过一次索引输入隧道，数组会降低一维；对于二维数组，使用两层嵌套的循环结构，即可得到它的每一个元素。

阶乘之和

练习4-12： 使用For循环计算 $\sum_{x=1}^{n} x!$，求从1开始到指定正整数的阶乘之和，并将结果显示在前面板上。

操作步骤：

（1）创建数值输入和数值显示控件。在前面板中，选择“控件”→“新式”→“数值”，分别选择“数值输入”控件，将其命名为“阶次n”；选择“数值显示控件”，将其命名为“计算结果”，利用右键快捷菜单更改其表示法为“长整型”。

（2）创建嵌套For循环，编写程序实现阶乘运算。在程序框图中，选择“函数”→“编程”→“结构”→“For循环”，将其拖动至程序框图中，并调整其大小。然后在For循环左侧边框右击，在弹出的快捷菜单中选择“创建移位寄存器”。在该For循环中，选择“函数”→“编程”→“数值”选板中的“加1”、“x”和“数值常量”，并经数值常量设置为1。接着将For循环左侧移位寄存器的输入接线端连接至“1”，对移位寄存器完成初始化设置，即从1的阶乘开始计算。

（3）保存阶乘计算的结果。在现有的For循环框外再嵌套一个For循环，然后将外层For循环的循环次数接线端连接至输入端，同时将外层循环的循环计数接线端的数值i加1后设置为内层For循环的循环次数。

（4）将上述步骤中移位寄存器的阶乘结果进行累加，并输出。在程序框图中，前述两个嵌套的For循环之外再放置一个For循环结构，选择“函数”→“编程”→“数值”选板中的“+”，并在该For循环上添加移位寄存器，利用隧道的自动索引功能连接嵌套循环与新添加的For循环，将其和左侧移位寄存器作为“+”的输入端，实现各阶乘结果加和的计算。最后将“+”的输出接线端连接至“计算结果”。

（5）运行该VI程序，通过“高亮显示执行过程”观察各部分的数据流动。当n=4时的运行结果和程序框图如图4-34所示。

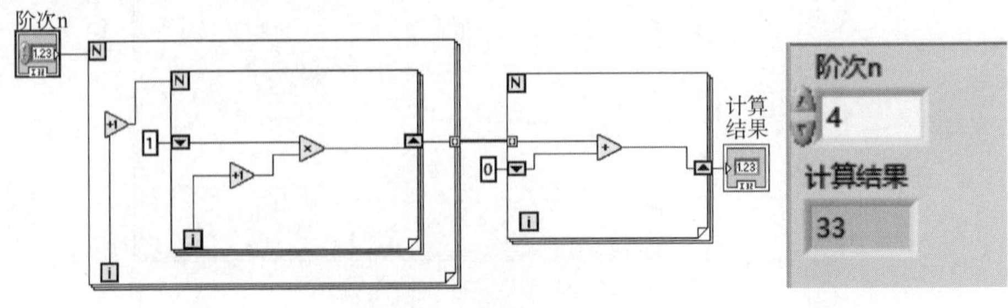

图4-34　计算 $\sum_{x=1}^{n} x!$（n=4）

注意：右侧For循环中的移位寄存器需要进行初始化，否则当再次设置“阶次n”的数值并重新进行计算时，该移位寄存器中仍然保存上一次的计算结果，在此结果上进行累加，将会导致错误的计算结果。

4.4 层次结构

层次结构是遵循指定的规则划分不同的情况，分别进行分层次的显示，不同的输入数据进入不同的层次中，执行对应的程序操作。在LabVIEW中提供了4种层次结构，分别为顺序结构、条件结构、事件结构和程序框图禁用结构。

4.4.1 条件结构

条件结构中可以包含两个或多个子程序框图或条件分支。类似于C语言中的switch语句或if…else语句，如图4–35所示，在每个分支中可以设计编写不同的VI程序，程序框图每次执行的时候只能显示一个子程序框图，并且每次只执行一个条件分支。输入值将决定执行哪一个子程序框图。

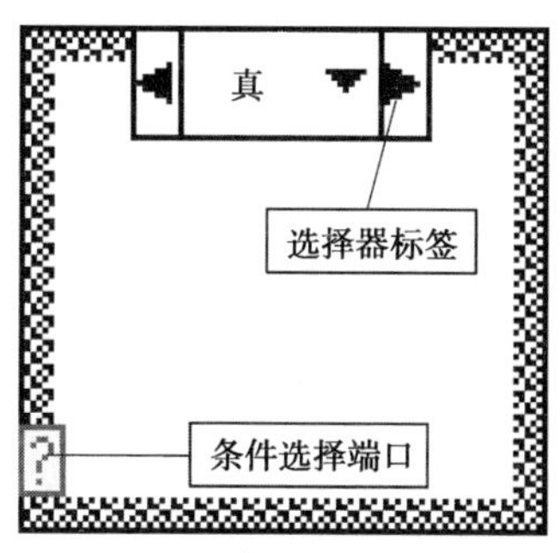

图 4–35 条件结构示意图

条件结构顶部的条件选择器标签由各个条件分支对应的值的名称以及两边的递减和递增箭头组成。通过单击递减和递增箭头可以快速浏览各个条件分支，也可以通过单击条件分支名称旁边的向下箭头在下拉菜单中选择一个条件分支。

选择所需执行的条件分支可以通过将一个输入值或选择器连接到条件选择端口来实现，条件选择端口可以通过拖动放置到条件结构左边框的任意位置。条件选择端口支持的数据类型包括整型、布尔型、字符串型和枚举型。如果条件选择端口的数据类型是布尔型，该结构将只有“真”和“假”两个条件分支。如果条件选择端口的数据类型为整型、字符串型或枚举型，由于此类数据的可能值都是无穷的，而条件结构不可能为每一可能值都设置一个分支，因此，条件结构中必须选择一个分支作为默认分支。也就是说，如果数据不满足其他分支的条件，就执行默认分支的代码。对于一个特定的枚举型控件而言，其数据值的个数是有限的。如果条件结构的条件分支与其项数等同，则可以不设默认分支，但为了避免条件分支少于项数以及在编译过程中增删项引发的错误，最好还是设置默认分支。例如，如果选择器的数据类型是整型，并且已指定输入数值分别为1、2、3时的三个条件分支，此外还必须指定一个默认条件分支，用于当输入数据为4或其他有效整数时执行该默认条件分支。

通过在条件结构的边框右击可以添加、复制、删除分支或重新排列分支的顺序，以及选择默认条件分支。

练习4–13：创建一个条件结构，条件选择端口为布尔型，当其为真时，进行两个数值的相加，否则进行相减如图4–36所示。

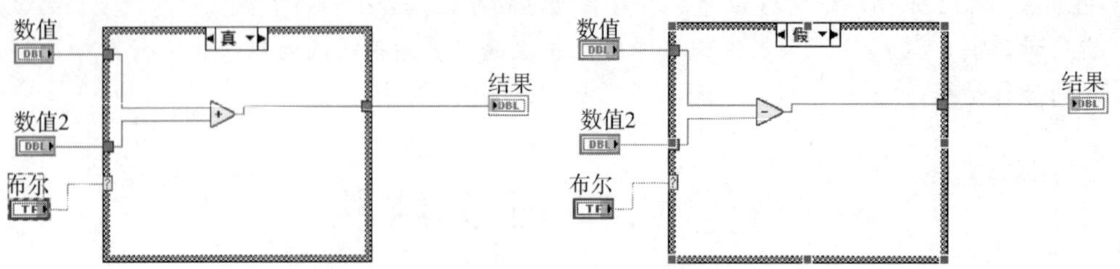

图 4-36　条件结构下的加减运算

操作步骤：

（1）创建条件结构。在程序框图中选择“函数”→“编程”→“结构”→“条件结构”，将条件结构框架拖动至空白处，并调整其大小。

（2）创建输入控件。在前面板上选择“控件”→“新式”→“数值”→“数值输入控件”，创建两个控件，将其分别命名为“数值”和“数值2”，相同路径下选择“数值显示控件”，将其命名为“结果”。然后选择“控件”→“新式”→“布尔”→“开关按钮”，创建一个布尔型开关。

（3）编写VI子程序。在程序框图中，将布尔开关连接至条件选择端口，当选择器标签为真时，选择“函数”→“编程”→“数值”→“+”，将两个输入连接至“+”的左侧接线端，右侧连接至数值显示控件。同理，选择器标签为假时，进行减法。

如果输入选择器标签的值与条件选择端口连接的对象不属于同一数据类型，则该值将变为红色，LabVIEW将给出提示，表示在执行前必须删除或编辑该值，否则VI不能运行。同样，由于浮点运算时会存在由于四舍五入导致的舍入误差，它将变为与原值最接近的偶数值，因此不能把一个浮点值连接到条件分支作为条件选择器的值。

条件结构中的一个分支可以对应多个条件，不同条件间用逗号隔开。图4-37所示的条件结构的第三个分支有三个条件，当输入数值等于该分支选择器的数值即2、3、5时，都会执行这一个分支条件。标签还可以是一段值，在两个值之间用两个点连接就表示这两个数值之间的一段值。第四个分支表示该分的条件是6~9，当输入数据为6~9中的任何一个数值时，都会执行这个分支。第五个条件标签表示所有大于等于10的数值，用字符串作为条件时，也可以表示一段值，其数值就是与字符串对应的ASCII码值。

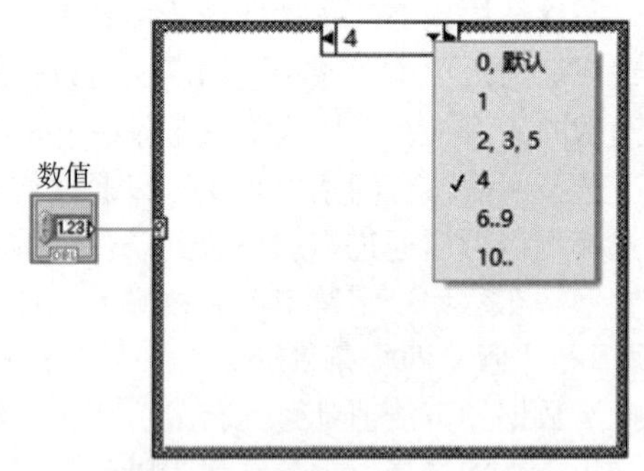

图 4-37　条件结构的分支设置

不同分支的条件必须是唯一的，如果同一个条件出现在不同的分支标签中会报错且不能运行。

1. 合理设置选择条件

利用条件选择器可以接收多种数据类型，且每一分支又可以处理多个条件的特点，可以对条件结构的判断逻辑进行合理设置，从而大大简化代码的复杂度。

练习 4-14： 比较两个整数a和b，a>b时，弹出对话框显示“a>b”；a=b时，显示“a=b”；a<b时，显示“a<b”。

操作步骤：

（1）直接按照题中的功能要求的逻辑来编写程序。直接对 a>b、a=b 进行逻辑判断，如图 4–38 所示。程序中出现了包含有嵌套的条件结构，无法看到程序框图中的所有代码。因为程序框图每次执行只能显示条件结构的一个分支，其他分支的代码需切换到其对应分支后才能看到，所以嵌套条件结构的可读性较差。

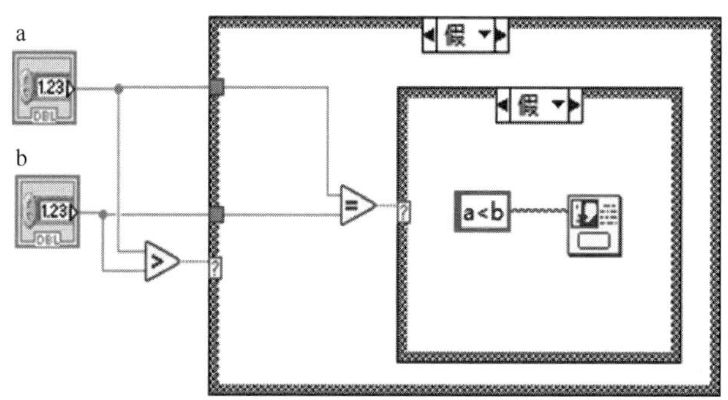

图 4–38　条件结构的嵌套

（2）为了避免条件结构中可能出现的嵌套，提高程序的可读性，可以对程序框图中的条件判断逻辑进行重新设计改动，通过利用输入数值 a 和 b 之间的差值，只需要使用一个条件结构就可以对两者的大小关系进行判断，得到三种不同的逻辑判断结果，如图 4–39 所示。

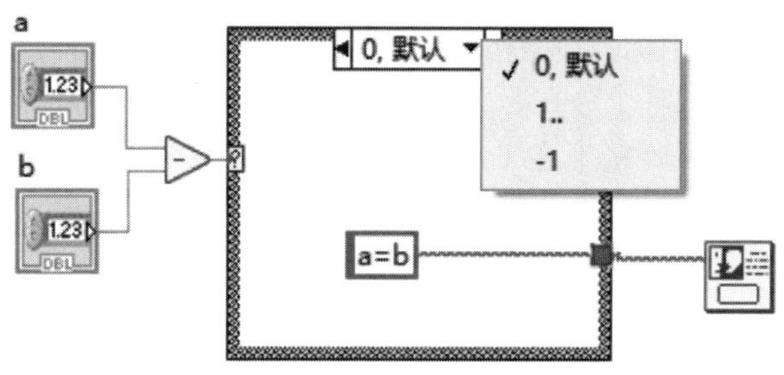

图 4–39　改进的条件结构

同时，在改进的程序框图中，通过将每个条件分支中共同使用的代码“单按钮对话框”提取到结构外，先判断逻辑，再将对话内容输出进行显示，而不是直接显示每次的结果，大大改善了程序的可读性和效率。

2. 输入和输出隧道

在一个条件结构的边框上可以创建多个输入和输出隧道。所有的输入都可供条件分支选用，但条件分支不一定要使用所有输入。但是，必须为每个条件分支定义各自的输出隧道。

例如，程序框图上的条件结构有一个输出隧道，如果至少有一个分支的输出隧道未连接任何输出值，此时，LabVIEW 就不知道该输出何值，LabVIEW 会将隧道的中心显示为白色，表示发生了上述错误。未连接任何输出值的条件分支可能不是当前在程序框图中可见的条件分支。

纠正错误时，需找到未连接输出值的条件分支，然后在该条件分支下给隧道连接一个输出值。也可以右击输出隧道，从弹出的快捷菜单中选择“未连线时使用默认”，这样所有未连线的隧道都将使用隧道数据类型的默认值。例如，如果隧道是布尔数据类型，默认值为假。各数

据类型的默认值如表4-1所示。当所有条件分支的输出都正确连接好后，输出隧道将显示为实心颜色。

表 4-1 各数据类型的默认值

数据类型	默认值
数值	0
布尔	FALSE
字符串	空（""）

使用“未连线时使用默认”选项会影响程序框图代码风格，还会使代码难以理解，增加调试代码的复杂度。

条件结构的隧道用法与顺序结构不同，数据流入条件结构隧道的输入端在结构外侧，可以与其他节点的输出端相连接，其输出端在条件结构内，条件结构每个分支都可以使用隧道输入端的数据。而数据流出条件结构的隧道则相反，它的输出端在结构外侧，输入端在结构内侧，虽然条件结构每次只执行其中某一分支的代码，但每个分支都必须为输出隧道的输入端供一个数据，这样编程是比较烦琐的，实际编程中，多数情况下只有在某个分支中才产生一个有意义的数据供结构外代码使用，其他分支只提供一个默认值就可以了。解决这一问题的方案之一是把输出隧道设置为“连线时使用默认值”。这样，如果某一分支不传递任何数据给这个输出隧道的输入端，输出隧道就使用默认数据类型。

在很多场合，条件结构的输出隧道是与某一输入隧道相对应的，如果程序没有特殊说明，流出结构的数据应当与流入结构的数据相同。自LabVIEW 8.6起增加了新功能，可以把这种有对应关系的输入/输出隧道的各个分支一次性连接起来，如图4-40所示，右击输出隧道，选择“链接输入隧道”→“创建并连接未连线分支”，再单击输入隧道，即可在每个分支中把输入/输出隧道连接起来。

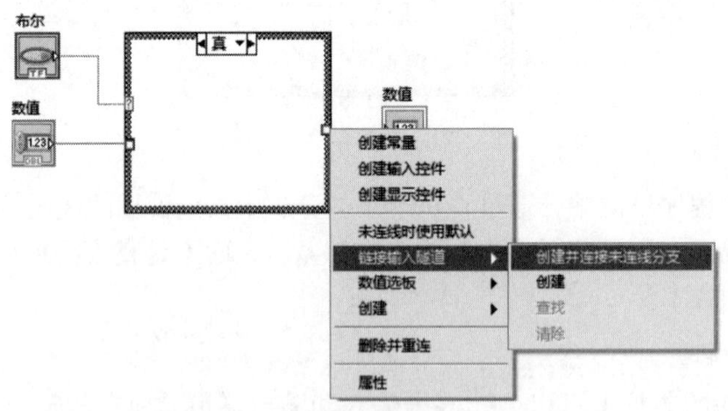

图 4-40 创建并连接未连线的分支

练习4-15：利用条件结构完成从等级到成绩的转化。

当等级为“优秀”时，显示成绩“大于等于90”；当等级为“良”时，显示成绩“介于80-90”；当等级为“中等”时，显示成绩为“介于70-80”；当等级为“及格”时，显示成绩为“介于60-70”；“不及格”对应“低于60”。

利用条件结果完成从等级到成绩的转化

前面板和程序框图如图4-41所示，该程序VI中具有数值输入控件和数值显示控件，并修改控件标签进行说明。

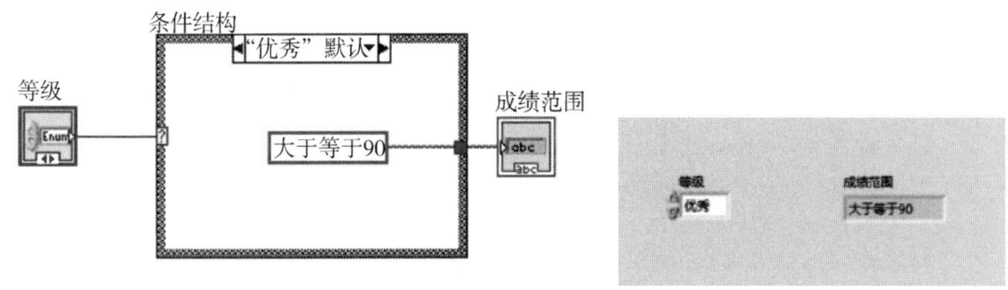

图 4-41　判断成绩等级

操作步骤：

（1）在前面板上放置枚举输入控件和字符串显示控件。将两个控件分别命名为“等级”和“成绩范围”。然后右击枚举控件，选择“编辑项”，或者“属性”中的“编辑”选项卡，0～4插入项分别为“优秀”“良好”“中等”“及格”“不及格”。

（2）创建条件结构并设计。在程序框图中选择“函数”→“编程”→“结构”→“条件结构”，将“等级”控件的输出端连接至分支选择器，在选择器标签上单击，在弹出的快捷菜单中选择“为每个值添加分支”，将自动把前面板“等级”控件中的每一个值更新添加至选择器标签。然后在每个条件分支下的代码框中选择“函数”→“编程”→“字符串”→“字符串常量”，分别对应添加“大于等于90”“介于80-90”“介于70-80”“介于60-70”“低于60分”。通过不同的字符串常量，表明各个不同等级对应的分数区间。

（3）将字符串常量连接至条件结构外侧的“字符串显示”控件，进行结果显示。

（4）在前面板上的等级枚举下拉列表中，任意单击不同的等级，单击运行，验证输出结果是否正确。

练习4–16：利用条件结构实现温度监测和报警，每100 ms采样一次，当温度超过60 ℃时进行声光报警，如图4–42所示。

利用条件结构实现温度监测和报警，每100 ms采样一次，当温度超过60 ℃时进行声光报警

（1）创建模拟温度输入控件、温度计显示控件、指示灯和停止按钮。将“旋钮”命名为“模拟温度”，将模拟温度的范围设定为0~100。“温度计”控件用来实时显示模拟温度的数值。选择“方形指示灯”和“停止按钮”，将其命名为“指示灯”及“停止”。

（2）创建While循环结构和条件结构。在程序框图中选择“函数”→“编程”→“结构”→“While循环”，将其拖动至空白处，然后继续选择“函数”→“编程”→“结构”→“条件结构”，将条件结构嵌套进While循环框架之中。

（3）设计条件分支。在程序框图中选择“函数”→“编程”→“比较”→“≤”，将其左侧输入端的一端与“模拟温度”输入控件的输出端相连，另一端上通过右击选择创建常量，并将其值设置为60，从而对模拟温度的输入数值进行逻辑判断。在“函数”→“编程”→“布尔”中选择“真常量”，将其放在条件结构的“真”分支中，并通过条件结构的隧道，与“指示灯”控件的输入端相连。同样，选择“假常量”，将其放置在条件结构的“假”分支中，并通过条件结构的隧道，与“指示灯”控件的输入端相连，同时在程序框图中选择“函数”→“编程”→“图形与声音”→“蜂鸣声”，将其放置在该“假”分支中。

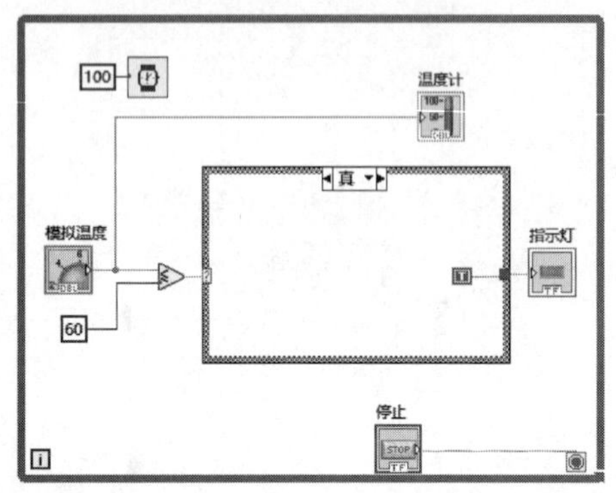

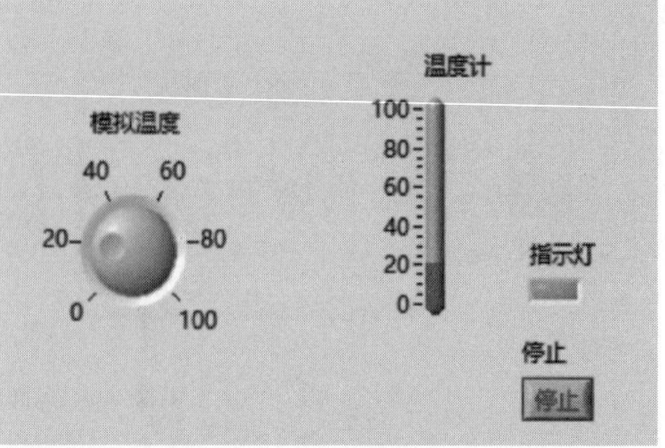

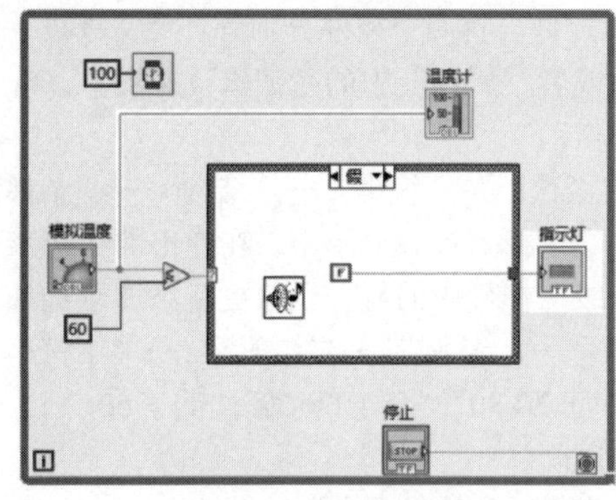

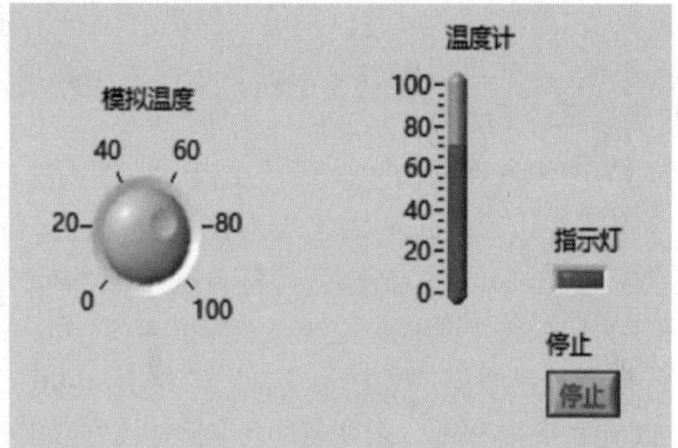

图 4–42　温度监测与报警

（4）设置循环时间。在程序框图中选择“函数”→“编程”→“定时”→“等待（ms）”，通过右击，在弹出的快捷菜单中选择“创建常量”，表示每100 ms执行一次While循环框架中的内容。“停止”按钮与While循环中的条件判断端连接在一起，避免使用While循环陷入死循环。

（5）通过在前面板中调节旋钮来修改输入的模拟温度值，观察该VI程序的运行结果，并注意当温度大于60 ℃是否能够正常提供声光报警。

3. 使用条件结构处理错误

图4–43所示为一个条件结构，其中错误簇决定条件分支。

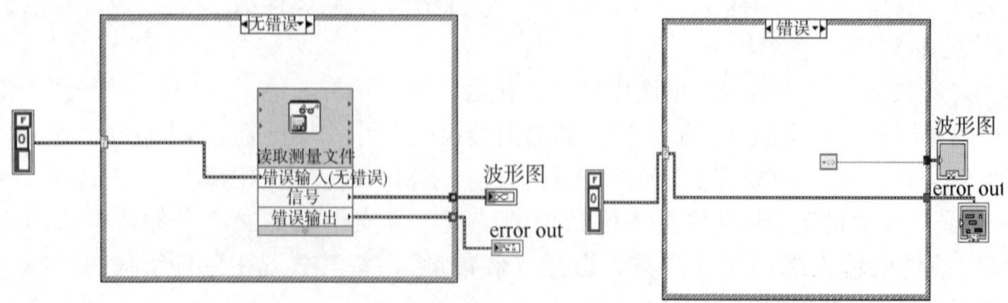

图 4–43　错误簇决定条件分支

将错误簇连接到条件结构的条件选择端口时，分支选择器标签将显示两个条件分支——错误和无错误，并且条件结构的边框会改变颜色——错误为红色，无错误为绿色。如有错误发生，条件结构将执行错误子程序框图。

当错误簇连线到选择接线端时，条件结构只识别该簇的状态布尔值，如图4–43所示。

大多数用LabVIEW编写的VI都是实现顺序任务。而实现这些顺序任务的编程方式有多种选择。如在图4–44所示的程序框图中，希望执行的顺序是先采集一个电压信号，然后弹出一个对话框提示用户打开电源开关，接着再次采集一个电压信号，最后弹出一个对话框提示用户关闭电源开关。然而在这个例子中，程序框图中没有强行指定各个事件的执行顺序。因此，这些事件中的任何一个事件都可以先发生。

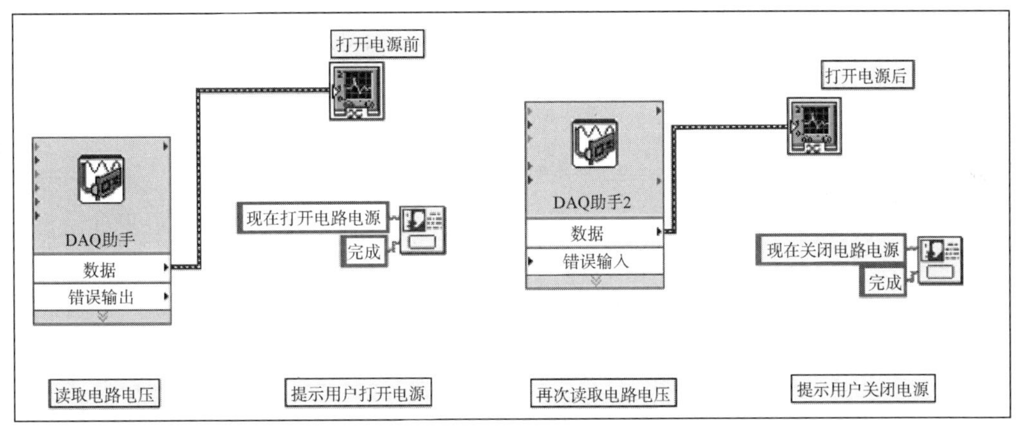

图 4–44 无执行顺序示例

在LabVIEW中，可以将每一个任务单独放在一个子VI中，然后用错误簇将这些子VI按顺序连接在一起。本例中有两个任务有错误簇。通过使用错误簇可以强行指定两个DAQ助手（DAQ Assistants）的执行顺序，但是却无法指定单按钮对话框（One Button Dialog）函数的执行顺序，如图4–45所示。

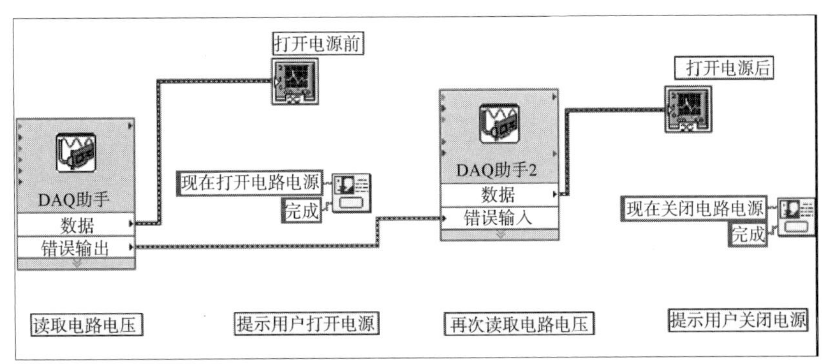

图 4–45 利用错误簇强行指定执行顺序

在这种情况下，可以使用顺序结构强行指定程序框图对象的操作顺序。顺序结构是由多个帧构成的结构，它按顺序执行每一帧，在第一帧没有完全执行完之前不能执行第二帧。图4–46所示为使用顺序结构来强行指定执行顺序的VI范例。

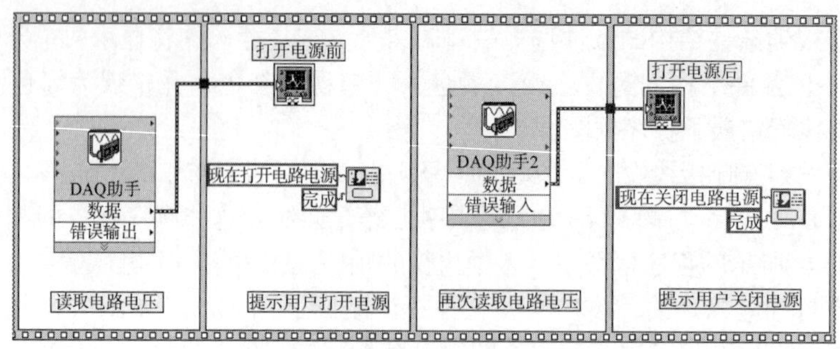

图 4-46　使用顺序结构来强行指定执行顺序

在进行程序框图的设计时应当充分利用LabVIEW固有的并行机制，避免使用太多顺序结构。顺序结构虽然可以保证执行顺序但同时也阻止了并行操作。使用顺序结构的另一个缺点是顺序执行的中途不能停止执行。图4-47所示为该例使用顺序结构的一种较好的实现方法。

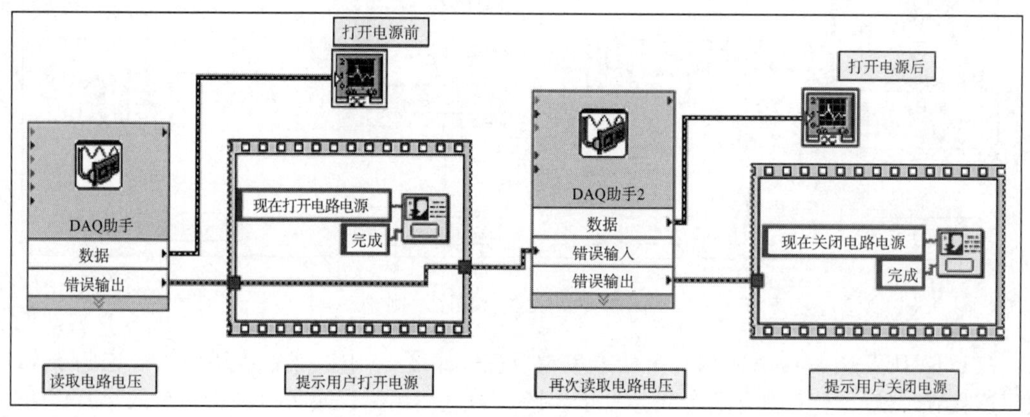

图 4-47　使用顺序结构强行指定执行顺序的较好实现方法

编写该VI的最佳实现方法是在条件结构中放置单按钮对话框函数，并将错误簇连接到条件选择器上，如图4-48所示。

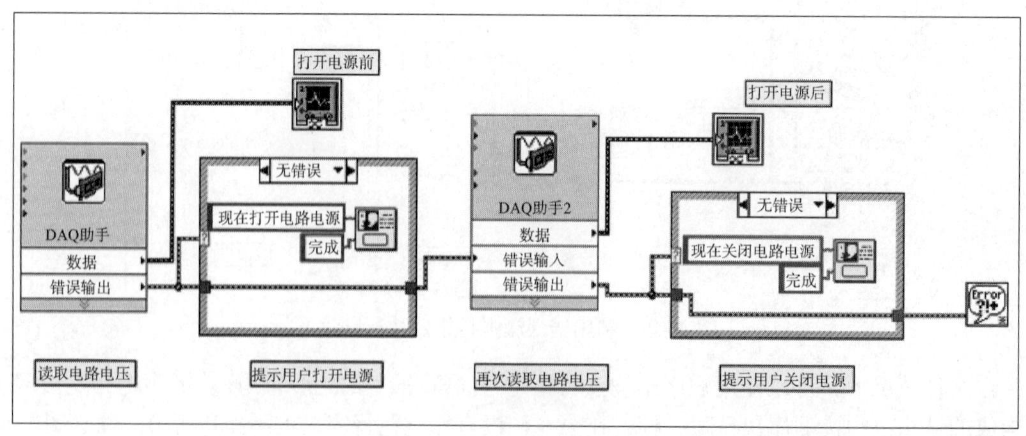

图 4-48　以上 VI 的最佳实现方法

4.4.2 顺序结构

顺序结构最少包含一帧图框，在文本编程语言中它是不存在的，因为文本语言程序本身就是按照其在程序中的先后顺序进行执行的，循环和条件结构不过是更改了顺序执行的次序。LabVIEW 中的顺序结构的数据流可以从前面的帧向后面的帧流动，反之则不可以。与程序框图其他部分一样，在顺序结构的每一帧中，数据的依赖性决定了节点的执行顺序。也就是说，LabVIEW 中的一个节点是否运行，是通过判断该节点所对应的所有输入数据是否全部有效来决定的。如果需要按顺序依次执行多个节点，则根据 LabVIEW 是多线程并行的数据流驱动的特点，可以使用顺序结构强行控制节点的执行顺序。若是有两个并行放置，且之间没有任何连线的模块，则 LabVIEW 自动把它们放在不同的线程中并行地同时执行。

使用顺序结构应谨慎，因为部分代码会隐藏在结构中，所以应以数据流而不是顺序结构为控制执行顺序的前提，使用顺序结构时，任何一个顺序局部变量都将打破从左到右的数据流规范。顺序结构分为平铺式顺序结构和层叠式顺序结构，两者的功能结构完全相同，可以进行相互转化。

1. 平铺式顺序结构

平铺式顺序结构包括一个或多个平铺的顺序执行的子程序框图或帧，可确保子程序框图按一定顺序执行创建。其创建方法是在程序框图中选择“函数”→“编程”→“结构”→“平铺式顺序结构”，然后在程序框图窗口上放置，可使用鼠标拖动平铺式顺序结构框。右击外框边缘，在弹出的快捷菜单中选择“在后面添加帧”“替换为层叠式顺序”“替换为定时顺序”等选项对平铺式顺序结构进行相应的操作，如图 4-49 所示。

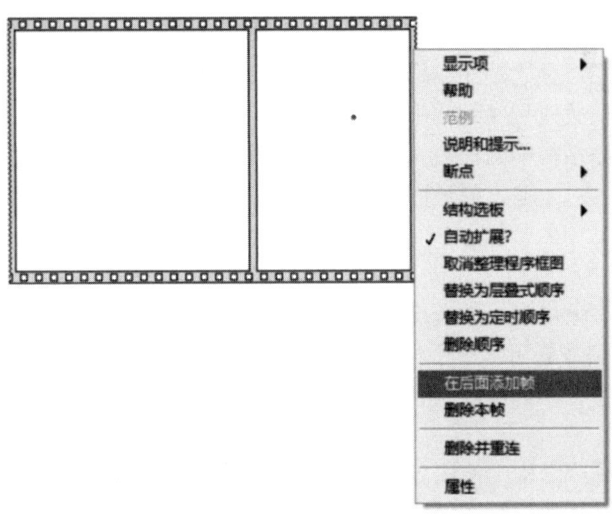

图 4-49 在顺序结构中添加帧

平铺式顺序结构在程序框图上显示每个帧，故无须使用顺序局部变量即可完成与帧之间的连线，同时也不会隐藏代码。如果所有连线到帧的数据都可用，平铺式顺序结构的帧按照从左至右的顺序执行，每帧执行完毕后会将数据传递至下一帧，即一个帧的输入可能取决于另一个帧的输出。所有帧执行完毕后，各个帧才返回连线的数据。

由于平铺式顺序结构把帧按照顺序执行从左到右依次铺开，占用的空间比较大，不过在少数情况下，将各个帧平铺开来比较直观，方便用户阅读程序代码。需要注意的是，与循环结构

不同，不能在平铺式顺序结构的各个帧之间拖动隧道，应当确立数据依赖或使用流经参数可控VI的数据流，避免过度使用平铺式顺序结构。

2. 层叠式顺序结构

层叠式顺序结构包括一个或多个重叠的顺序执行的子程序框图或帧，可确保子程序框图按顺序执行。图4–50所示层叠式顺序结构含有0、1两帧，并且标号0是当前帧，单击选择器标签中的递减和递增箭头，可滚动浏览已有的分支，在层叠式顺序结构中添加、删除或重新安排时，LabVIEW会自动调整帧标签中的数字，用户也可以通过快捷菜单选择“添加顺序局部变量”创建顺序局部变量。

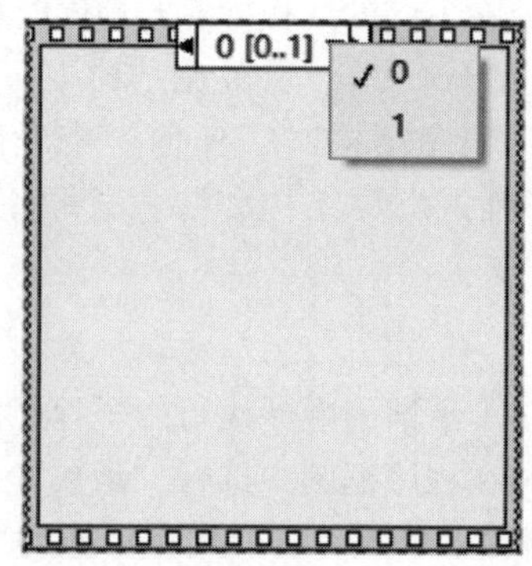

图4–50　层叠式顺序结构中的帧

层叠式顺序结构在程序框图的顶部中间位置将多个子框图帧进行层叠，每个帧按照序号进行排列。在执行VI程序框中的层叠式顺序结构时，将会按照序号由小到大的顺序，依次运行子程序框图中的代码。与层叠式顺序结构不同的是，条件结构中每个条件分支都可以为输出提供一个数据源，然而在层叠式顺序结构中，输出隧道中的数据只能来自同一个数据源，而该数据源可以来自层叠式顺序结构中的任何一帧，当且仅当所有帧都执行完毕之后，数据才被送入输出隧道进行结果输出。对于输入隧道而言，层叠式顺序结构中的每一帧都可以使用其中保存的数据。

层叠式顺序结构中的各帧之间进行数据传递需要使用顺序局部变量。在层叠式顺序结构中，当数据流输入或者输出时，数据接收节点或数据源不容易快速找到。只有等到顺序结构切换到第二帧，才能找到数据源。对于只有两帧的顺序结构来说，翻看一遍所有的帧并不困难，但是如果程序比较复杂，例如顺序结构中包含8帧，那么想要清楚整个程序框图所实现的功能就变得困难起来。

另外，在层叠式顺序结构中使用局部变量，会大大降低程序代码的可读性。首先，顺序局部变量与隧道一样，只能通过翻看结构中的每一帧来找到数据源和接收数据的节点。其次，由于一个顺序局部变量在每一帧中的位置都是固定的，必然导致某些数据线上数据流动的方向与习惯不符。

一般来说，程序从左到右执行比较符合大多数人的自然习惯。编写LabVIEW程序时，应该让所有数据的流动方向是从左到右，也正是遵循了这一原则，几乎所有的LabVIEW的函数和子VI都把输入参数放在左侧，输出参数放在右侧。但是，数据在流入/流出顺序局部变量时，总有一段连线要背离这个原则。

例如，图4–51中，第一帧顺序局部变量在左侧，数据从时间计数函数流出后向左流动至局部变量，如果把顺序局部变量放在右侧，写入时，在第三帧中数据流动是从左向右，第三帧读出时数据流动又从右向左了。

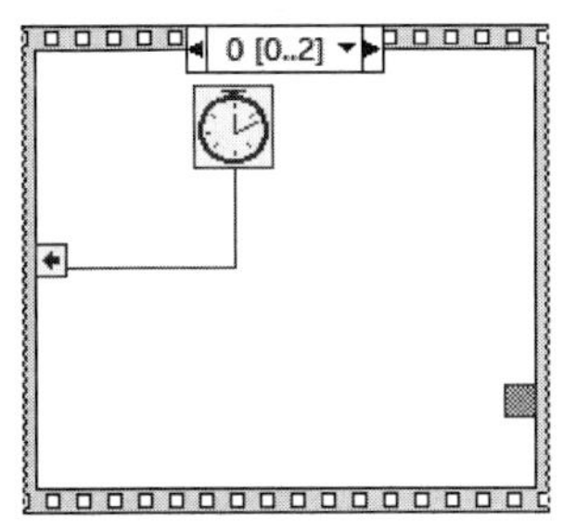

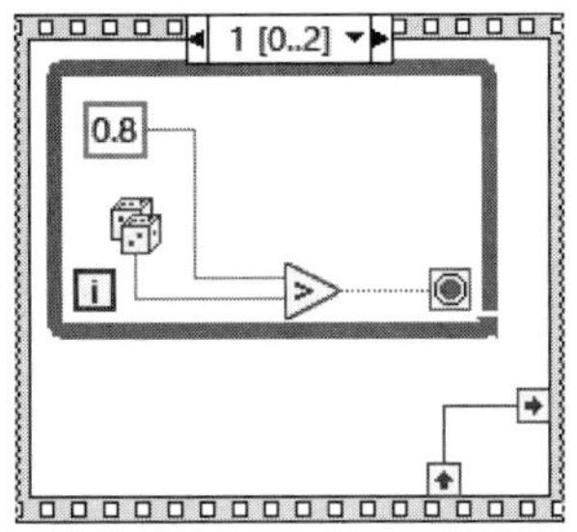

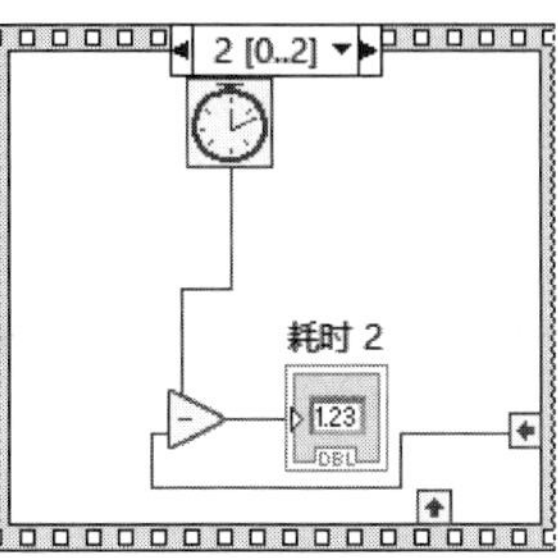

图 4–51　顺序结构中的数据流动

使用层叠式顺序结构可以节省程序框图空间，方便地调整每一帧的先后顺序，仅在最后一帧执行结束后返回数据。而使用平铺式顺序结构可以避免使用顺序局部变量，并且更好地为程序框图编写说明信息。如果将平铺式顺序结构转变为层叠式顺序结构，然后再转变回平铺式顺序结构，LabVIEW 会将所有输入接线端移到顺序结构的第一帧中，最终得到的平铺式顺序结构所进行的操作与层叠式顺序结构相同。使用错误簇有助于对数据流进行控制，如流经参数不可用且必须在 VI 中使用一个顺序结构时，可考虑使用平铺式顺序结构。

利用随机数发生器产生0～1范围内数字，并计算平均值达到0.5～0.500 1所需要的时间

练习 4–17： 利用随机数发生器产生 0～1 范围内的数字，使用平铺式顺序结构，计算平均值达到 0.5～0.500 1 时所需要的时间。

分析：通过顺序结构以及移位寄存器，进行累加数求和计算，并记录循环次数和循环时间。该程序 VI 前面板用到三个字符串显示控件。借助时间计数器记录消耗时间，借助移位寄存器存储上一次运算得到的结果。

程序结构如图 4–52 所示，计算结果通过数值显示控件进行输出。

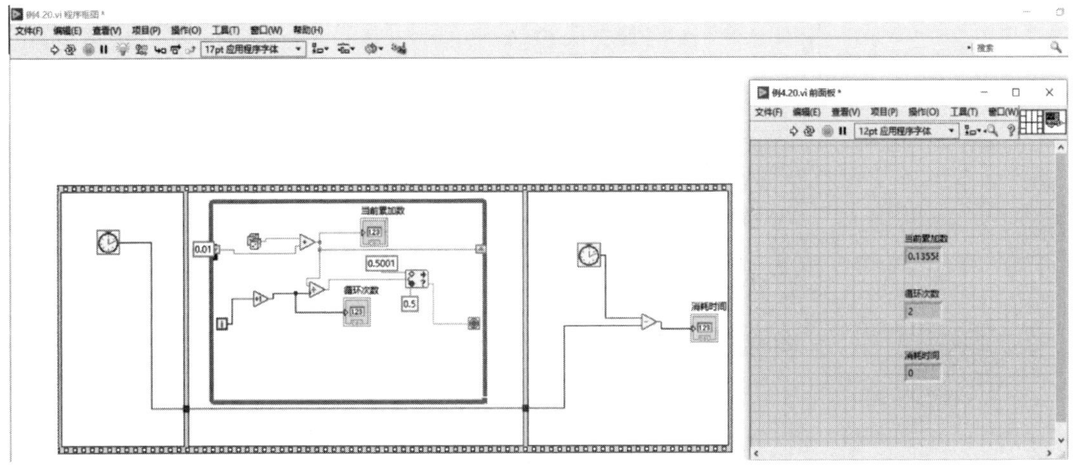

图 4–52　计算累加数

操作步骤：

（1）创建程序输出。在前面板上添加三个数值显示控件，作为该程序 VI 的输出。并修改文

本标签分别为“当前累加数”“循环次数”“消耗时间”。

（2）创建平铺顺序结构。在程序框图中选择“函数”→“编程”→“结构”→“平铺式顺序结构”，拖动放置平铺式顺序结构并调整其大小。在所添加的平铺式顺序结构中，右击其框架，在弹出的快捷菜单中选择“在后面添加帧”，在第一帧之后再添加两帧。

（3）添加随机数，计算平均值。在平铺式顺序结构第二帧，选择“函数”→“编程”→“结构”→“While循环”，并在循环结构内添加“随机数”“加1”“+”“÷”运算。然后右击循环框架右侧，在弹出的快捷菜单中选择“添加移位寄存器”。接着在程序框图中选择“函数”→“编程”→“比较”→“判定范围并强制转换”，分别为上限和下限创建常量，将上限设置为0.500 1，将下限设置为0.5。

（4）计算时间差。在程序框图中选择“函数”→“编程”→“定时”→“事件计数器”，将其分别添加在顺序结构的第一帧和第三帧中，从第一帧开始运行时进行时间计数，通过与第三帧的时间计数器进行减运算获得过程时间值。

（5）将平铺式顺序结构第一帧的时间计数器通过隧道连接至第三帧中的减运算输入端，将第三帧中的时间计数器连接至减运算的输入端，将减运算的输出端连接至“消耗时间”数值显示控件。

4.4.3 事件结构

事件结构类似于条件结构，是一种多选择结构，并且它是对活动的异步通知。事件结构是根据发生的事件来决定执行哪个分支中的子VI，能够同时响应多个事件；而条件结构只能一次接收并响应一个选择。事件结构就像具有内置等待通知函数的条件结构，可包含多个分支，一个分支即一个独立的事件处理程序。一个分支配置可处理一个或多个事件，但每次只能发生这些事件中的一个事件。事件结构执行时，将等待一个之前指定事件的发生，待该事件发生后即执行事件相应的条件分支，一个事件处理完毕后，事件结构的执行亦宣告完成。事件结构并不通过循环来处理多个事件，与等待通知函数相同，事件结构也会在等待事件通知的过程中超时。

事件结构由超时接线端、事件结构节点和事件选择标签组成，如图4-53所示。

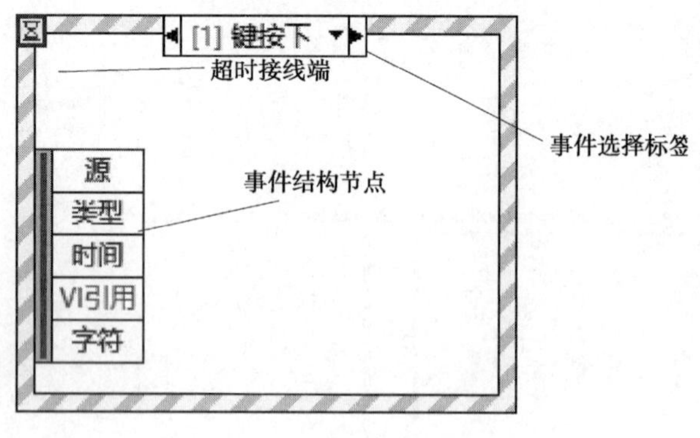

图 4-53　事件结构

（1）超时接线端：用于设置事件结构在等待指定事件发生时的超时时间，以毫秒为单位，默认值为-1，此时事件结构处于永远等待状态，直到指定的事件发生为止。当值为一个大于0的整数时，事件结构会等待相应的时间，当事件在指定的时间内发生时，事件结构接收并响应该事件；若超过指定的时间，事件没发生，则事件会停止执行，并返回一个超时事件。通常情况下，应当为事件结构指定一个超时时间，否则事件结构将一直处于等待状态。

（2）事件结构节点：由若干事件数据端子组成，增减数据端子可通过拖动事件结构节点来进行，也可以在事件结构节点上右击，选择“添加删除元素”来进行。事件选择标签用于标识。当前显示的子框图所处理的事件源，其增减与层叠式顺序结构和选择结构中的增减类似。

（3）事件选择标签：在有事件发生的时候，可以显示当前分支所对应的事件的相关信息，例如事件类型、发生时间、发生在哪个控件上等，且不需要数据线来传递事件。

事件结构也支持隧道，但在默认状态下，无须为每个分支中的事件结构输出隧道连线，所有未连线的隧道的数据类型将使用默认值。右击隧道，从弹出的快捷菜单中取消选择“未连线时使用默认”，可恢复至默认的条件结构行为，即所有条件结构的隧道必须要连线。

对于事件结构的各种操作，如编辑、添加、复制等，可以使用“编辑事件”窗口，如图 4-54 所示。在事件结构的边框上右击即可建立“编辑事件”窗口，从中选择编辑本分支所处理的事件。每个事件分支都可以配置为多个事件，当图示事件中有一个发生时，对应的事件分支代码都会得到执行，事件说明符的每一行都是一个配置好的事件，每行分为左、右两部分，左侧列出事件源，右侧列出该事件源产生事件的名称。

图 4-54 “编辑事件”窗口

在 LabVIEW 中使用用户界面事件时，可使前面板的用户与程序框图执行保持同步。事件允许用户每当执行某个特定操作时执行特定的事件处理分支。如果没有事件，程序框图必须在一个循环中查询前面板对象的状态，以检查是否发生了变化。轮询前面板对象需要较多的 CPU 时间，且如果执行太快则可能检测不到变化，而通过事件响应特定的用户操作，则不必轮询前面板即可确定用户执行了何种操作。LabVIEW 将在指定的交互发生时主动通知程序框图，事件结

构不仅可减少程序对CPU的需求、简化程序框图代码，还可以保证程序框图对用户的所有交互行为都能作出响应。使用编程生成的事件，可在程序中不存在数据流依赖关系的不同部分间进行通信。通过编程产生的事件具有许多与用户界面事件相同的优点，并且可共享相同的事件处理代码，从而便于实现高级结构，如使用事件的队列式状态机。

事件结构能够响应的事件有两种类型：通知事件和过滤事件。在“编辑事件”窗口的事件列表中，通知事件左侧为绿色箭头，过滤事件左侧为红色箭头。

通知事件用于通知程序代码某个用户界面事件发生了；过滤事件用来控制用户界面的操作。通知事件表明某个用户操作已经发生，如用户改变了控件的值。通知事件用于在事件发生且 LabVIEW 已对事件处理后对事件作出响应。可配置一个或多个事件结构，对一个对象上同一通知事件作出响应。事件发生时，LabVIEW 会将该事件的副本发送到每个并行处理该事件的事件结构中。过滤事件将通知用户 LabVIEW 在处理事件之前已由用户执行了某个操作，以便用户就程序如何与用户界面的交互作出响应进行自定义。使用过滤事件参与事件处理可能会覆盖事件的默认行为，在过滤事件的事件结构分支中，可在 LabVIEW 结束处理该事件之前验证或改变事件数据，或完全放弃该事件以防止数据的改变影响。

利用事件结构实现密码登录程序

练习4-18：利用事件结构实现密码登录程序。

分析：通过将While循环、条件结构以及事件结构相结合，达到检测输入密码是否正确的目的。通过单按钮对话框，将判断结果进行输出。在该VI程序中，字符串控件中的密码作为输入，显示结果“密码正确登录成功”和“密码错误重新输入”作为输出，如图4-55所示。

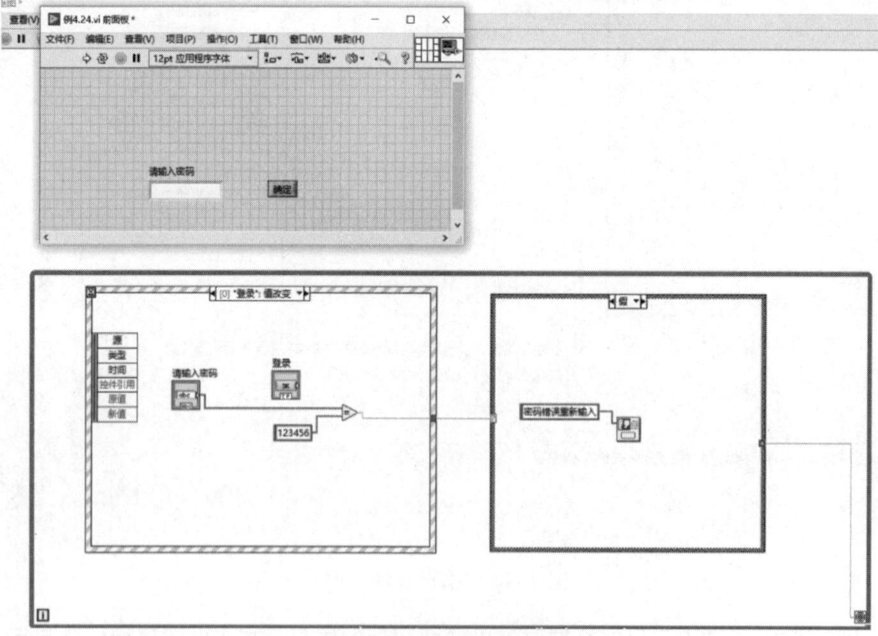

图 4-55　密码登录界面

操作步骤：

（1）创建输入控件及判断。在前面板中添加一个字符串控件和一个布尔按钮，用于输入密码，并执行判断。

（2）在程序框图中选择“函数”→“编程”→“结构”下的“While循环”“事件结构”“条件结构”各一个，并将后两者并行嵌套进While循环。

（3）在事件结构中添加新的事件分支。在选择器标签右击，选择“编辑本事件分支”→“事件源”，选择“登录”事件选择“值改变”。

（4）在“‘登录’：值改变”事件分支中，放置等于函数运算，将前面板字符串控件放置在事件结构中，创建字符串常量，将常量设置为123456，作为正确密码。

（5）设置条件结构：在条件结构的真分支和假分支中，分别放置一个单按钮对话框。在条件结构的真假分支中，分别创建一个字符串常量。然后将真分支中的常量赋值为“密码正确登录成功”，在假条件分支中，将常量赋值为“密码错误重新输入”。

（6）进行接线。在事件结构中，将字符串控件和常量123456连接至等于函数的输入端，将等于函数的输出端通过隧道连接至条件结构的分支选择器。将条件结构中，真分支中的字符串常量“密码正确登录成功”连接至单按钮对话框的“消息”端，将单按钮对话框的输出通过隧道连接至循环条件。将条件结构假分支中的字符串常量“密码错误重新输入”连接至单按钮对话框的“消息”端。

（7）在前面板单击运行，测试程序。输入不同的密码，检测程序是否正常运行。

练习4-19：利用While循环和事件结构实现预防应用程序误退出，当且仅当输入正确的退出密码abc，并按下“停止”按钮才能正常退出，停止正在执行的程序。

利用While循环和事件结构实现预防应用程序误退出

操作步骤：

（1）在前面板上放置一个字符串控件和一个停止布尔控件，如图4-56（d）所示。

（2）创建While循环结构和事件结构。在程序框图的“函数”→“编程”→“结构”中选择“While循环”“事件结构”，并将“事件结构”结构嵌套在“While循环”结构中，如图4-56所示。

（3）实现关闭窗口不起作用功能。在“事件结构”的“事件选择标签”上右击，在弹出的快捷菜单中选择“编辑本分支所处理的事件”，在弹出的“编辑事件”对话框中分别选择“事件源”→“本VI”，以及“事件”→“前面板关闭？”过滤事件。

在该事件分支结构中，在“前面板关闭？”右侧的“放弃”输入端右击，在弹出的快捷菜单中选择“创建常量”，默认情况下，该常量的布尔值为“假”，单击将自动转变为“真”，如图4-56（a）所示，则放弃该事件，不执行任何对应的响应操作。

（4）实现退出菜单不起作用功能。在“事件选择标签”上继续右击，在弹出的快捷菜单中选择“添加事件分支”，选择“事件源”→“应用程序”，以及“事件”→“应用程序实例关闭？”过滤事件。

在该事件分支结构中，在“应用程序实例关闭？”右侧的“放弃”输入端右击，在弹出的快捷菜单中选择“创建常量”，默认情况下，该常量的布尔值为“假”，单击将自动转变为“真”，如图4-56（b）所示，则放弃该事件，将不执行任何对应的响应操作。

（5）实现正常输入密码并单击停止进行退出功能。在“事件选择标签”上继续右击，在弹出的快捷菜单中选择“添加事件分支”，选择“事件源”→“控件”→“停止”→“值改变”，

单击“确定”按钮，在该分支中，将字符串和停止按钮拖动进来。在该停止事件分支中执行逻辑运算，判断前面板中输入的字符串是否为abc。添加一个等于函数，为该函数创建一个字符串常量，将其设置为abc，并将字符串控件连接到该函数的另一个输入端，将比较函数的输出端通过隧道与While循环结构的条件接线端相连，如图4–56（c）所示。当输出结果为TRUE时，循环就会终止，程序停止。

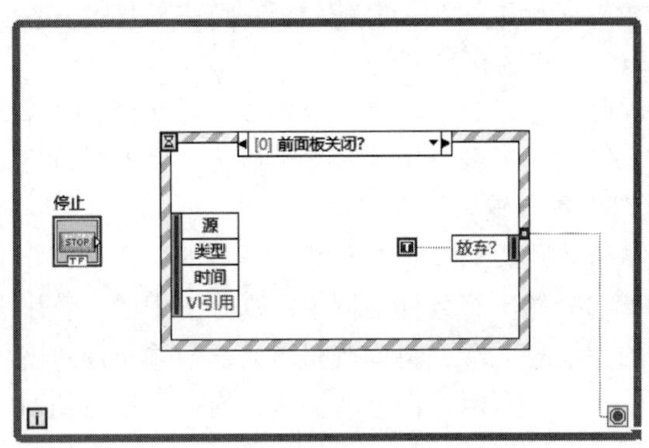

(a) 前面板关闭？事件分支

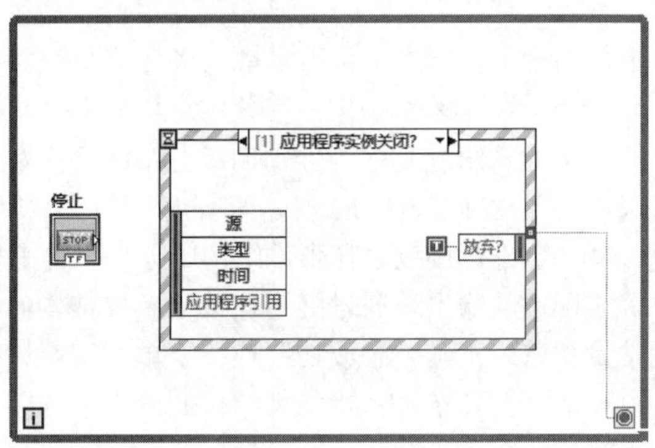

(b) 应用程序实例关闭？事件分支

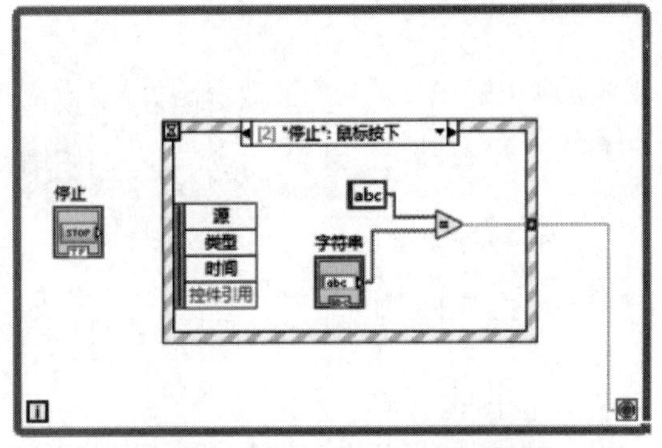

(c) 密码输入、按下“停止”按钮事件分支

(d) VI的前面板

图 4–56　创建新的事件分支并编辑

（6）在前面板运行该程序，分别执行关闭窗口、退出菜单，检验是否不能退出，最后输入密码并单击“停止”按钮，确认此时程序才能退出。

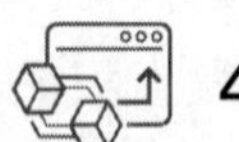

4.5　定时结构

计算机系统自身的时间精度决定了程序时间控制的精确度。Windows操作系统在没有硬件定时器的情况下，根据计算机的系统时间能够达到的最高时间精度是1 ms。一般计算机1个月的系统时间误差在1 min以内。LabVIEW程序中常常会遇到需要定时执行某一段代码的情况。不同的程序对定时的精度要求不同，可以采用定时函数和定时结构来完成定时功能。

定时结构位于程序结构图的“函数”→“编程”→“结构”下，如图4–57所示，共包含8种不同的结构：定时循环、定时顺序、创建定时源、发射软件触发定时源、清除定时源、同步定时结构开始、定时结构停止和创建定时源层次结构。其中，自LabVIEW 7.x开始，定时结构选板中增加了新的定时结构：定时循环和定时顺序，它们本身是应用于实时系统（RT）和

FPGA 应用的，但定时循环也可以在 Windows 状态下使用。

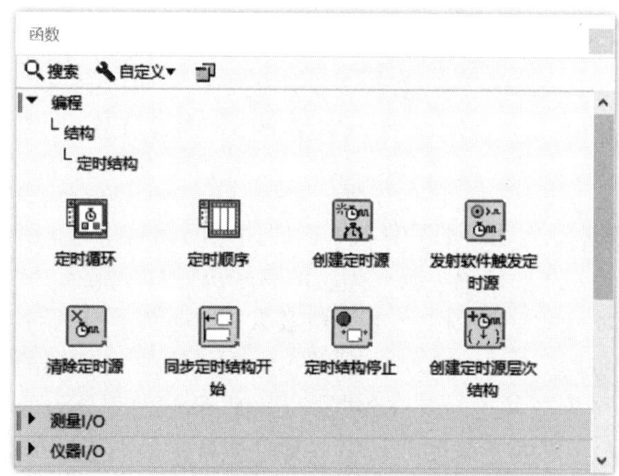

图 4–57　定时结构

4.5.1　定时函数

通过利用系统时间值可以进行较高精度的时间差计算，但无法精确控制循环间隔，LabVIEW 中提供了两种函数实现这一目的。在对时间控制精度要求不高的程序中可以使用定时函数。

如图 4–58 所示，在程序框图“编程”→“定时”选板下，可以找到“等待 (ms)”和“等待下一个整数倍毫秒”，后者的相对精度更高一些。

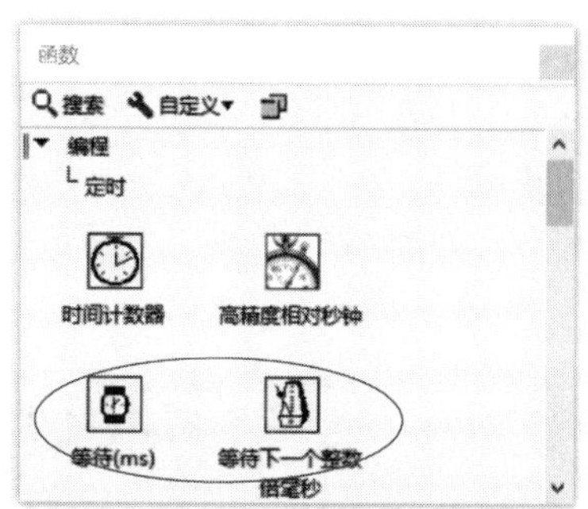

图 4–58　定时函数

1. “等待 (ms)”函数

在循环结构内部放置一个“等待 (ms)”函数，可以使 VI 在一段指定的时间内处于睡眠状态。在这段等待时间期间，处理器可以处理其他任务。“等待 (ms)”函数使用的是计算机操作系统的毫秒时钟，它将保持等待状态一直到毫秒计数器的值等于预设值，它能够保证循环的执行速率至少是预设值。

2. “等待下一个整数倍毫秒”函数

“等待下一个整数倍毫秒”函数将监控毫秒计数器，它将保持等待状态一直到毫秒计数器达到预设值的整数倍，通常用于同步各操作。将该函数置于循环结构中可控制循环执行的速率。要使该函数有效，必须使代码执行时间小于该函数指定的时间。

无论系统时间还是定时函数，虽然都是以毫秒作为单位进行输入参数的设置，但在长时间连续运行中，无法始终保持1 ms精度，从而导致很大的误差。例如，多媒体定时器在Windows操作系统具有最高的精度，但是由于 Windows操作系统采用抢先式多任务的管理方式，用户不可能预测出系统何时会暂停当前程序以及何时交还控制权，所以会导致播放卡顿的现象，因此无法通过软件实现精确定时，这是由操作系统决定的，而不是 LabVIEW 软件的 问题。

4.5.2 定时循环

在对时间控制精度要求较高的程序中，可以使用定时结构。定时结构占用更多系统资源，常用于在限定时间和延长时间的情况下按照指定的顺序执行VI代码。

将“定时循环”拖动到程序框图中，并调整其大小，如图4-59所示。用户可以在其中设置精确的定时时间，同步协调多个含有时间限制的不同测量任务VI代码的执行，并定义不同优先级的循环，从而得到多个不同种类的采样数据。定时循环的使用分为两种：一种是在默认情况下创建类似于“While循环”的定时循环；另一种是包含平铺式顺序结构的定时循环，其中每一帧都可以单独设置。

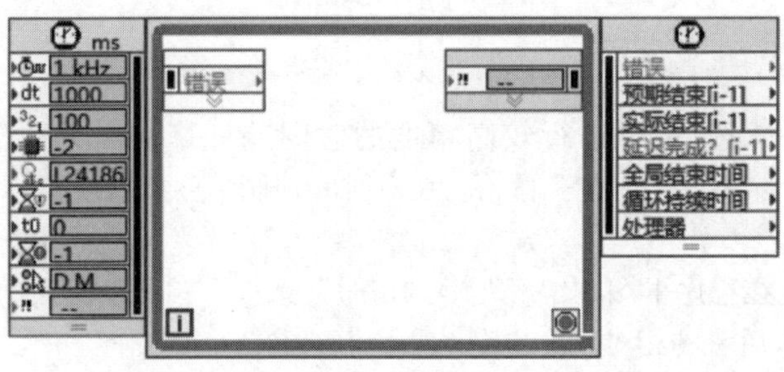

图 4-59　定时循环

与“While循环”不同之处在于，“定时循环”不必一定与“停止”接线端连接，在这种情况下，定时循环将保持持续运行的状态。

左侧输入接线端共有10个端口，如图4-60所示，包括定时的源名称、周期、优先级、处理器、结构名称、期限、偏移量、超时、模式和错误。

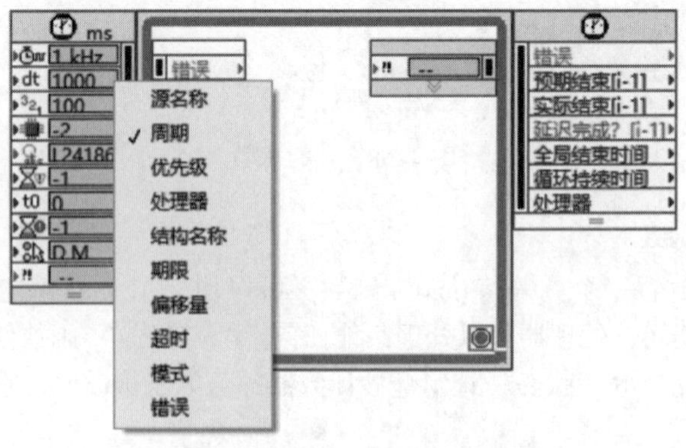

图 4-60　定时循环左侧接线端端口

可以在定时循环左侧任意输入接线端双击，或者右击并选择快捷菜单中的“配置输入节点”，打开“配置定时循环”对话框如图4-61所示，可以在对话框中配置各种输入参数。还可以直接在各个输入接线端右击，依次单独创建并配置初始参数。

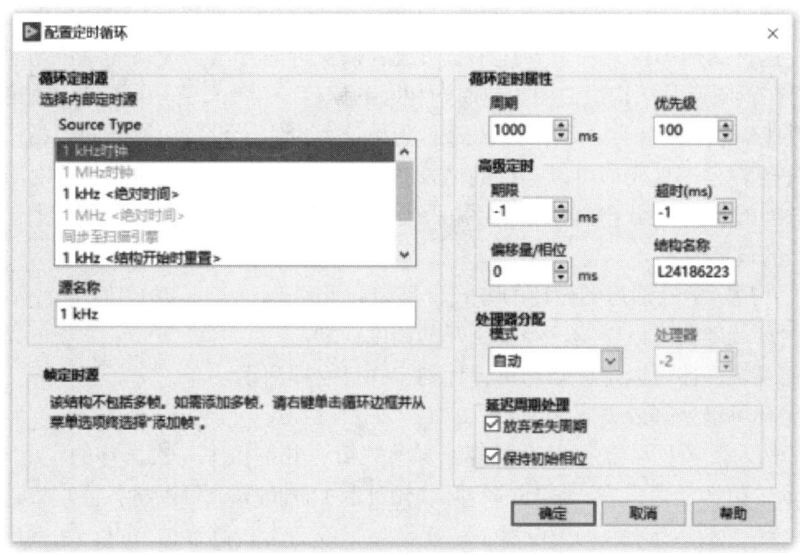

图 4–61 “配置定时循环”对话框

（1）选择内部定时源：用于指定定时循环的内部定时能够执行的最高频率。定时循环可以选择不同的定时时钟源，但是默认选择为选项中的第一个“1 kHz时钟”，所有可运行定时结构的LabVIEW中都支持该“1 kHz时钟”。当选择该时钟时，定时结构每毫秒执行一次循环，这是仅针对Windows操作系统的，其他的时钟源则需要对应的匹配硬件才能实现。例如，第二个选项“1 MHz时钟”，其表示利用处理器的1 MHz时钟使得定时结构每微秒执行一次，如果没有这种处理器就无法使用1 MHz时钟。“1 kHz<结构开始时重置>”和“1 MHz<结构开始时重置>”表示每次循环后重置。另外，外部定时源需要通过创建定时源VI来选中外部定时源，或者在DAQmx中的数据采集VI来创建定时结构的DAQmx定时源。

（2）源名称：定时循环的一个标志，一般被作为停止定时循环的输入参数，或者用来标识具有相同的启动时间的定时循环组。

（3）周期：用来设置相邻两次循环之间的时间间隔，类似于循环中使用的“等待(ms)”函数或者“等待下个整数倍毫秒”函数，其单位由定时时钟源决定，默认情况下选择“1 kHz时钟”时，则对应的循环周期单位为毫秒。

（4）优先级：指定定时结构相对于程序框图上其他对象开始执行的时间，可以使得同一个程序框图中有多个相互预占执行顺序的任务。由于程序框图中的每个定时结构都是单线程的，因此在这种情况下不会出现多个任务并行执行，而且定时循环的优先级介于实时和高优先级之间，所以在VI程序的数据流执行中，LabVIEW将首先检查所有可执行代码的优先级，然后从优先级为实时的开始执行；如果没有实时优先级，则直接执行定时结构。需要注意的是，如果程序框图中同时存在实时优先级和定时结构，将造成错误计时。定时结构的优先级数值越高，相对于程序框图中其他定时结构的优先级就越高。优先级的输入值为整数，数字越大，优先级越高，其范围为1~255，默认优先级是100。

（5）结构名称：可自由命名，其他有关定时结构的函数需要使用定时循环的名称作为参数。

（6）期限：用于设置定时循环允许的最长时间。当运行时间超过期限时，下一次循环在“延迟完成”端子输出True进行报警，但是不影响框图的运行，表明上一帧的运行时间超过设定的时间。

（7）偏移量/相位：用于指定相对于循环开始运行的时间。偏移是相对于定时结构开始时间的时间长度，这种结构等待第一个子程序框图或者帧执行的开始，偏移的单位与定时源的单位一致。还可以在不同定时结构中使用与定时源相同的偏移，用来对齐不同定时结构的相位。

（8）超时（ms）：类似于“期限”，以毫秒为单位，也用于设置运行时间，指子程序框图或者帧在开始执行VI程序代码前可以等待的最长时间，当运行时间超出设定的超时时间时，下一次循环会在“唤醒原因”端子输出进行报警。当“超时”或者“期限”参数值设定为–1时，将采用“周期”的设定值。

（9）模式：规定了处理迟到循环的方式，具体如下：

① 定时循环调度器可以继续已经定义好的调度计划。

② 定时循环调度器可以定义新的执行计划，并且立即启动。

③ 定时循环可以处理或丢弃循环。

定时循环的左侧数据节点可以返回各配置参数值，并提供上一次循环的定时和状态信息，如图4–62所示，包括延迟完成、循环的实际和预计起始时间等。可以将各值直接连接到右侧数据节点的输入端，从而闭环地动态配置下一次循环，或右击右侧数据节点，从弹出的快捷菜单中选择“配置输入节点”完成下一次循环的初始化配置。

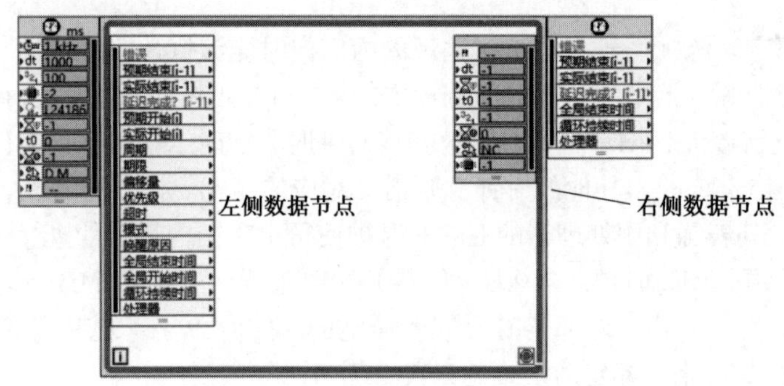

图 4–62　定时循环两侧数据节点

当在定时循环框架上右击时，可以在弹出的快捷菜单中选择“在后面添加帧”，这样就可以按照顺序执行多个子程序框图并指定循环中每次循环的周期，构成多帧定时循环，如图4–63所示，相当于一个带有嵌入顺序结构的定时循环。

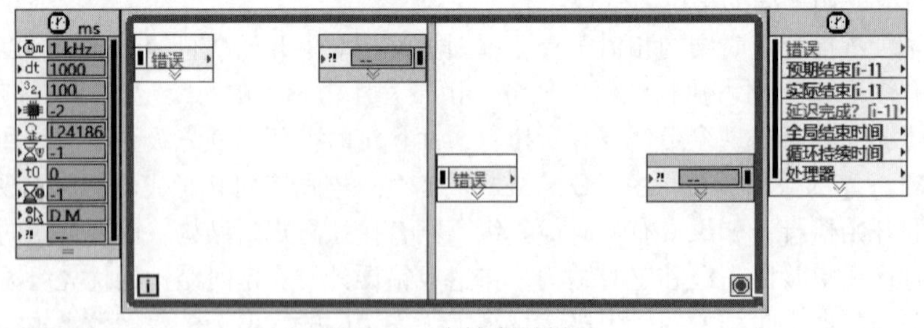

图 4–63　多帧定时循环

4.5.3　定时顺序

定时顺序结构由一个或多个任务子程序框图或帧组成，是根据外部或内部信号时间源定时后顺序执行的结构。与定时循环不同，定时顺序结构的每个帧只执行一次，不能重复执行。右击定时顺序结构的边框可添加、删除、插入或合并帧。定时顺序结构适于开发精确定时、执行反馈、定时特征等动态改变或有多层执行优先级的 VI。定时顺序结构如图 4–64 所示。右击定时顺序结构，可以在弹出的快捷菜单中选择“替换为定时循环”，对定时顺序结构和定时循环进行相互转换。右击定时顺序结构，还可以在快捷菜单中选择“替换为平铺式顺序”，将定时顺序结构转变成为平铺式顺序结构。

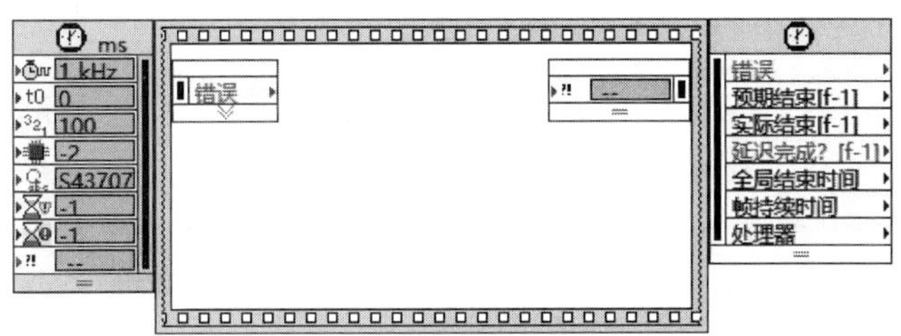

图 4–64　定时顺序结构

如图 4–65 所示，使用定时循环时，可以将一个范围从 –1~65 535 的正整数值连接至定时循环最后一帧右侧数据节点的“优先级”输入端，从而对定时循环后的各次循环优先级进行动态设置。默认值是 –1，表示该帧优先级顺序与上一帧相同。而在定时顺序中，虽然数据节点中“优先级”的范围也是 –1 ~ 65 535，但是连接位置则只能是当前帧的右侧，最后一帧右侧数据节点无法设置优先级，它用来对下一帧的优先级进行动态设置。在默认状态下，无论哪种定时结构，帧右侧的数据节点都不显示所有可用的输出端，可以通过向下拖动右侧数据节点或右击右侧数据节点并从快捷菜单中选择显示隐藏的接线端。

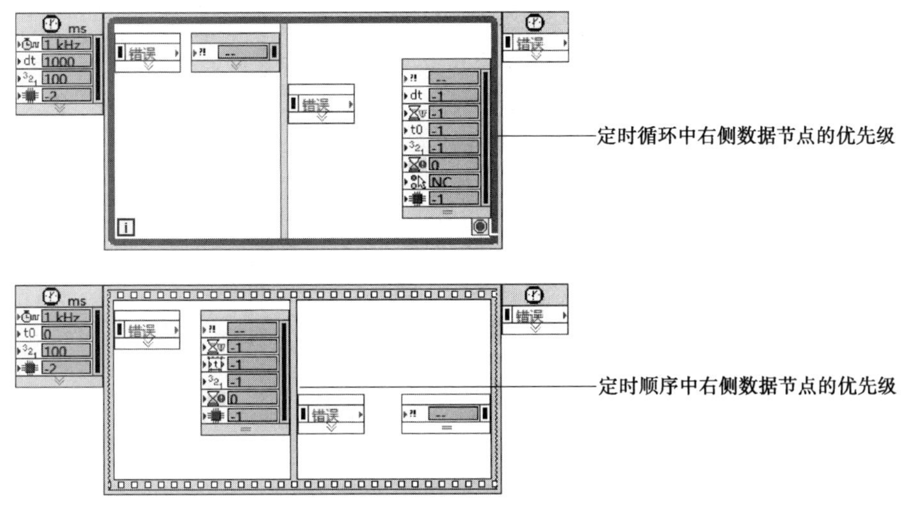

图 4–65　定时循环和定时结构帧中的优先级设置

当运行 VI 程序框图的时候，LabVIEW 将首先检查框图中所有可执行帧的优先级，从优先级实时的帧开始。如图 4–66 所示，程序框图中有一个定时循环和一个包含两帧的定时顺序，运行程序框图的数据流时，先执行定时顺序的第一帧，因为根据参数设置定时顺序第一帧的优先级为 100，其高于定时循环的优先级 100。当执行定时顺序第一帧之后，LabVIEW 将比较其他所有可执行的结构或帧的优先级，因为定时循环的优先级为 100，其高于定时顺序第二帧的优先级 50，所以 LabVIEW 将接着执行一次定时循环。同理，LabVIEW 在其他可执行的结构和帧的优先级数值之间继续进行比较，发现与上次比较情况相同，此时定时循环的优先级为 100，其高于定时顺序第二帧的优先级 50，因此定时循环将执行第二次循环，接着再比较，依此类推，定时

顺序第二帧将在定时循环完成指定循环次数停止后再执行，即循环计数器端计数值达到5后才执行定时顺序的第二帧。

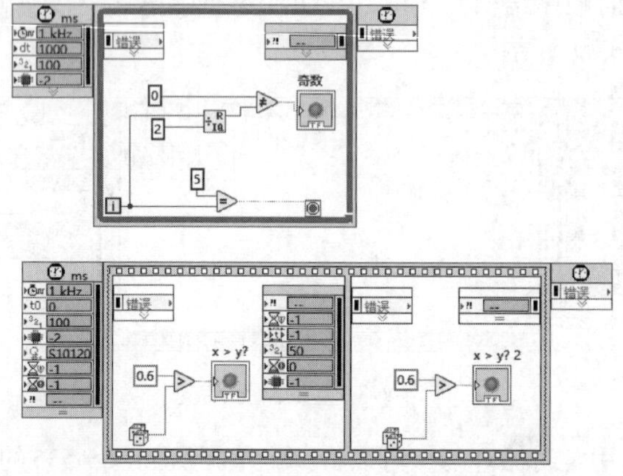

图 4-66　定时结构中的优先级设置

练习4-20：在两个定时循环判断循环计数值的奇偶，输出为偶数时周期为1 000 ms，奇数时则为2 000 ms，且当循环计数值为5时，循环停止，如图4-67所示。

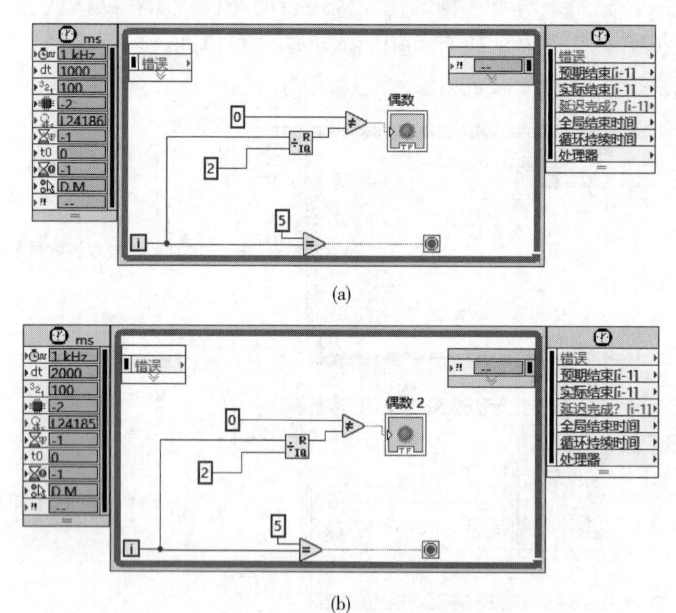

图 4-67　循环计数器奇偶判断

操作步骤：

（1）创建并设置定时循环结构。在程序框图中的“函数”→“编程”→“结构”→“定时结构”中选择“定时循环”，将定时循环框架拖动至空白处，并调整其大小，在其左侧端右击，在弹出的快捷菜单中选择“配置输入节点”，将“周期”设置为1 000。然后选择“函数”→“编程”→“比较”→“等于？”，将该函数的其中一个输入接线端连接至定时循环的循环计数接线端，在另一个输入接线端上右击，选择“创建常量”，并将常量值设置为5。

（2）创建结构内部代码。奇偶性的判断可以通过比较循环计数值除以2的余数是否为0来实现。在程序框图中选择"函数"→"编程"→"数值"→"商与余数"，将定时循环的循环计数器接线端连接至该函数的上端接线端，下端则通过右击，选择"创建常量"，并将常量值设置为2。然后选择"函数"→"编程"→"比较"→"不等于？"，将该函数的其中一个输入接线端连接至"商与余数"函数的右侧输出接线端，在另一个输入接线端上右击，选择"创建常量"，并将常量值设置为0。

（3）创建输出显示控件。在"不等于？"的输出接线端右击，选择创建输出显示控件，并将其命名为奇数。

（4）重复以上操作，将"不等于？"函数替换为"等于？"，输出显示控件命名为偶数。

注意：图 4-67 中所示的两个程序框图中，定时循环左侧端口的定时源配置都采用了默认的 1 kHz，不同的是图 4-67(a) 所示定时循环周期为 1 000 ms，即 1 s；图 4-67(b) 所示定时循环周期设置为 2 000 ms，即 2 s。因为周期用来指定相邻两次循环之间的时间间隔长度，也就是说第一个定时循环每秒执行一次，第二个定时循环每两秒执行一次。同时由于循环计数值为 5 时停止，而循环计数器本身是从 0 开始计数，因此这两个定时循环均在 6 次循环后停止执行，循环一于 6 s 后停止执行，而循环二则在 12 s 后停止执行。

4.6　公 式 节 点

LabVIEW 总体采用的是图形式编程的语言，但经过各代版本的不断升级，在 LabVIEW 中逐步加强了与传统文本编程语言的结合程度，例如引入和发展了文本编程中常用的事件结构、MathScript结构等，使得两种编程语言的融合成为今后LabVIEW的发展趋势。当前LabVIEW能够支持多种典型的外部接口，例如动态链接库、COM口、ActiveX的调用，以及Matlab和C语言的接口等。

虽然利用LabVIEW的图形化编程可以实现各种计算，但是对于一些复杂的算法而言，可能意味着需要使用较多的选择结构，各种循环嵌套和结构的使用会大大降低程序的可读性，而且工作量大。通过之前对于条件结构和顺序结构的学习也会发现，LabVIEW在运行相关的VI代码时每次仅能显示其中的一个分支代码，其他分支代码需要在选择之后才能一个一个地读取得到；而在文本编程语言中，使用文本表达式的方法，则可以清晰地按照程序代码的运行顺序依次显示所有分支中的全部内容。因此，在需要使用到较为复杂的数学运算的情况下，可以在LabVIEW中使用能够进行文本编辑的公式节点。公式节点的使用可以提高程序的可读性和可维护性，从而更加清晰地表示复杂的计算和逻辑。

公式节点和循环结构一样，都是大小可以拖动调整的方框，如图4-68所示，它位于程序框图"函数"→"编程"→"结构"下，通过在方框中直接输入数学表达式，并连接至对应的输入和输出接线端，就可以在输出接线端获得LabVIEW自动计算得出的正确结果。公式节点可以被看作更为复杂的、能够支持多输入/输出的表达式节点。

公式节点中的表达式语法与C语言类似，可以使用数学函数、运算符号、规则等，如图4-69所示，也可以通过LabVIEW帮助获得详细说明，但是公式节点的功能比C语言要简单得多，对于熟悉C语言的用户而言，使用公式节点不会遇到任何困难。公式节点支持标准数据类型和其相应类型的数组，如int、int8、int16、int32，uInt8、uInt16、uInt32等，通常情况下int等同于int32，float等同于float64，同C语言一样，它们的具体含义取决于操作系统配置和编译器。但是LabVIEW中的公式节点不支持C语言中的结构数据类型。

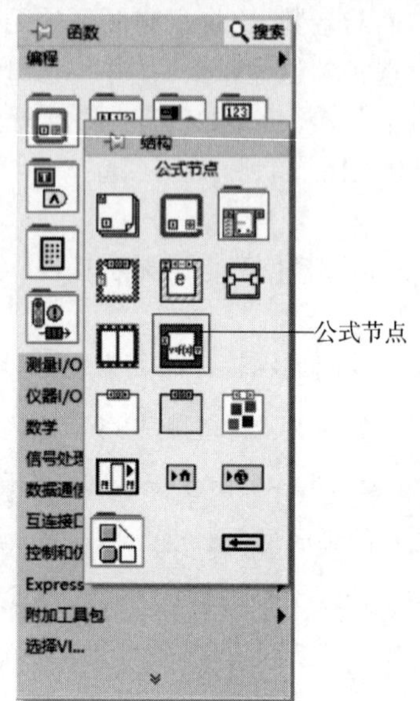

图 4-68　公式节点

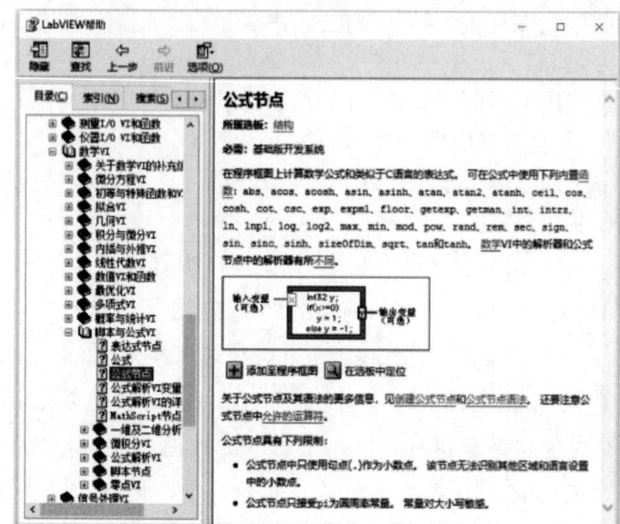

图 4-69　公式节点的帮助说明文件

不同于MATLAB中的“%”，C语言中的“/* */”和“//”，在LabVIEW的公式节点中使用“/*”和“*/”作为注释符号。和MATLAB相同之处在于，两者的语句都以分号“；”结尾。公式节操作符的优先级按表4-2从高到低排列，在同一行上的操作符有相同的优先级。

表 4-2　公式节点操作符的优先级

序号	操 作 符	说　明
1	**	指数
2	+、–、!、~、++、--	一元加、一元减、逻辑非、补位、前向加和后向加、前向减和后向减；++ 和 -- 在“Express节点”中不可用
3	*、/、%	乘、除、取模（取余）
4	+和–	加法和减法
5	>>和<<	算术右移和左移
6	>、<、>=和<=	大于、小于、大于或等于、小于或等于
7	!=和==	不等于和等于
8	&	按位与
9	^	按位异或
10	|	按位或
11	&&	逻辑与
12	||	逻辑或
13	?:	条件判断
14	= op=	赋值，计算并赋值。op可以是+、–、*、/、>>、<<、&、^、|、%、**。= op =对“Express节点”不可用

公式节点支持常见的文本编辑语言控制结构，如条件结构、循环结构、控制语句等。其中条件结构包括If…else，循环结构包括Do循环、For循环和While循环，控制语句包括Break语句、Continue语句，以及Switch语句包含的Case语句，如表4–3所示。

表 4–3　公式节点中支持的语句命令及说明

语句类型	命　令	说　明

Switch语句	Case语句	switch(表达式)
		{
		case常量表达式1:　语句1;
		case常量表达式2:　语句2;
		…
		case常量表达式n:　语句n;
		default: 语句n+1;
		}

条件语句	If…else语句	if (condition)
		{
		当条件为 true 时执行的代码
		}
		else
		{
		当条件不为 true 时执行的代码
		}

控制语句	Break语句	用于公式节点从最近的Switch语句或者循环语句中退出。例如，当Break语句用于公式节点中的Switch语句里时，可使程序跳出Switch，并执行Switch以后的语句；如果没有Break语句，则将成为一个死循环而无法退出
	Continue语句	用于公式节点将控制权传递给最近循环语句中的下一次循环，常和If条件语句一起使用，用来加速循环。例如，Continue在For循环体中用来跳过For循环体中剩余的语句而强行执行下一次迭代

循环语句	Do循环	do{
		执行代码
		}

	For循环	for(表达式1; 表达式2; 表达式3){
		循环代码
		}

	While循环	while(表达式1; 表达式2; 表达式3){
		循环代码
		}

需要注意的是，公式节点中的代码无法像在文本编译器的环境下一样设置断点和进行调试，因此在将文本代码放入LabVIEW公式节点中之前，可以在C语言编译器中先对该段文本代码进行编译调试，以此保证在公式节点中的正确运行。

练习4-21：分别用图形化编程和公式节点计算$y=x^2+x+1$，前面板和程序框图如图4-70所示。

操作步骤：

（1）创建公式节点，输入表达式。在程序框图的“函数”→“编程”→“结构”中选择“公式节点”，通过鼠标拖动调整其大小，在方框中输入数学表达式y=x**2+x+1。表达式描述中每个公式结束时，需要在英文输入状态下以分号“;”进行分隔，否则无法正确运行。

分别用图形化编程和公式节点计算函数值

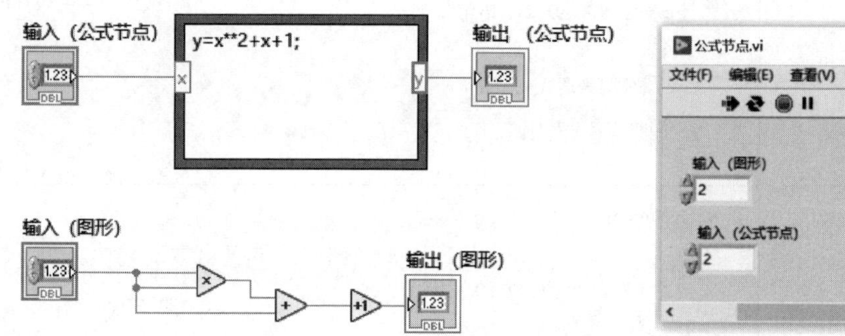

图4-70　计算公式

（2）创建输入/输出控件，并连接。在程序框的“公式节点”左侧边框右击，在弹出的快捷菜单中选择“添加输入”，然后在出现的输入选框中键入x，表示将x作为输入。如果跳过该步骤，将无法将输入数值正确传递给数学公式使用。接着在该选框左侧继续右击，在弹出的快捷菜单中选择“创建输入控件”，将其命名为“输入（公式节点）”。同样，在公式节点右侧边框创建、命名输出端“输出（公式节点）”，并连接至输出控件。注意变量名称的规则，其对于大小写敏感。

（3）图形编程设计。在程序框图的“函数”→“编程”→“数值”中分别选择“x”、“+”和“+1”运行程序，在“x”左侧输入接线端右击，在弹出的快捷菜单中选择“创建输入控件”，并命名为“输入（图形）”。创建输出控件，并命名为“输出（图形）”进行连线。

（4）单击连续运行，在前面板中输入数值，检查输出是否正确结果。

小　　结

在LabVIEW中，程序框图中“编程”选板中的常用“结构”可以分为五大类进行学习，包括循环结构、数据传递、层次结构、定时结构和公式节点。

While循环的组成包括框架、循环计数端、判断条件端，在使用的过程中应当避免死循环，以及避免首循环代码的执行。

For循环的组成包括框架、循环计数、循环次数，在使用的过程中应当注意对数组的自动索引。

条件结构中介绍了条件分支的建立、添加和删除。

顺序结构中介绍了平铺顺序结构和层叠顺序结构，以及局部变量的创建。

事件结构中介绍了通知事件和过滤事件的区别。

在各种结构之间进行数据传递可以根据不同的情况采用变量、移位寄存器、反馈节点或者隧道。

最后介绍了定时结构中的定时循环和定时顺序，以及在进行复杂公式计算的时候可以使用公式节点改善程序的可读性。

习 题

1. 使用 For 循环和移位寄存器计算随机数列的最大值。

2. 利用 While 循环和移位寄存器实现每秒显示一个 0~1 之间的随机数，计算最后三个随机数的平均值并显示。

3. 利用条件结构实现简单的计算机，能够完成加、减、乘、除 4 种运算。

4. 使用公式节点完成当 x 取值范围为 0~10 时，计算 $y_1=x^3+x^2+1$；$y_2=mx+b$，其中 m、b 为整数，可任意设置，并将结果显示在同一个屏幕上。

5. 利用事件结构实现信号发生器。

上机实验

第4章上机实验一

上机实验一：利用事件结构绘制正弦信号波形图。

通过数值输入控件，设置正弦信号的幅值、偏移量和频率作为输入。经过仿真信号 Express VI，将所绘制出的波形图通过波形图控件进行输出，如图 4-71 所示。

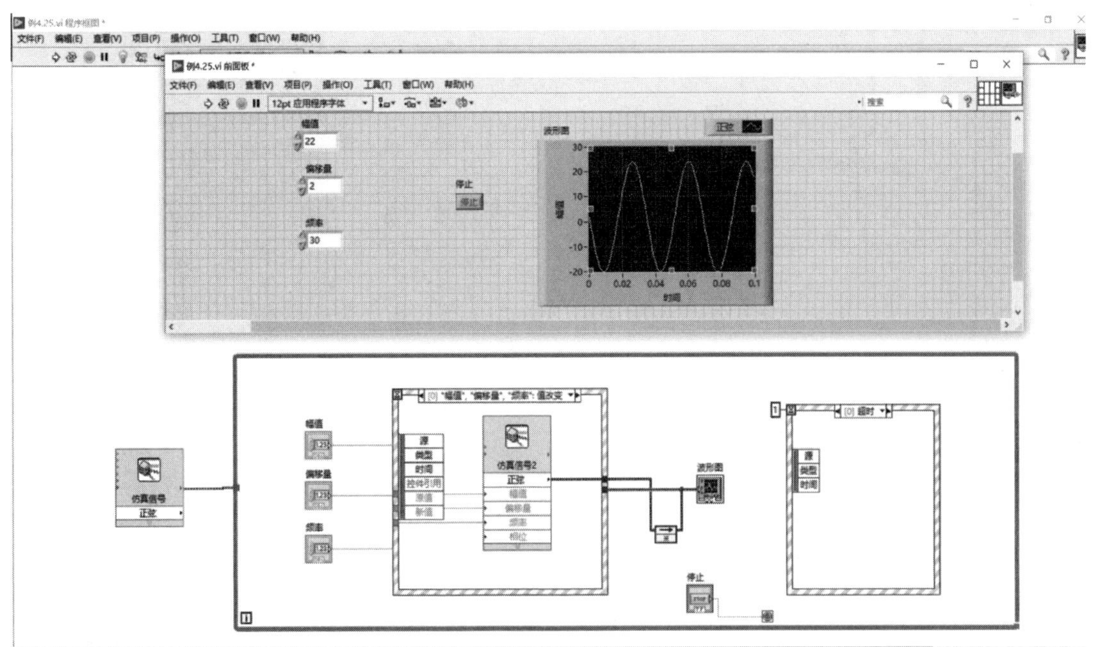

图 4-71　绘制正弦信号波形图

操作步骤:

（1）在前面板放置一个波形图控件，三个数值输入控件。

（2）在程序框图中，放置While循环，并在循环结构中嵌套两个事件结构。

（3）编辑第一个事件结构中的事件分支。选择“添加事件”→“幅值，值改变”→“偏移量，值改变”→“频率，值改变”。

（4）在第一个事件结构“幅值”“偏移量”“频率”值改变中，添加仿真信号，并设置仿真信号波形为正弦波。

（5）在While循环结构中放置反馈节点，用于保存上次执行或循环的结果。反馈节点使用连线至初始化接线端的值作为第一次程序框图执行或循环的初始值。

（6）在第二个事件结构中，事件超时设置为1 s，在事件超时后不执行程序。

（7）进行接线：将三个数值输入控件通过隧道，连接至第一个事件结构中的仿真信号。分别连接至“幅值”“偏移量”“相位”。将仿真信号的输出端通过隧道，连接至反馈节点的输入端，将波形图的输入端连接在事件结构上。将反馈节点的输出端与波形图相连。将仿真信号的错误输出与While循环结构相连，创建隧道。将停止按钮与循环条件相连接。

（8）在前面板单击运行程序，检测程序是否能够正常运行。

上机实验二： 利用公式节点在同一坐标系中绘制以下两个公式对应的波形，如图4–72所示。

$$y_1 = a\sqrt{x}$$
$$y_2 = b\ln x$$

其中，a、b为函数表达式中的参数，可以任意设置；x为函数表达式中的自变量，取值为从1开始的正整数。

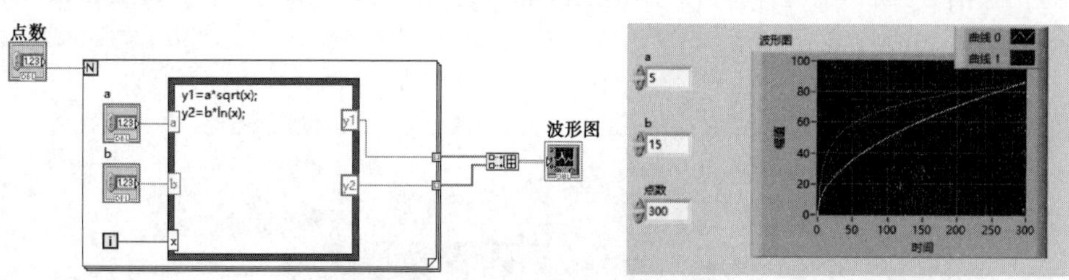

图 4–72　绘制函数图像

操作步骤:

（1）创建输入/输出控件。在前面板上的“控件”→“新式”→“数值”中选择三个“数值输入控件”，将其分别重命名为“a”、“b”和“点数”；在“控件”→“新式”→“图表”中选择添加一个“波形图”控件，作为函数图像的输出显示。

（2）创建公式节点及其内部文本代码。在程序框图面板的“函数”→“编程”→“结构”中选择添加“公式节点”。在公式节点中添加函数表达式，注意LabVIEW中的内置函数的使用方法，以及表达式之间要是用分号“;”进行分隔：“y1=a*sqrt(x)；y2=b*ln(x)”。分别命名为y1、y2。同时分别在“公式节点”边框的左右两侧右击，在弹出的快捷菜单中选择“添加输入”和“添加输出”，添加三个输入，分别命名为“a”、“b”和“x”；添加两个输出“y1”和“y2”。

（3）创建数组存放计算结果。在程序框图中的“函数”→“编程”→数组”中选择创建“创建数组”控件。

（4）创建For循环，用于通过隧道索引输出结果。在程序框图中的“函数”→“编程”→“结构”中选择“For循环”，然后将“公式节点”和“数值输入控件”拖动至循环框架内，将计数器接线端连接至公式节点中的“x”，作为自变量x的计算取值范围；循环次数接线端上连接至输入控件“点数”，用于设置自变量x的计算取值上限。

（5）将数值输入/输出控件与公式节点相连接。将公式节点的输入端“a”“b”与数值输入控件“a”“b”分别相连，输出端“y1”“y2”与循环框架外的“创建数组”控件的输入端连接。将“创建数组”控件通过隧道传递的数组与“波形图”相连接，作为函数图像的输出。在使用隧道的时候，应在隧道模式下选择索引，这样才能将计算得到的所有结果全部进行输出显示，否则默认情况下的选择为最终值，将仅输出最后一次计算“y1”和“y2”的值。

（6）在前面板改变三个数值输入控件的数据，测试结果是否正确。

第 5 章 波形与图形控件

本章导读

了解波形数据和波形函数的操作；重点掌握波形图和波形图表的应用和属性设置，了解XY图表和强度图表的应用。

5.1 概　　述

在数据采集和信号分析过程中，经常要遇到波形数据类型。波形数据是LabVIEW中特有的一种数据类型，可以认为是一种特殊的簇。波形的特殊之处在于波形数据具有预定义的固定结构。用户不能用簇函数来处理波形数据，只能使用专用的函数打包和解包。当将一个波形数据类型连接到波形控件时，会自动画出相应的曲线。利用图像、图表等形式显示测试数据和分析结果，可以更加直观、有效地观测被测对象的变化趋势。

波形、数字波形控件位于“控件选板”→I/O子选板上，如图5-1所示。波形的操作函数，位于“函数选板”→“编程”→“波形”子选板上，如图5-2所示。

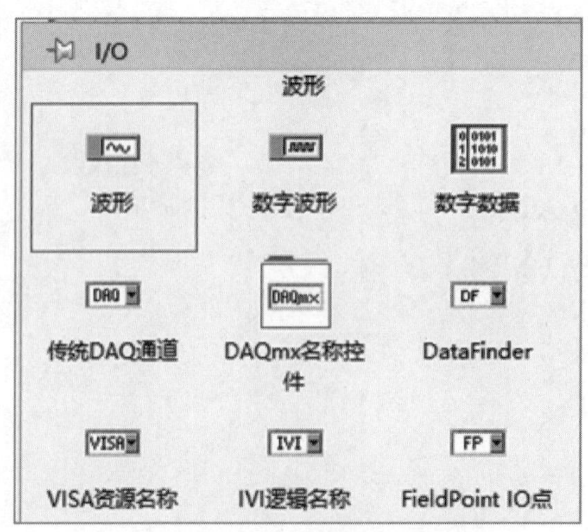

图5-1　I/O子选板

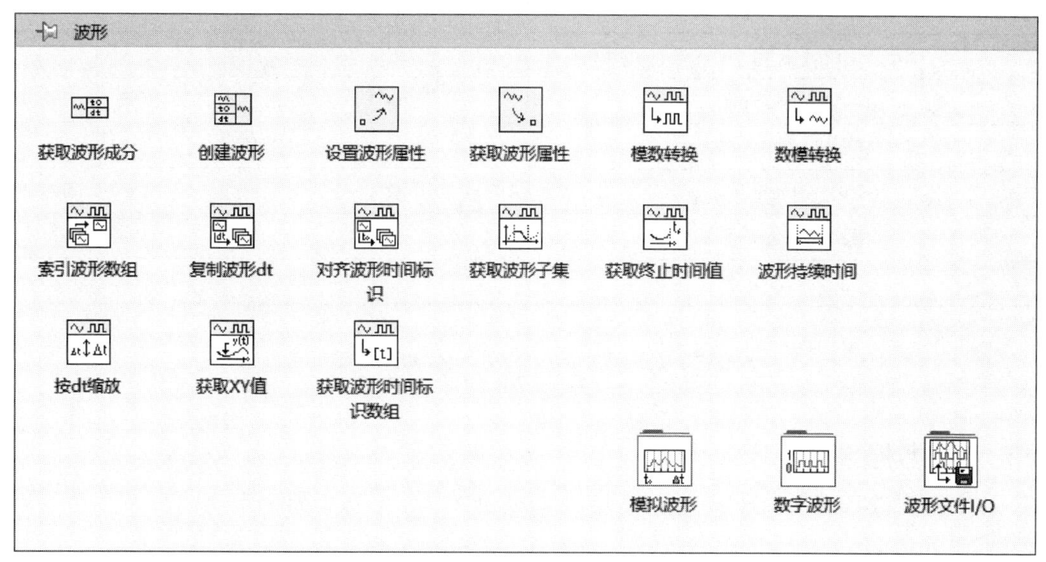

图 5-2 “波形”子选板

图形控件位于“控件选板”→“图形”子选板上，如图5-3所示。图形的操作函数在位于“函数选板”→“编程”→“图形与声音”子选板上，如图5-4所示。

图 5-3 “图形”子选板

图 5-4 “图形与声音”子选板

图形控件可分为实时趋势图（Chart）和事后记录图（Graph）两类。实时趋势图将数据源（如采集得到的数据）在某一坐标系中实时、逐点地显示出来，反映被测物理量的变化趋势，类似传统的模拟示波器、波形记录仪。事后记录图对已采集数据进行事后处理，先将被采集数据存放在一个数组中，然后根据需要组织成所需的图形显示出来。数字示波器具备类似功能，例如采集了一个波形后，经处理可以显示出其频谱图。图形控件中的具体类型如表5-1所示，表中的“●”表示图形控件所包含的类型。

表 5-1　图形控件类型

控件名称	Chart	Graph
波形（Waveform）	●	●
XY 图与 Express XY 图		●
强度图（Intensity）	●	●
数字图（Digital）		●
三维图 (3D)		●

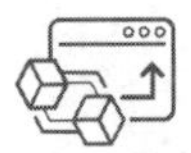 5.2　波形数据

5.2.1　波形数据的组成

在图 5-5 所示的波形控件中可以看到波形数据包含以下几个组成部分。

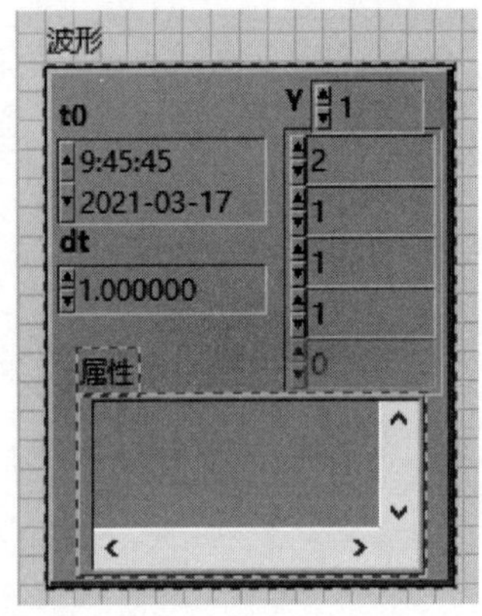

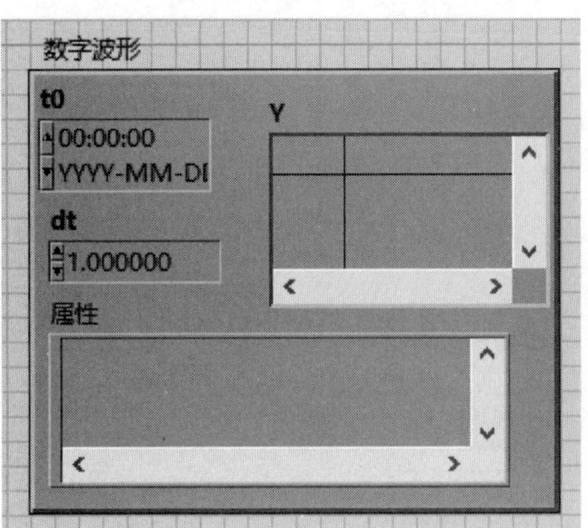

图 5-5　波形与数字波形控件

（1）起始时间 t0，为时间标识类型，是相对于波形中第一个测量点的时间标识。起始时间用于同步一个多曲线波形图或多曲线数字波形图上的曲线，并用于指定波形之间的延迟。

（2）时间间隔 dt，为双精度浮点类型，dt 是信号中两个点之间的间隔，以秒为单位。

（3）波形数值 Y，为双精度浮点数组，按照时间先后顺序给出整个波形的所有数据点的值。除定点数值之外，数值型的数组都可表示模拟波形数据。通常，数组中数据的数量与 DAQ 设备的扫描次数直接对应。数字数据类型表示一个数字波形并将数字数据显示在一个表格中。

（4）波形属性为变量类型，在波形数据上右击，在弹出的快捷菜单中选择“显示项”→“属性”即可显示波形属性。属性包括信号的各种信息（信号名称、采集信号的设备等）。

5.2.2　波形操作函数

在“波形”子选板上，波形操作函数共有 18 个，下面介绍几个基本的波形操作函数。

1. 创建波形

该函数用于创建模拟波形或修改已有波形，图标如图 5-6 所示。如未连线波形输入，该函数可依据连线的波形成分创建新波形。如已连线波形输入，该函数可依据连线的波形成分修改波形。

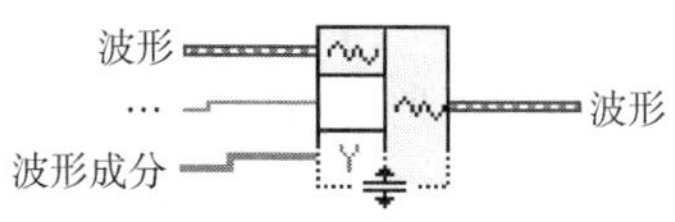

图 5-6　创建波形

2. 获取波形成分（模拟波形）

该函数用于从一个已知波形中获取其中的内容，如时刻、采样间隔，波形数据 Y 和属性。如图 5-7 所示，右击输出接线端的中部，在弹出的快捷菜单中选择“选择项”，可选择并指定所需的波形成分。

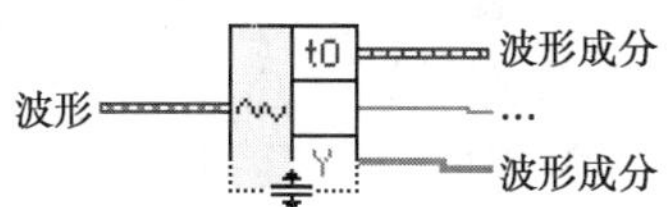

图 5-7　获取波形成分（模拟波形）

3. 设置波形属性和获取波形属性

设置波形属性函数用于添加或修改波形属性。在图 5-8 中，“波形”是要添加或替换属性的波形；“名称”是属性的名称；“值”是属性的值，该输入端为多态，可连线任意数据；“波形输出”是含有新增或已替换属性的波形；“替换”指明是否已重写属性值。

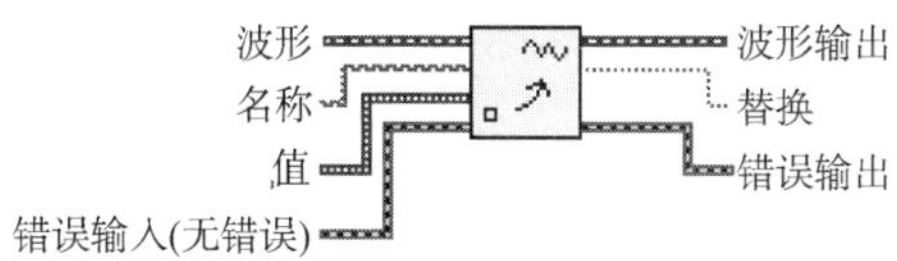

图 5-8　设置波形属性

获取波形属性函数用于获取所有属性的名称和值。在图 5-9 中，“波形”指定要获取其属性和值的波形；“名称”是要获取值的属性的名称，如需获取所有与指定波形关联的属性，请勿连线该参数；若连线“名称”，“名称”输出端变为布尔输出端“找到”；函数仅搜索指定属性；“默认值”是用户指定的值和数据类型；“波形副本”是波形中输入的波形数据。

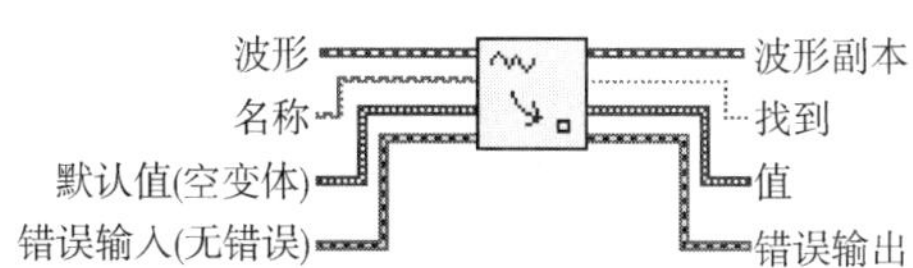

图 5-9　获取波形属性

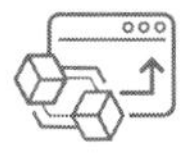

5.3　波形图（Graph）

波形图是 LabVIEW 图形显示的最基本控件之一，波形图用于对已采集数据进行事后显示处理，它将根据实际要求，将数据组织成所需的图形一次显示出来。波形图没有实时功能，在早期有些资料中翻译成“事后波形图”，其表现形式非常丰富。

波形图能够显示包含任意个数据点的曲线。波形图可接收多种数据类型，能够最大限度地

降低数据在显示为图形前进行类型转换的工作量。

波形图用于显示测量值为均匀采集的一条或多条曲线。波形图仅绘制单值函数，即在 $y=f(x)$ 中，各点沿 x 轴均匀分布。例如，图 5-10 前面板显示了一个随时间变化的波形图范例。波形图控件上除绘图区域之外的可见元素外，还包括“标签”、“图例”、“X 标尺”和“Y 标尺”。波形图的基本显示模式是按等时间间隔显示数据点,而且每一时刻只对应一个数据值。

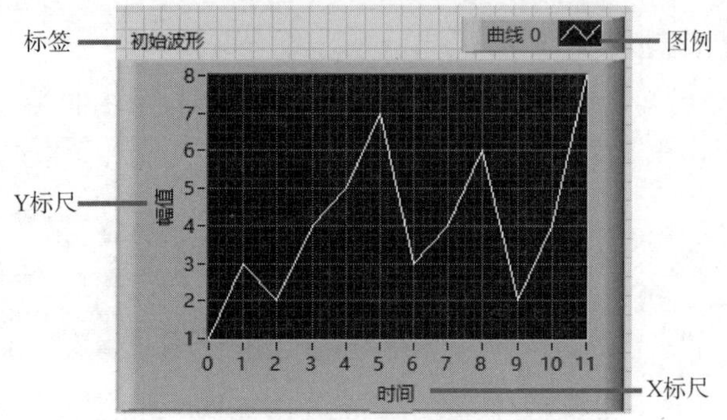

图 5-10　波形图范例

5.3.1　波形图的基本操作

将波形图控件放置到前面板上，右击调出快捷菜单和属性对话框可对波形图的外观和显示内容进行编辑和设置，如图 5-11 所示。快捷菜单中“创建”“替换”“转换为输入控件”“数据操作”等的作用和操作方法与其他数据性控件的类似，不再赘述。本节主要介绍波形控件特有的属性和功能操作。

图 5-11　波形图的快捷菜单和属性对话框

将快捷菜单中的“显示项”中或外观属性对话框中的图例、标尺图例、图形工具选板、游标图例、X 滚动条、X 标尺、Y 标尺全部勾选上后，前面板上的波形图外观如图 5-12 所示。

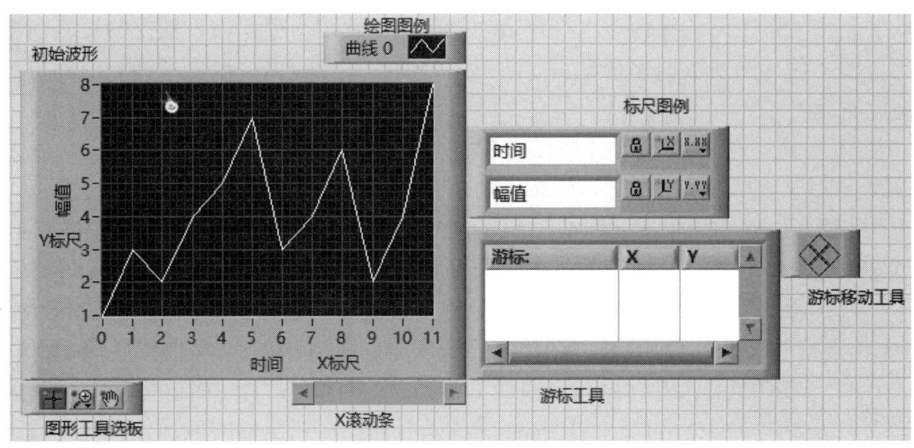

图 5-12　波形图外观

（1）绘图图例：右击绘图图例调出它的快捷菜单或在波形图的属性对话框的“曲线”选项卡中，可对曲线的线型、颜色、显示风格等进行设置，有常用图线图例，也可自由创建新的图例，如图5-13所示。

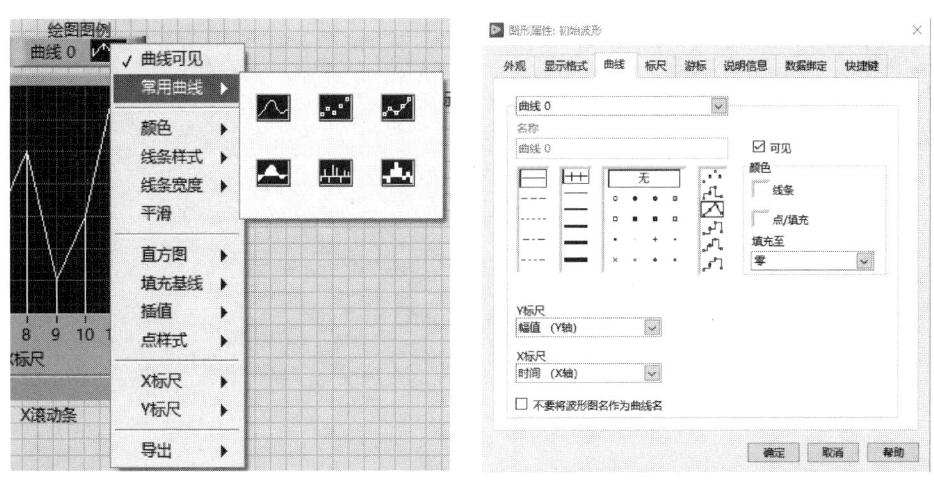

图 5-13　绘制图例的快捷菜单和属性对话框

（2）标尺图例：用于对X轴、Y轴进行详细设置，如设置坐标格式（即标尺显示的数据格式）、精度、映射模式、网格颜色等，如图5-14所示。

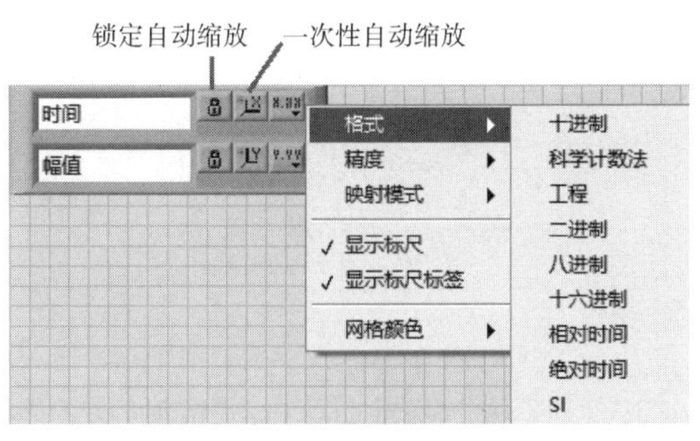

图 5-14　标尺图例的快捷菜单

自动缩放是波形图的特殊功能，打开该功能后，波形图会根据输入数据的长度和幅值自动调整标尺范围，使得曲线数据完全显示在波形图的曲线显示域内。单击“锁”形即可打开或锁定自动缩放功能。

（3）游标工具：在图形显示区添加游标。用户可根据需要创建多个游标。游标用来读取波形图上某一点的确切坐标值，游标所在点的坐标值显示在“游标图例”中。“游标移动工具”可以移动选中的游标。例如图5-15中，名为“游标0”的游标所在位置的坐标为(5.6803,0.2831)。在“游标图例”中右击，打开游标图例的快捷菜单，如图5-16所示。在游标图例中可以编辑改变游标名称和游标点的坐标位置；在“创建游标”选项中有三个子选项。“自由”表示不论曲线的位置,游标可在整个绘图区域内自由移动；“单曲线”表示仅将游标置于与其关联的一条曲线上，游标可在该曲线上移动；“多曲线”表示将游标置于绘图区域内的特定数据点上。多曲线游标可显示与游标相关的所有曲线在指定处的值，且游标可置于绘图区域内的任意曲线上。“显示项”选择是否显示“水平滚动条”、“垂直滚动条”和“列首”；“关联至”将此游标与一条或多条曲线关联；“置于中间”将游标置于整个波形图的中心；“转到游标”以该游标为中心展开波形图。注意，“置于中间”的功能是波形图坐标轴不动而改变游标位置，而“转到游标”的功能相反,是游标位置不动而改变波形图坐标轴。“删除游标”用于删除当前游标。选择“属性”可以打开属性对话框，修改游标颜色和定制游标线的样式。

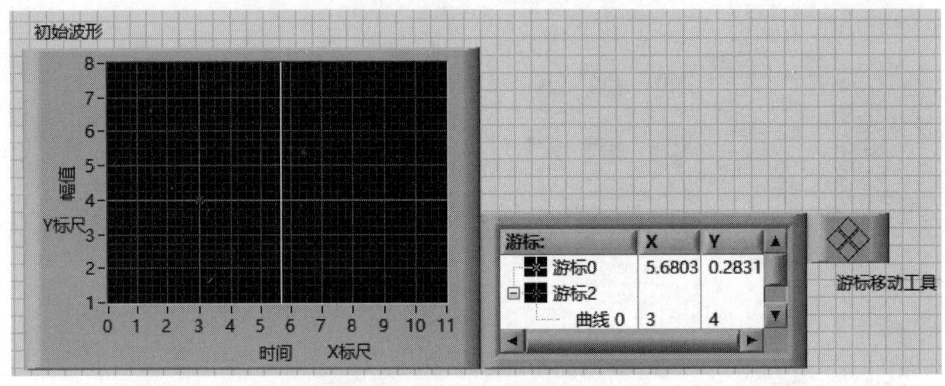

图 5-15　波形图与游标图例

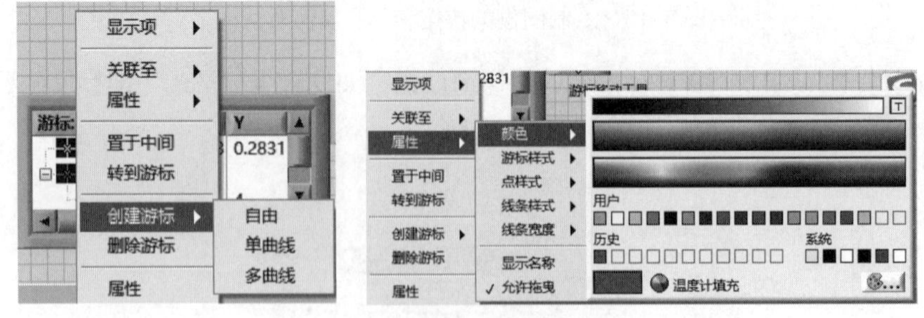

图 5-16　游标快捷菜单

（4）图形工具选板。

在图形工具选板中，使用工具可以在显示区内随意拖放波形。单击该工具图标，图标上的小点变绿，然后在显示区按住鼠标左键拖动即可自由移动波形。使用工具可以实现波形的各种缩放功能。波形缩放共有6种模式可供选择，如图5-17所示。十字按钮工具被按下时，操作模式将切换到普通模式，在该模式下鼠标在显示区内可以移动游标。

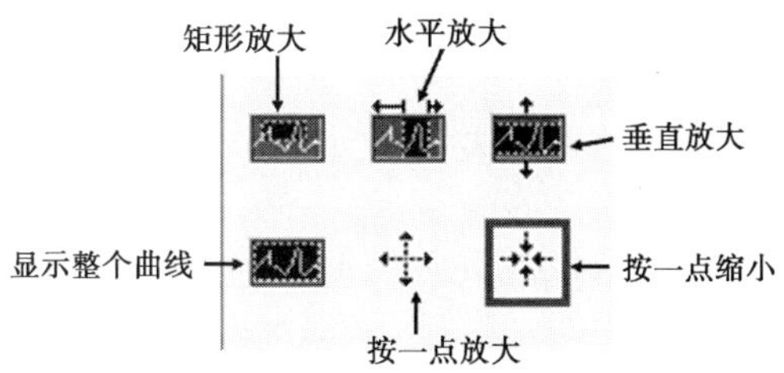

图 5-17　波形缩放模式

5.3.2　波形图的输入数据类型

波形图接收的数据类型包括一维数组数据、二维数组数据、簇数据、簇数组数据和波形数据。

（1）一维数组数据：波形图直接将其画为一条曲线，横坐标为数组索引值，纵坐标为数组元素值。

（2）二维数组数据：默认情况下，每一行的数据作为一条曲线。对于想将每一列的数据作为一条曲线的情况，可以右击曲线，在弹出的快捷菜单中选择“转置数组”，这与波形图表相反。

（3）簇数据：需要指定起始位置x0、数据点间隔dx和数组数据。横坐标由创建波形的x0和dx加以确定。

（4）波形数据：由一维数组数据、二维数组数据或一维簇数组数据创建。

若两条曲线的点数不一样，则需采用一维簇数组作为输入。首先将数组捆绑为簇，再将簇组成簇数组。

波形数据的显示与处理

练习5-1：波形数据的显示与处理。

完成图5-18所示的一个波形数据的显示和处理。

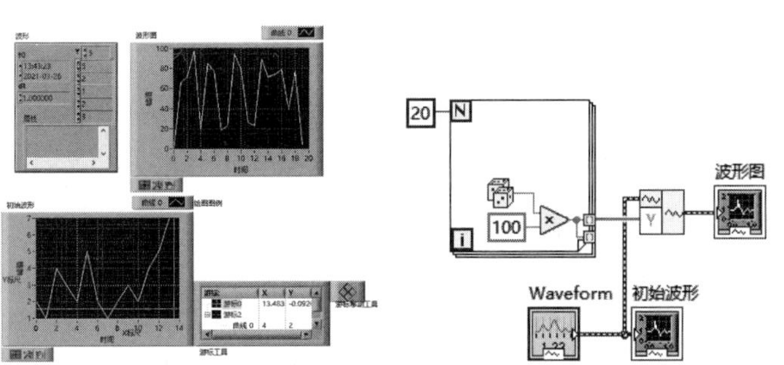

图 5-18　波形数据的显示及其 VI

操作步骤：

（1）将I/O子选板上的波形控件放置到前面板上，可任意设置t0、dt和Y值。

（2）将“图形”子选板中的波形图控件放置到前面板上，修改标签为“初始波形”，在程序框图中将两个控件连接起来，即可运行显示出波形曲线。

（3）在程序框图中，从“结构”子选板中选择For循环，设置循环次数为20。

（4）在For循环内，放置一个随机数和乘函数，右击“乘函数”创建一个常量，将常量设

置为100，将随机数也连接到乘函数输入端。

（5）通过“波形”子选板创建波形函数放置到程序框图中，将乘函数的输出端和波形数据连接到该函数输入端。

（6）在程序框图窗口上复制一个“波形图”与创建波形函数相连，可得经随机数处理过后的随机波形。

（7）在前面板上，读取验证初始波形值与波形数据的赋值是否一致，练习操作图形工具、标尺工具、图例等。

练习5-2：二维数组波形显示。

操作步骤：

（1）创建一个二维数组，任意赋值。

（2）在前面板上放置波形图控件。

（3）在程序框图中将二者连接起来，观察运行效果。

（4）调出曲线图例，如图5-19所示，可以看出第0行对应波形图上的白色实线条；第1行数据对应红色虚线带圈的曲线；第2行对应绿色虚线条曲线。一行数据对应一条曲线。

二维数组波形显示

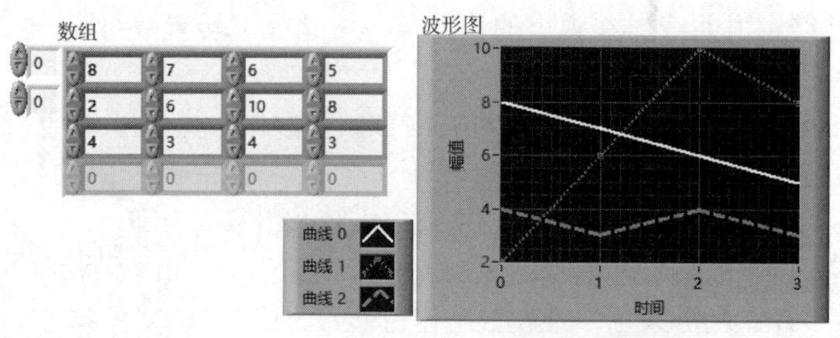

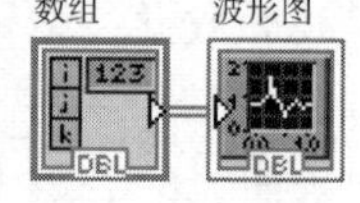

图 5-19　二维数组波形显示

练习5-3：二维数组和簇数组显示数据波形。

创建一个二维数组和簇数组显示波形的VI，前面板和程序框图如图5-20所示。

二维数组和簇数组显示数据波形

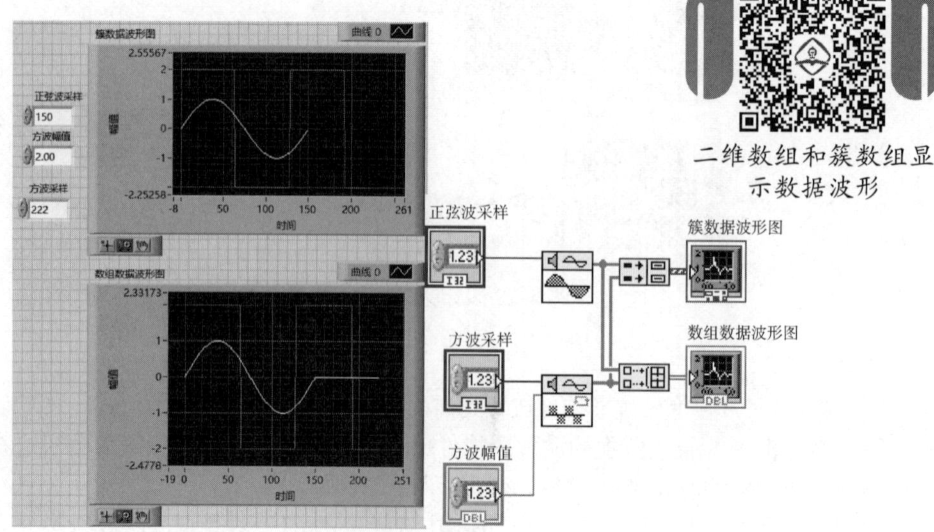

图 5-20　二维数组和簇数组显示数据波形 VI

操作步骤：

（1）在前面板上放置两个“波形图”控件，并命名为“簇数据波形图”“数组数据波形图”。

（2）在“函数”→“信号处理”→“信号生成”子选板中选择“正弦信号”和“方波”，放置在程序框图中。创建采样点数和方波幅值输入控件，可任意设置正弦信号的采样点数、方波的采样点数和幅值。

（3）在“函数”→“编程”→“簇、类与变体子”子选板中选择“创建簇数组”，放置在程序框图中。将“正弦波”和“方波”函数的输出连接到“创建簇数组”输入端，将“簇数据波形图”连接到“创建簇数组”输出端。

（4）在“函数”→“编程”→“数组”子选板中选择“创建数组”，放置在程序框图中，将“正弦波”和“方波”函数的输出连接到“创建数组”输入端，将“数组数据波形图”连接到“创建簇数组”输出端。

运行程序可以看出，簇数组波形显示的波形图中，只显示实际的采样点数；而二维数组显示时，以最大的采样点为准，缺少的点数用0补齐。

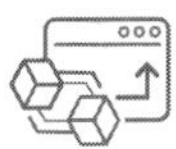 5.4　波形图表（Chart）

波形图和波形图表的区别主要在于显示和更新数据的方式上有所不同。波形图在接收到新数据时，先把已有数据曲线完全清除，然后根据新数据重新绘制整条曲线。波形图表保存了旧数据，且所保存旧数据的长度可以自行指定，新传给波形图表的数据被接续在旧数据的后面。这样，就可以在保持一部分旧数据显示的同时显示新数据。

5.4.1　波形图表的输入数据

波形图表和波形图所接收的输入数据类型基本相同，也包括一维数组数据、二维数组数据、簇数据、簇数组数据和波形数据。

绘制单曲线时，波形图表可以接收的数据格式有两种，分别是标量数据和数组。标量数据和数组被接续在旧数据的后面显示出来。输入标量数据时，曲线每次向前推进一个点；输入数组数据时，曲线每次推进的点数等于数组的长度。

练习5-4：波形图表与波形图的不同。

操作步骤：

（1）从“函数选板”→“数学”→“初等与特殊函数”→“三角函数”子选板中选中“正弦函数”放置两个到程序框图中。

（2）在程序框图上，放置一个For循环结构，将两个正弦函数拖动到For循环结构内，并将i连接到正弦函数输入端，N设置为100。

（3）在前面板上放置一个波形图和一个波形图表。在程序框图中，将波形图和波形图表拖动到For循环结构中，并连接到正弦函数的输出端，可得图5-21所示结果。其中波形图接线显示错误，说明波形图不支持For循环每一次的数据输出，波形图表支持实时数据点输入。将波形图拖动到For循环结构外，如图5-22所示，接线显示正确，表面波形图支持100次循环完成的数组。

（4）运行一次图5-22所示程序，可得运行结果如图5-23所示，两个波形显示的都是100个采样点。运行两次程序后，如图5-24所示，波形图还是100个采样点，但波形图表显示200个采样点。

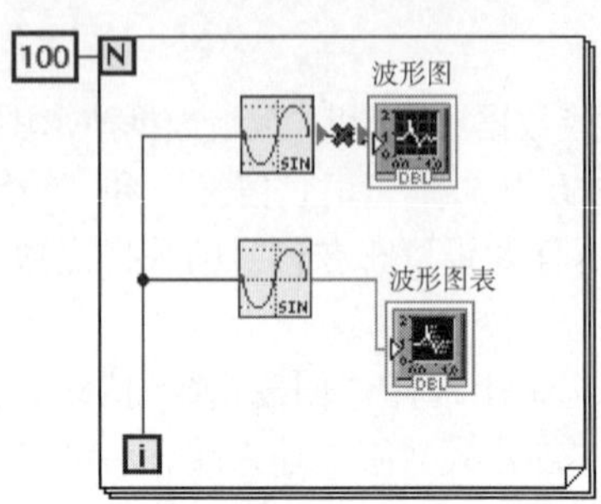

图 5-21　波形图不支持点数据输入

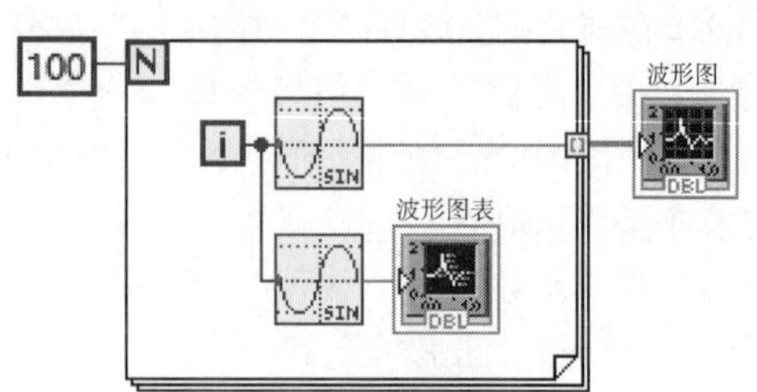

图 5-22　正弦函数输出波形

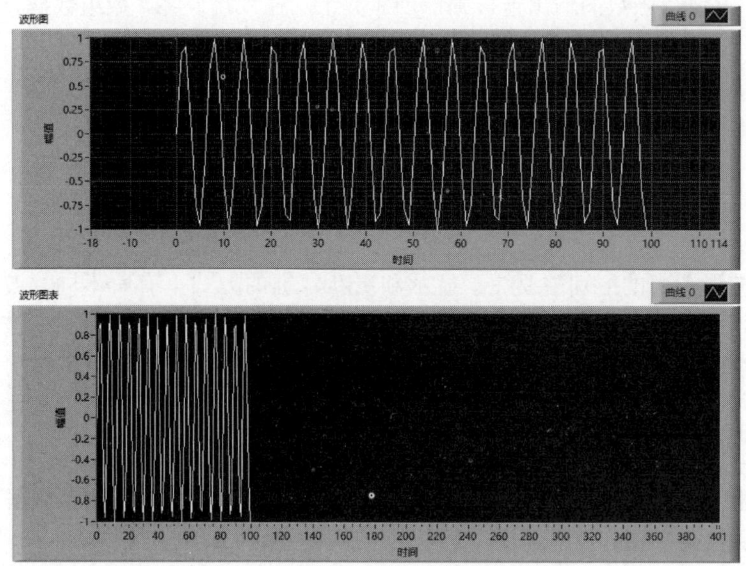

图 5-23　一次运行结果

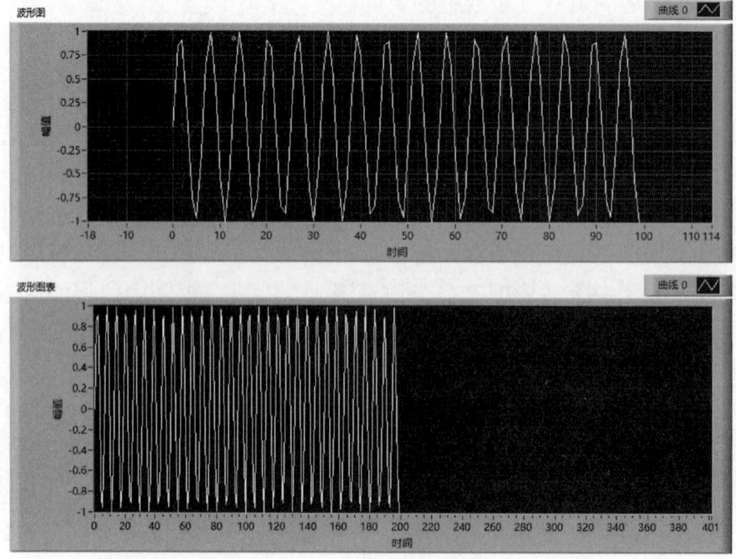

图 5-24　两次运行结果

绘制多条曲线时，可以接收的数据格式也有两种：第一种是每条曲线的一个新数据点（数值类型）打包成簇，然后输入到波形图表中，这时，波形图表为所有曲线同时推进一个点；第二种是每条曲线的一个数据点打包成簇，若干这样的簇作为元素构建数组，再把数组传送到波形图表中。数组中的元素个数决定了绘制波形图表时每次更新数据的长度。在这种数据格式下，波形图表为所有曲线推进多个点。

波形图表有一个缓冲区用来保存历史数据。缓冲区容纳不下的旧数据将被舍弃。通过在波形图表上右击弹出的快捷菜单中选择“图表历史长度”可以定制缓冲区长度，波形图表上显示曲线的点数不能大于缓冲区的大小。

5.4.2　波形图表的基本操作

波形图表的基本操作与波形图的操作类似，下面主要介绍两处特殊的操作功能。

1. 多条曲线显示方式切换

在绘制多条曲线时，波形图表默认是把这些曲线绘制在同一个坐标系中，在波形图表上右击，在弹出的快捷菜单中选择“分格显示曲线”，可用于把多条曲线绘制在各自不同的坐标系中，这些曲线坐标系从上到下排列。选中后,该命令变为“层叠显示曲线”,用于在同一坐标系下显示多条曲线。

2. 数据刷新模式

在波形图表上右击，在弹出的快捷菜单中选择“高级”→“刷新模式”可以指定三种刷新模式，如图5-25所示。三种模式下，波形都是从左到右绘制，不同的地方在于到达右边界后的处理。到达右边界时，“带状图表”模式下的旧数据开始从左边界移出，新数据接续在旧数据之后显示；“示波器图表”模式下，整个波形图表被清空，然后重新从左到右绘制波形；“扫描图”模式下，波形重新开始从左到右绘制，但原有波形并不清空，而且在最新数据点上有一条垂直方向的清除线，这条清除线随新数据向右移动，逐渐擦除旧波形。

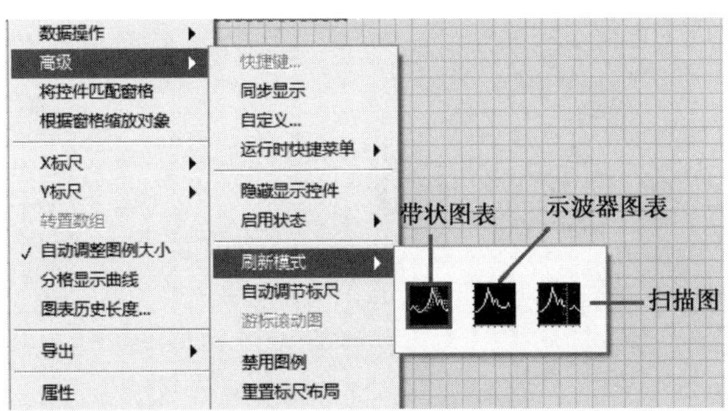

图 5-25　数据刷新模式

 5.5　XY 图

XY 图是波形图的一种，也以曲线方式显示数据，与波形图、波形图表的不同之处在于，XY 图不要求水平坐标等间隔分布，而且允许绘制一对多的映射关系，如绘制封闭曲线等。XY 图用来反映测量点X、Y值共同变化的规律，需要同时输入X和Y数据，使用XY图能方便地绘制任意复杂曲线。XY图可用于绘制多值函数，如圆形或具有可变时基的波形。

使用XY图绘制单曲线时，有以下两种方法：

（1）先生成两组数据(数组)，然后捆绑成簇送入XY图，此时，两个数据数组中具有相同序号的两个数据组成一个点的坐标，捆绑的第一行对应X轴、第二行对应Y轴。

（2）先将一对数据(标量)打包成簇，将其作为一个点的坐标，然后再组成一维数组送入XY图。

用两种方法绘制一个圆

练习5-5：用两种方法绘制一个圆。

绘制圆VI的前面板和程序框图如图5-26所示，其中，周期T用来输入三角函数公式中的T值，a用来确定正弦函数的最大值，b用来确定余弦函数的最大值。当a、b相等时，绘制出的就是一个圆；当两者不等时，绘制出的就是一个椭圆。

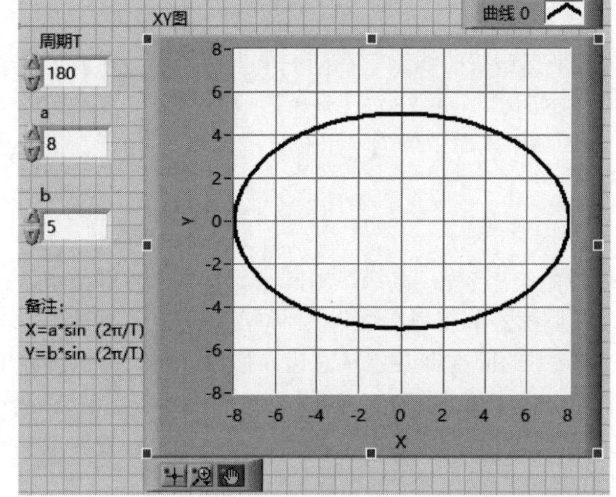

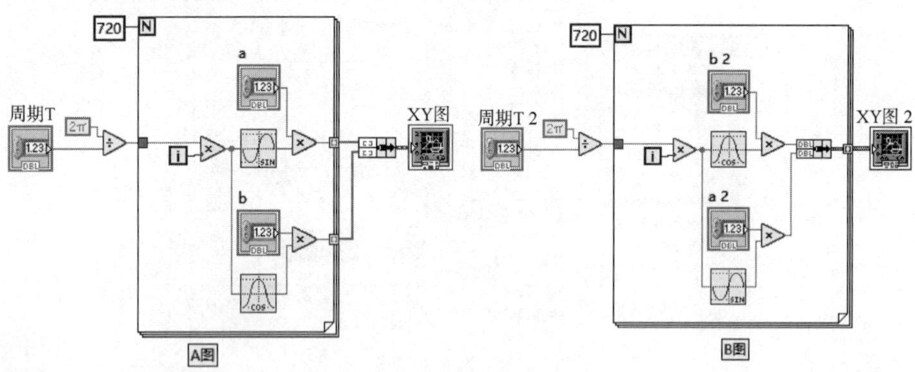

图 5-26　绘制圆的 VI

操作步骤：

（1）在前面板上放置一个XY图控件和三个数值控件，并分别命名为“周期T”“a”“b”，数值控件可任意赋值。

（2）在程序框图中放置一个For循环结构，将两个乘函数、一个正弦函数、一个余弦函数、“a”、“b”数值控件放置在循环结构内部。

（3）在循环结构外部放置除函数常数“2π”和“周期”数值控件。将“捆绑”函数和XY

图形控件放置在For循环结构外部。按照逻辑功能要求，把所有对象连接起来，如图5-26中A图所示。

（4）上述步骤是先使用循环各自生成两个一维数组后捆绑成簇，然后将两个簇组成簇数组送入XY图，运行即可得圆或椭圆波形。

（5）将第（3）步中的“捆绑”函数放入For循环结构内，再按逻辑功能要求，把所有对象连接起来，如图5-26中B图所示，也可得圆或椭圆波形。这个方法是将生成的数据点坐标打包成簇，然后利用循环生成一维簇数组，送入XY图。

5.6 强　度　图

强度型控件是一种使用颜色块在二维坐标平面上表示三维数据的工具。刚添加到前面板上的强度图如图5-27所示。从该图中可以看到，强度图与前面介绍过的曲线显示工具在外形上的最大区别在于，强度图表拥有标签为“幅值”的颜色控制组件，如果把标签为“时间”和“频率”的坐标轴分别理解为X轴和Y轴，则“幅值”组件相当于Z轴的标尺。

强度图形控件常用于绘制温度（场）地形、磁场等数据的变化情况。强度图形控件包括强度图表和强度图。强度图表和强度图基本相似，两者之间的区别在于其刷新数据方式不同，这一点与波形图和波形图表的区别类似。

颜色控制组件（相当于Z轴）的属性对强度图的绘制至关重要，可在快捷菜单中对其进行设置，如图5-28所示。

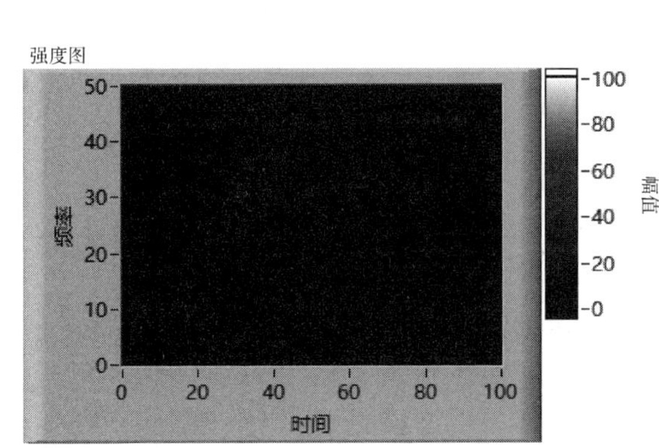

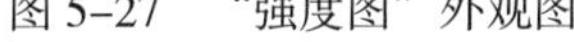
图 5-27　“强度图”外观图

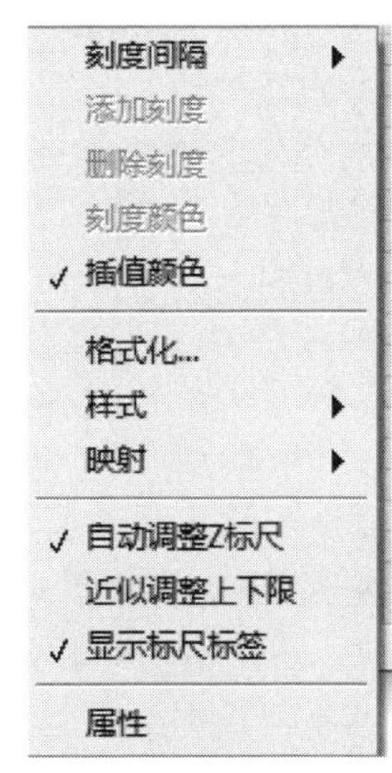

图 5-28　颜色控制组件的（Z 轴）快捷菜单

Z轴的颜色条映射了输入数据大小与显示颜色的对应关系。快捷菜单中的选项如下：

（1）刻度间隔：可选“任意”和“均匀”两项。但选择“均匀”后无法再使用“添加刻度”“刻度颜色”等菜单项。

（2）添加刻度：可以改变已有刻度的个数。

（3）刻度颜色：添加刻度后，可右击颜色条右侧的刻度，设置此刻度值的颜色。

（4）插值颜色：用于利用插值方式实现颜色的平滑过渡。另外，设置好颜色条的颜色后，可以重新将其置换成均匀刻度，刚刚设置好的彩色条纹不变。

强度图控件接收到输入数据时，通过该输入数据的值在颜色条找到相应的刻度并对应某一颜色，而对应的颜色将显示在强度图中来表示输入数据的值或所属区间。

强度图的显示区域分为一个单元，每个单元对应于二维数组的一个索引，而每个单元的颜色表示一个数组成员的数值。在使用强度图时，数组每一行数据对应强度图数据显示的每一列。

绘制一个二维数组的强度图

练习 5-6：绘制一个二维数组的强度图。

绘制一个任意的二维数组强度图，练习 Z 轴颜色条的设置。强度图的前面板和程序框图如图 5-29 所示。

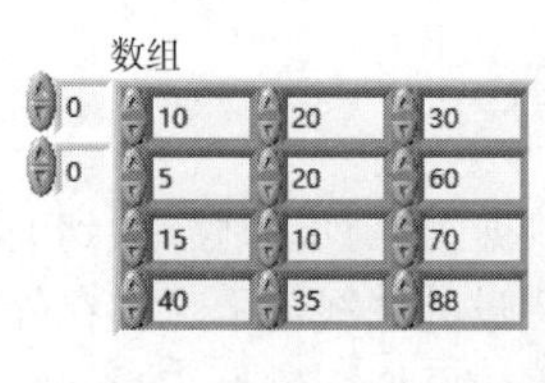

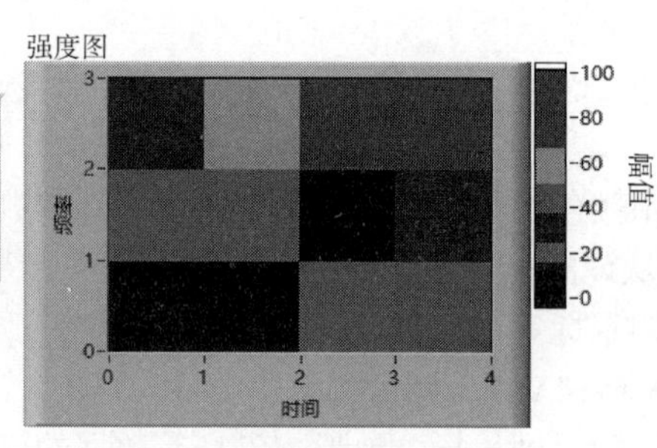

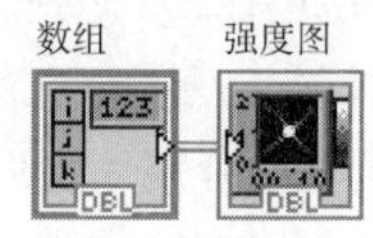

图 5-29　二维数组的强度图 VI

操作步骤：

（1）在前面板上放置一个二维数组，可任意赋值。

（2）在前面板上放置一个强度图控件，并在程序框图中将数组与强度图连接起来。

（3）将 Z 轴颜色条的刻度间隔改为任意，则可在刻度条上添加刻度，将鼠标在颜色条的不同位置单击添加 4 个刻度。

（4）右击添加的刻度，选择“刻度颜色”，可任意设置某一种颜色。颜色设置完成后将刻度间隔改为均匀。

（5）运行程序，得到类似图 5-29 的强度图显示，验证数据与色块的对应关系。

小　结

本章主要介绍了图形控件中的波形图、波形图表、XY 图和强度图 4 种类型的图形显示控件。其中波形图表和强度图表可以接收实时数据，反映实时数据的变化趋势。波形图、XY 图和强度图等接收完整的数据，在画图之前会自动清空当前图表，然后把输入的数据画成曲线。

在图形控件的各个组成部分上右击调出的快捷菜单或属性对话框中可修改所显示的图形属性和参数。

习　题

1. 在波形图上用两种颜色显示一条正弦曲线和一条余弦曲线，每条曲线长度 200 个点，其中正弦曲线的 t0=0，dt=2，余弦曲线的 t0=2，dt=5，采用 For 循环结构、捆绑函数以及创建数组函数等完成。

2. 参照练习 5-5，绘制一个横向直径为 10、纵向直径为 6 的椭圆。

3. 应用 XY 图绘制李萨如图形。

4. 完成一个正弦波信号发生器，其 VI 如图 5-30 所示，频率、幅值、相位、采样率和采样数可调。

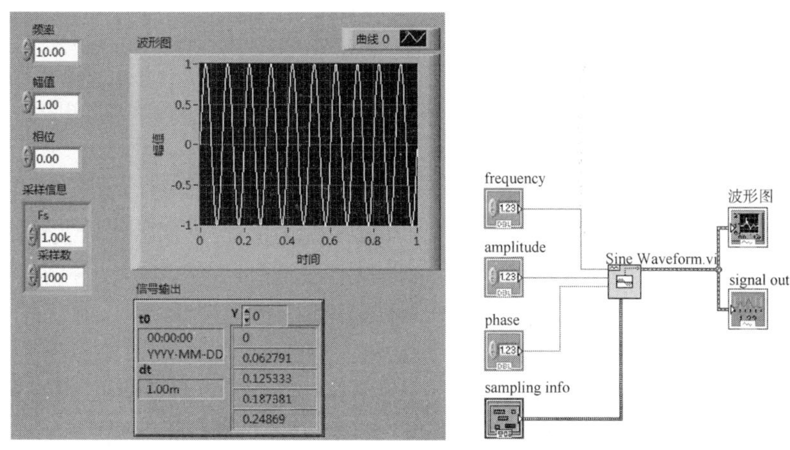

图 5-30　正弦波信号发生器 VI

上 机 实 验

上机实验：创建成绩分析系统。

创建一个成绩分析系统，显示各班级各门课程的不及格人数占总不及格人数的比例，如图 5-31 和图 5-32 所示。

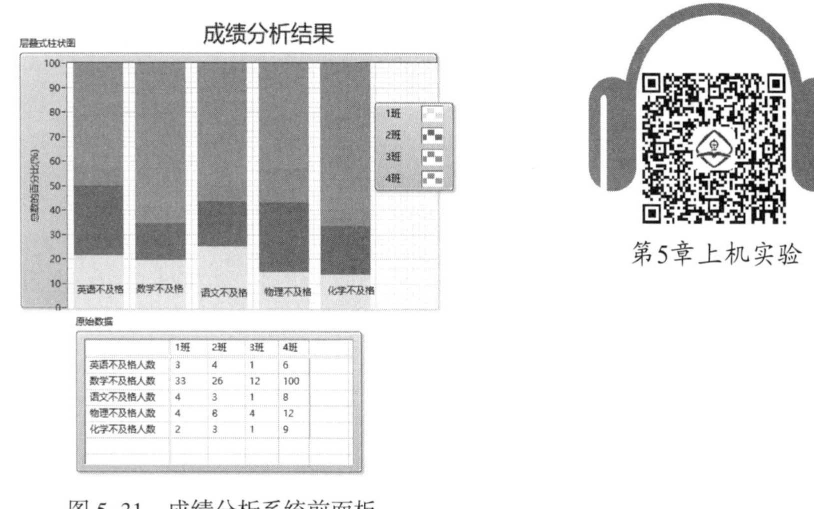

	1班	2班	3班	4班
英语不及格人数	3	4	1	6
数学不及格人数	33	26	12	100
语文不及格人数	4	3	1	8
物理不及格人数	4	8	4	12
化学不及格人数	2	3	1	9

图 5-31　成绩分析系统前面板

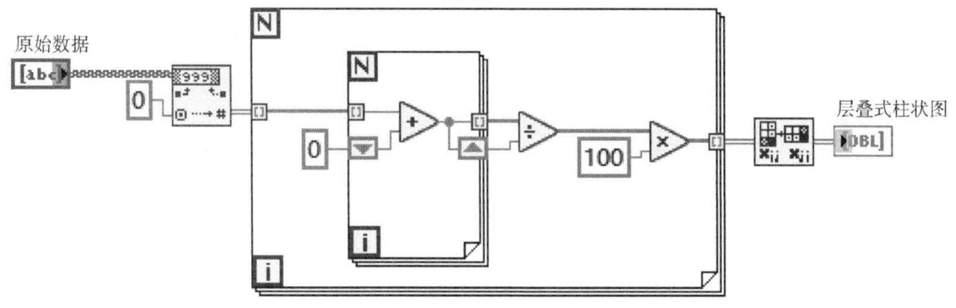

图 5-32　成绩分析系统程序框图

操作步骤：

（1）在前面板上放置表格控件，表格的每个单元格都是一个字符串，表格表示一个二维字符串数组。将表格的行标题设置为各门课程不及格人数、列标题设置为各个班级，再对数据任意赋值。

（2）在程序框图窗口上放置“编程”→“字符串”→“数值/字符串转换”→“十进制数字符串至数值转换”函数，偏移量不设置，左下角默认值设为0。原始数据连接到该函数，实现字符串转换为二维数组的功能。

（3）将二维数组输入到For循环。程序框图窗口上放置两个嵌套的For循环。外部For循环每循环一次，通过索引得到一个一维数组，最后将二维数组拆成m个一维数组。内部For循环进行相加得到一维数组的总和。如第一个一维数组3、4、1、6、2进入第二个For循环，第一次循环后，3进入移位寄存器，第二次循环后，4+3=7进入移位寄存器……第五次循环后14+2=16进入移位寄存器，此时循环结束。输出的一维数组为3、7、8、14、16。移位寄存器的输出值为16。一维数组除以16再乘以100得到新的数组，新的数组的元素分别为里面的For循环输出的数组的各个元素的值占总和的百分比。可在外层For循环后创建一个数组显示控件，得到图5-33所示结果。

图 5-33　循环完成后的数组效果

（4）分析该数组，要得到图5-31所示的层叠柱状图，比较的是班级之间的学习效果，一个班一个图例，一个图例对应一行数据。所以，图5-33 所示的数组需要转置。在“函数选板”→“编程”→“数组”子选板中选中“数组转置”函数，该函数输入端与For循环输出端连接。

（5）在前面板上放置波形图控件，在程序框图中连接到“数组转置函数”输出端，运行可得图5-34所示波形。

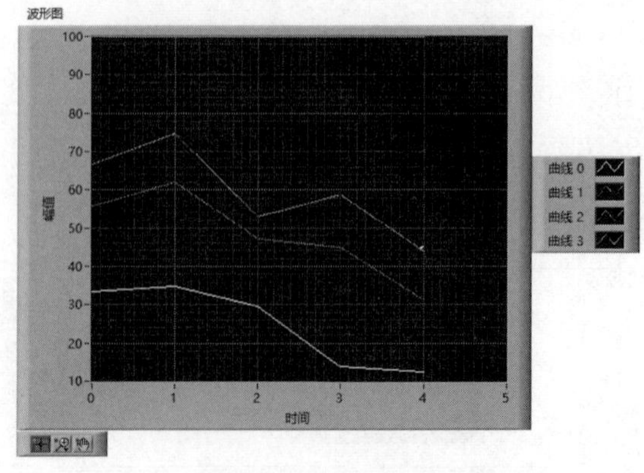

图 5-34　初始波形

（6）选择波形图控件，右击并选择“属性”，选择“外观”选项卡，选中“显示图例”复选框，设置显示4条曲线，单击“确定”按钮，如图5–35所示，可将4条曲线的图例调出。

图 5–35　波形图属性对话框

（7）在图例中，右击调出快捷菜单，选择“直方图”，选取第二种直方图，如图5–36所示。可得到图5–37的直方图形式，可以看到曲线还在，而且第一列只显示了一半。

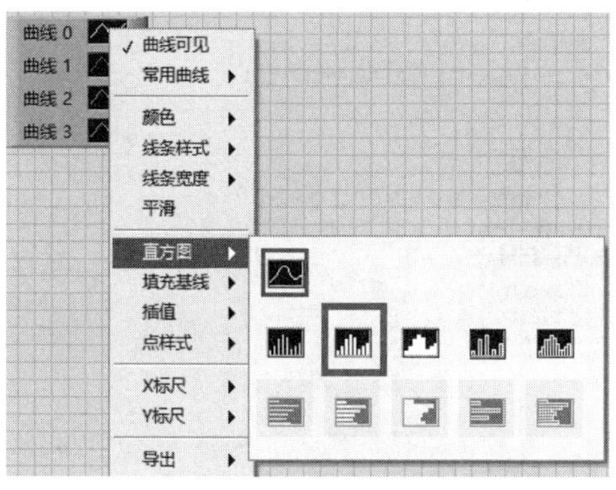

图 5–36　图例快捷菜单

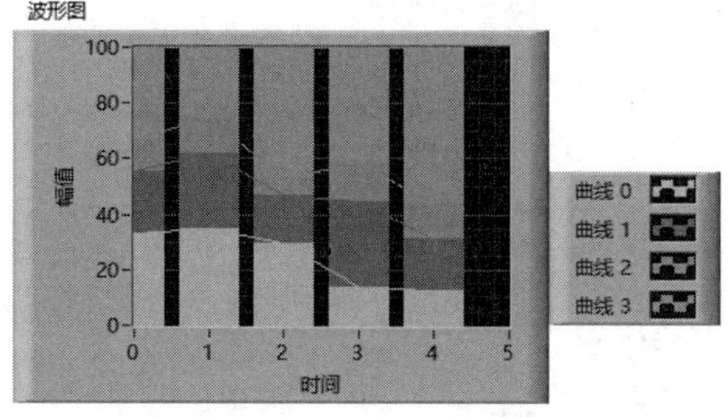

图 5–37　初始直方图

（8）在波形图属性对话框中，选择“曲线”选项卡，把每条曲线都改成散点模式，如图5–38所示。再在“标尺”选项卡中修改X轴标尺，取消自动标尺，把标尺范围改大点，得到完整的柱状图。

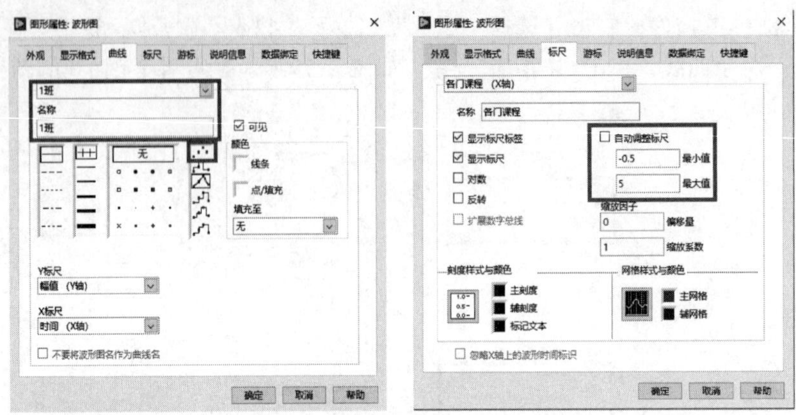

图 5-38 “曲线”和“标尺”选项卡

（9）在“游标”选项卡中选中“显示名称”“显示游标”可在柱状图下方显示该列柱状图所有对应的数据属性，如图5-39和图5-40所示。此外，还可以修改背景色、网格、文字等的外观美化界面。

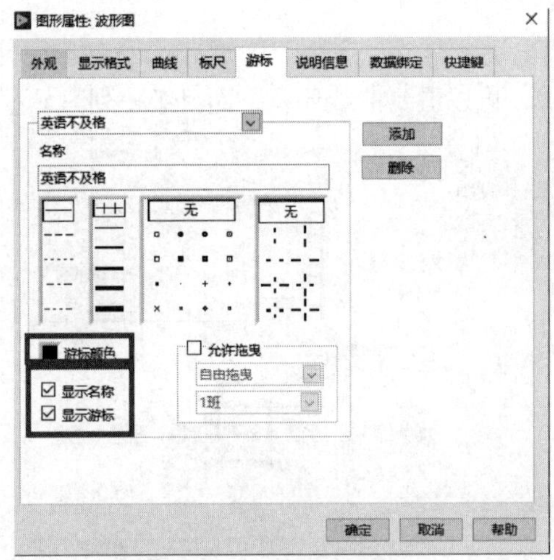

图 5-39 “游标”选项卡

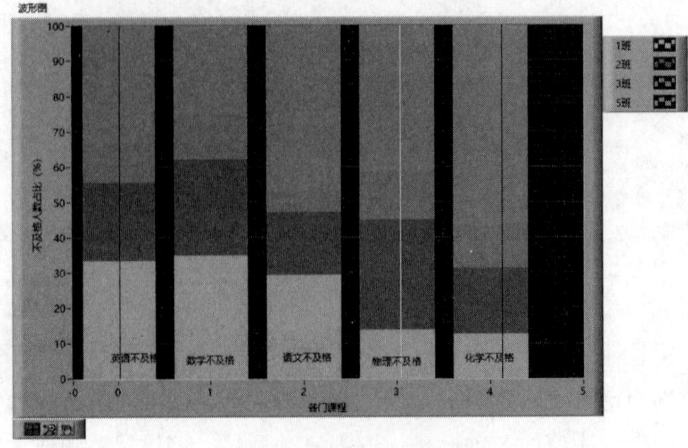

图 5-40 直方图

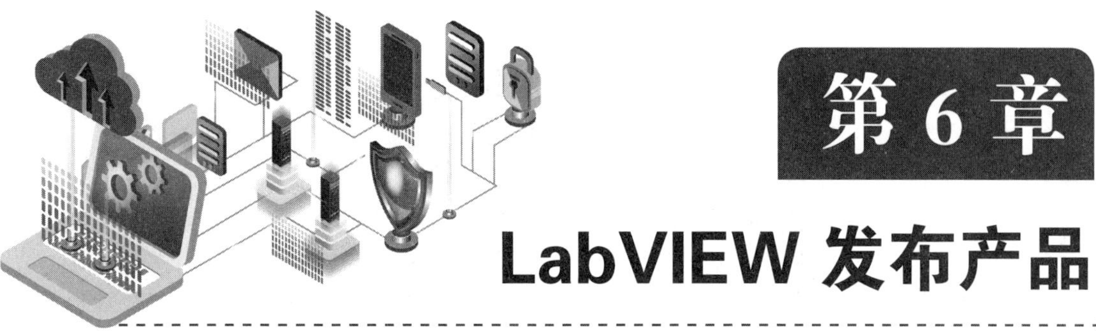

第6章 LabVIEW 发布产品

本章导读

本章主要介绍LabVIEW软件开发结束后如何交付用户使用。常见方法包括生成应用程序、安装程序、共享库、发布源代码、网络应用以及生成压缩包6种形式。其中生成应用程序和生成安装程序是重点。

6.1 概　　述

使用LabVIEW编写好程序后，往往需要将程序拿到目标计算机中去运行。如果用户计算机中安装了LabVIEW以及相关驱动和工具包，则可以将开发时使用的VI或者整个项目复制到目标计算机中，用户在LabVIEW环境中打开这些VI就可以执行。然而，安装LabVIEW和各种工具包会比较耗费时间，且VI可以被任意修改，容易引起误操作，如果只是运行程序，则不推荐这种方法。如果用户计算机没有安装LabVIEW开发系统，就可以在开发计算机中将开发的程序VI编译生成应用程序（.exe），然后将应用程序移植到用户计算机中。

除此之外，LabVIEW 2019版提供给用户的软件发布工具也集成在项目浏览器中。项目浏览器中的“程序生成规范”就是用来配置项目发布方法的，在“程序生成规范”快捷菜单中选择“新建”，可以看到程序有7种发布方法，它们是应用程序、安装程序、.NET互操作程序集、源代码发布、共享库、打包库、程序包、Zip文件，如图6-1所示，下面一一进行讨论。

图6-1　设置项目发布方法

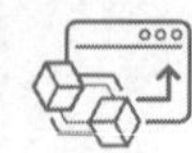

6.2 应用程序

6.2.1 准备工作

生成应用程序和安装程序需要用到应用程序生成器，LabVIEW专业开发版包含应用程序生成器，基础版和完全开发版则需要单独购买。

在生成应用程序之前需要做一些检查工作，LabVIEW帮助文档中列出了一个检查列表，可以前往以下网址查看：http://zone.ni.com/reference/en-XX/help/371361J-01/lvconcepts/build_checklist/。

6.2.2 应用程序生成步骤

新建一个LabVIEW项目，或者打开一个已经建好的项目，项目中包含了用户的VI，确保VI运行正常。右击“程序生成规范”并选择“新建”→“应用程序”，打开应用程序属性对话框，如图6-2所示。

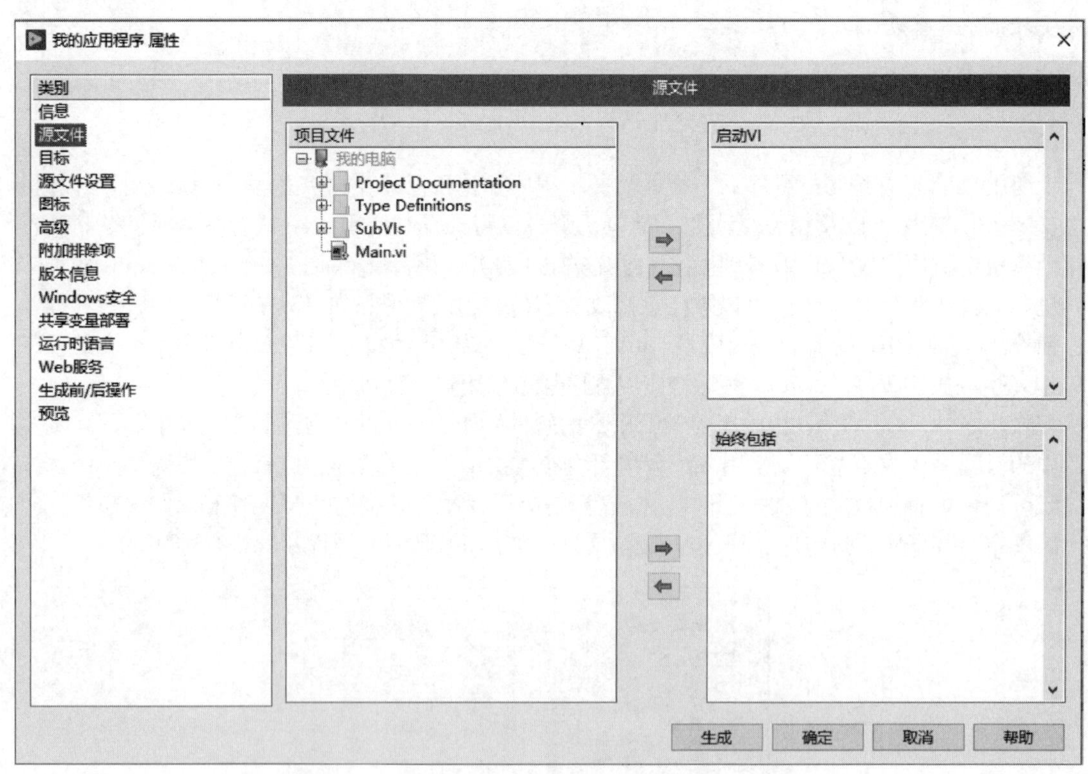

图6-2　应用程序属性对话框

1. 信息

在信息设置界面中，可以设置目标文件名和目标目录，如图6-3所示。目标文件名是将来生成的.exe文件名，该文件将存储于目标目录所示的位置。默认的目标目录会在LabVIEW Data文件夹下新建一个builds文件夹，然后再存储该应用程序。

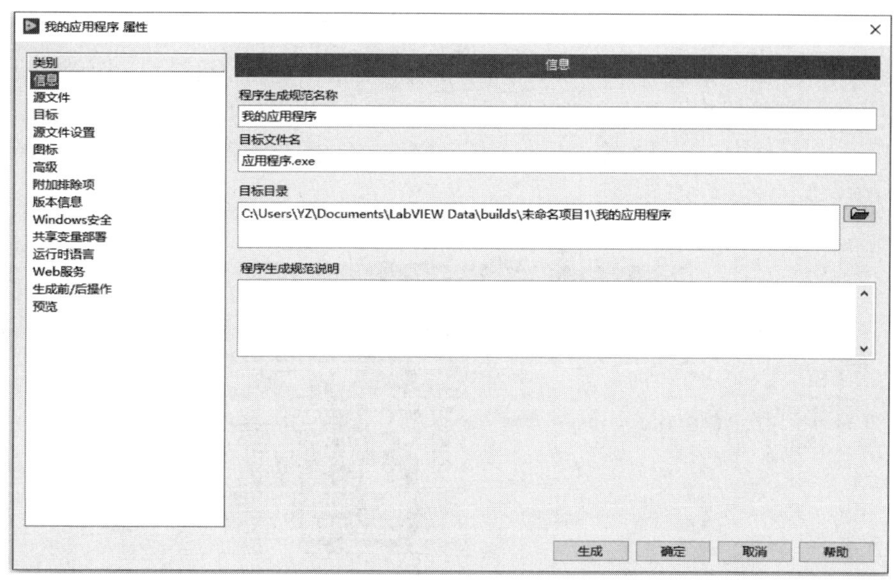

图 6-3　信息设置界面

2. 源文件

在源文件设置界面中，项目文件可能包含多个VI和其他资源，倘若项目有个主VI（一般是程序的主界面），则可以将它添加到启动VI列表框中，如图6-4所示。其他所有的VI都是其子VI，将其添加到“始终包括”列表框中，其他资料也可添加进去。注意：LabVIEW会自动把所有主VI静态调用的子VI都加入.exe文件中，但动态调用的子VI，则需要开发人员手动加入到“始终包括”列表框中。

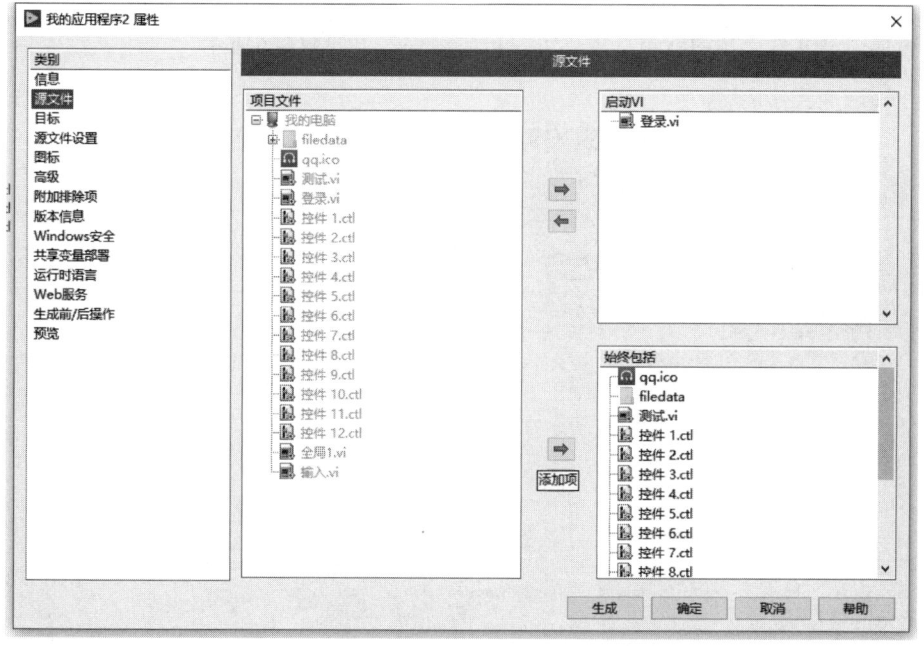

图 6-4　源文件设置界面

3. 图标

可以使用LabVIEW默认图标作为应用程序图标，也可以选择自己设计一个图标，如图6-5所示。使用图标编辑器编辑并保存设计的图标，去掉“使用默认LabVIEW图标文件”前的勾选，在打开的对话框中选择添加刚才保存的图标文件，注意“图标图像”的类型要与编辑该图标时选择的类型一致。

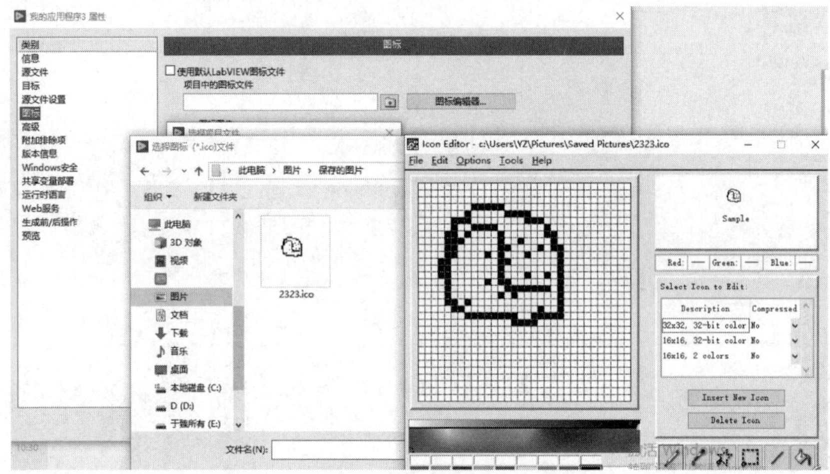

图 6-5　图标设置界面

4. 其他设置

在应用程序的属性设置栏里，还可以进行属性、版本信息、高级、Windows安全等其他操作。这些操作比较直观，就不一一讲述了。

真正生成应用程序之前，可以先进行预览。选择“预览”→“生成预览”，然后可以看到将来会生成哪些文件，其中就包括独立可执行应用程序，如图6-6所示。

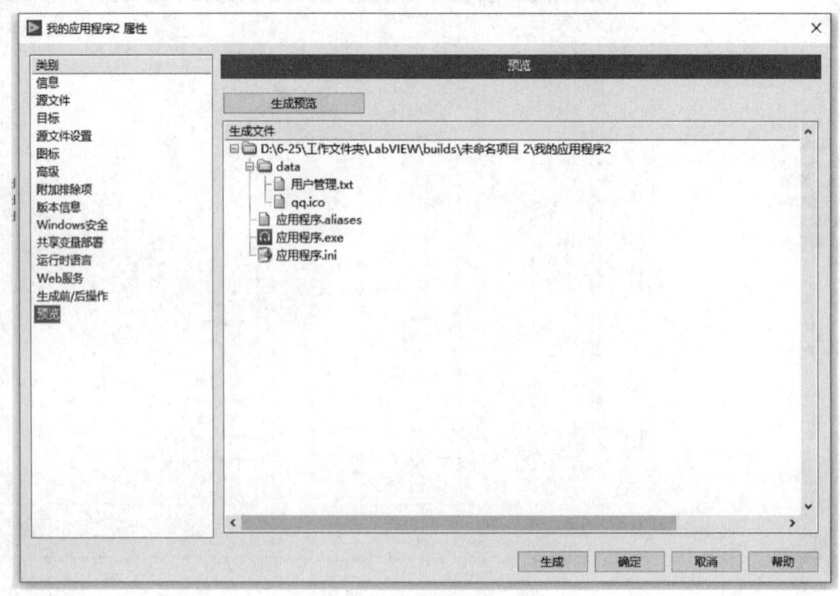

图 6-6　预览

5. 生成

最后选择“生成”，LabVIEW 打开“生成状态”窗口，当生成结束后会提示生成的应用程序所在路径。如果单击“完成”按钮，则会关闭“生成状态”窗口，如图6-7所示。

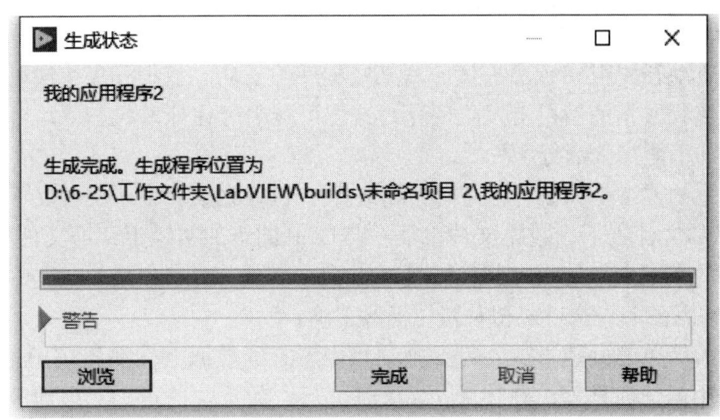

图 6-7 “生成状态”窗口

在目标目录下找到已经生成的.exe文件，如图6-8所示。在项目浏览器界面中，程序生成规范下有增加的.exe文件名，如“我的应用程序2”，如图6-9所示。

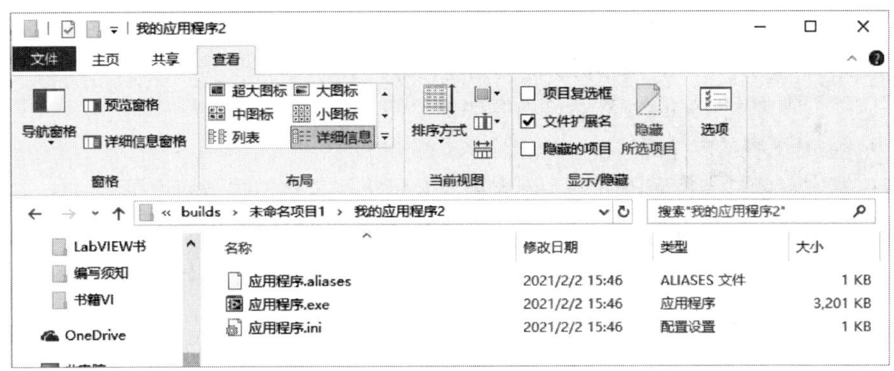

图 6-8 应用程序存储位置

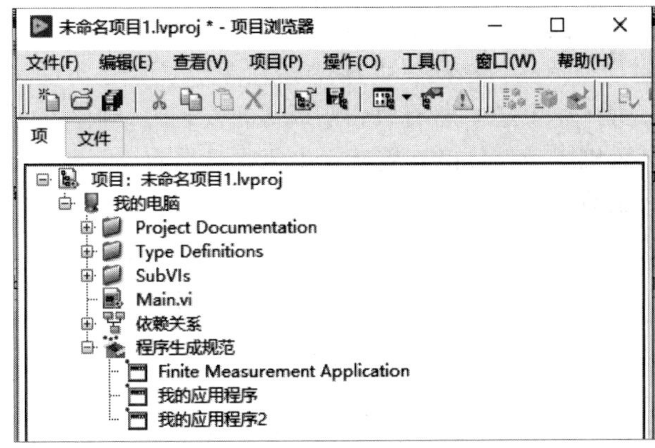

图 6-9 应用程序生成后的界面显示

至此，完成生成独立可执行应用程序的操作，如果目标计算机中已经安装LabVIEW运行引擎和其他需要的组件，那么就可以将生成的.exe文件复制到目标计算机中直接运行。

6.2.3 应用程序运行错误

1. 文件路径变化

如果程序中有动态调用VI或者有读/写某些文件的子VI，在把程序生成可执行文件后，这些文件的位置和路径常量的值可能发生变化，这样可能引起在开发状态下运行正常的程序，在生成应用程序后却不能正常运行了。

解决这个问题的方法是，编写程序时，始终把主VI放在某一个子文件夹下，比如放在一个名为C:\4.2\OCR\的文件夹下，数据文件也放在与OCR同级的路径下，即文件夹C: \4.2\下。这样在程序中保存的数据文件的相对路径就是“..\..\data.ini”。程序生成.exe文件之后，数据文件与.exe文件在同一路径下，这时该相对路径仍然正确。

还有一种更为简单的处理方式，就是把项目中所有的数据文件都放在VI的上一级目录中。这样，程序就不用做任何处理，在生成.exe文件之后，数据文件正好对应地放在.exe文件所在的文件夹。

2. LabVIEW运行引擎缺失

如果要在用户计算机中运行LabVIEW生成的应用程序（.exe），需要在计算机中安装LabVIEW运行引擎。LabVIEW运行引擎包含：

（1）运行LabVIEW生成的可执行程序所需要的库和文件。

（2）使用浏览器远程访问前面板所需的浏览器插件。

（3）应用程序中生成LabVIEW报表所需要的组件。

（4）一些3D图表的支持等。

运行引擎本身就是支持多语言的，不需要安装特定语言版本的运行引擎。另外，需要确保用户计算机中安装的运行引擎版本与开发应用程序时使用的LabVIEW版本一致。如果要在一台计算机中运行多个版本的LabVIEW生成的可执行程序，那计算机中必须安装与这些LabVIEW版本一一对应的多个版本的运行引擎。

如果不满足运行引擎的要求，则可能会出现运行错误。不同版本的LabVIEW运行引擎可以在NI官方网站上免费下载。

3. 硬件驱动缺失

如果应用程序中使用了某些NI硬件的驱动，那么在用户计算机中需要安装对应版本的NI硬件驱动程序，否则也会提示运行错误。以DAQmx为例，比如在实现一个数据采集任务时用到了某个版本的DAQmx驱动，则在目标计算机中就需要安装对应版本的DAQmx驱动。

综上所述，用户计算机中安装LabVIEW运行引擎是必需的，而硬件驱动的安装则取决于应用程序是否使用该硬件驱动。

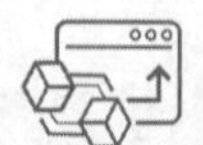

6.3 安装程序

在生成应用程序的方法中，可以看到，在用户计算机中仍然需要此方法中安装相关驱动和工具包，花费时间和精力较多。所以，可以把生成的应用程序和一些用到的组件打包，再生成一个安装包的方式，帮助用户把软件的各个组成部分放置在用户计算机中正确的文件夹下，并生成启动菜单、完成写入注册表信息等。

LabVIEW的程序生成规范可以帮助用户制作完成一个比较简单的安装包，完成一些基本工作，比如创建启动项、在“添加或删除程序”工具中添加卸载项目等。

1. 安装程序设置

在同一个项目中右击“程序生成规范”，选择“新建”→“安装程序”，打开安装程序属性对话框，如图6-10所示。

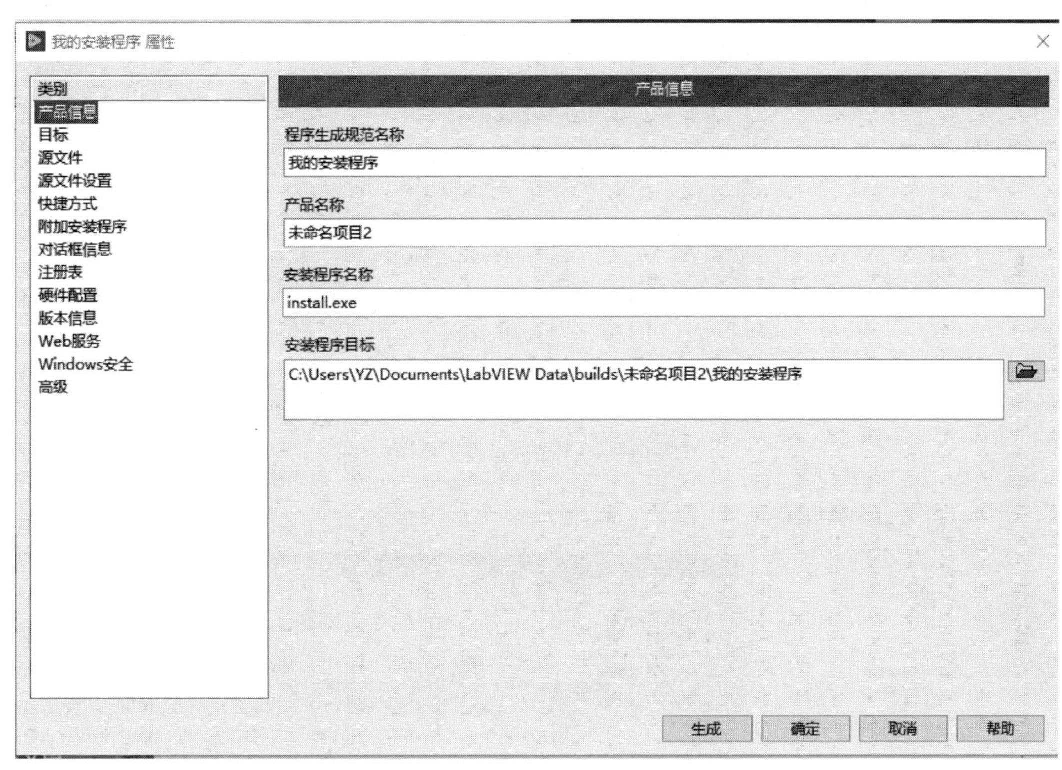

图6-10 安装程序属性对话框

2. 产品信息

在“产品信息”设置界面中设置产品名称和安装程序生成目录，如图6-11所示。“程序生成规范名称”是指定程序生成规范的唯一名称。该名称可在项目浏览器窗口中的程序生成规范下显示。“产品名称”指定要显示给用户的安装程序名。产品名称出现在Windows添加/删除程序对话框的应用程序列表中。“程序生成规范名称”和“产品名称”会影响安装程序所在的路径名。“安装程序目标”是指定安装程序的生成位置，输入路径或使用浏览按钮，可浏览并选择目录。

3. 目标

选择“目标”，修改目标名称，该名称决定了将来安装程序运行结束后，可执行文件会释放到哪个文件夹中，如图6-12所示。“目标视图”列表框中带有LabVIEW前缀的文件对应安装在..\LabVIEW2019\.. 目录。除程序文件以外的，没有LabVIEW前缀的文件夹对应Microsoft Installer(MSI)属性。“目标视图”下方还设置了“添加目标”“添加属性”“添加绝对路径”“删除”4个按钮，用于在目录结构中添加或删除目标文件夹、目标属性及目标文件夹路径。“目标

名称”可修改目标视图中所选文件夹的名称，但目标视图中原有的顶层文件夹用括号括起，无法重命名。

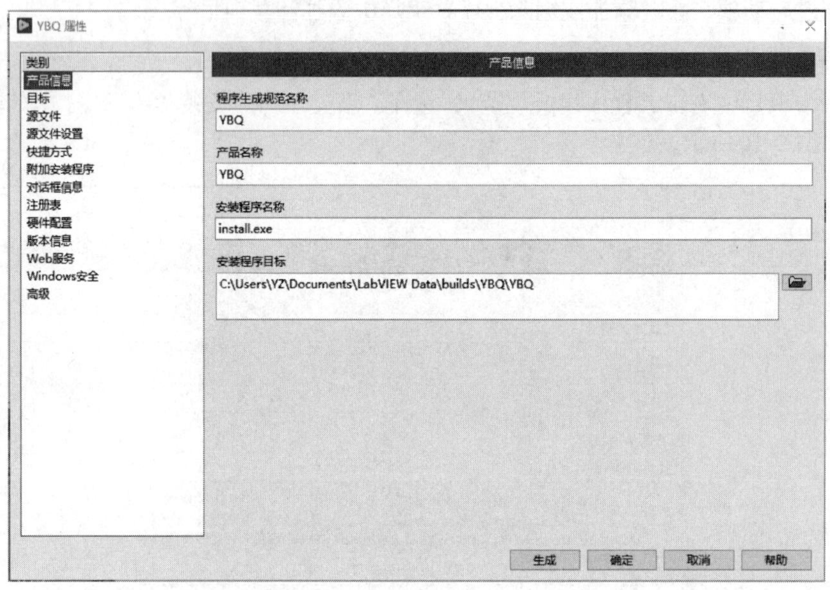

图 6–11　产品信息设置界面

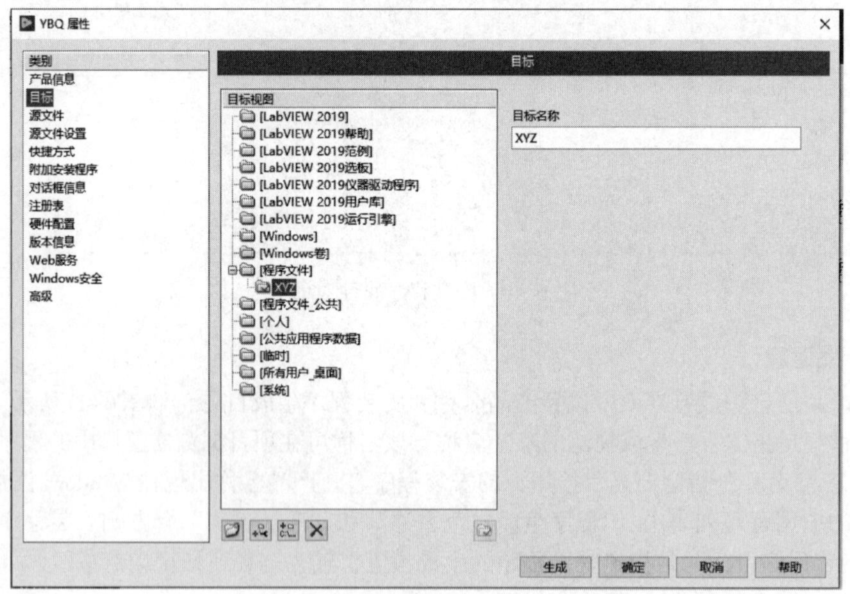

图 6–12　目标设置界面

4．源文件

选择“源文件”，在“项目文件视图”列表框中单击选择之前创建的应用程序，如图6–13中的“我的应用程序”，然后单击添加箭头，将应用程序添加到目标文件夹中，右边“目标视图”列表框中可以看到添加结果，如图6–13所示。由于不能添加或删除程序生成规范生成的文件，因此该部分文件显示为灰色。程序生成规范仅能整体添加或删除。目标视图的作用和性质同目标文件界面设置中的性质类似，只是包含的LabVIEW文件和Microsoft Installer(MSI)属性的具体内容有所不同，底部的4个按钮作用也类似。

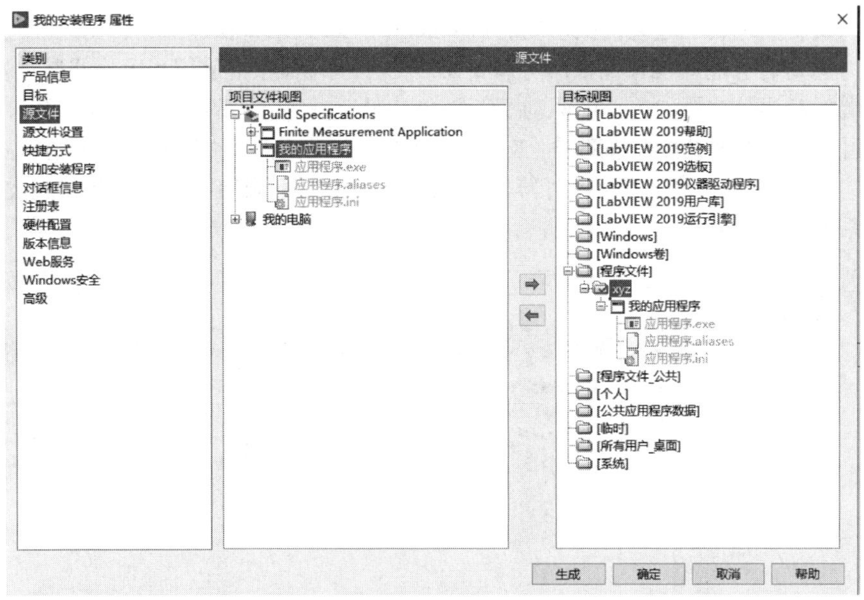

图 6-13　源文件设置界面

5. 快捷方式

选择“快捷方式”，修改右边的快捷方式名称和子目录名称。快捷方式名称对应将来在“开始”菜单中看到的快捷方式图标的名称，子目录对应着快捷方式在“开始”菜单中所处的文件夹名称，如图6-14所示。

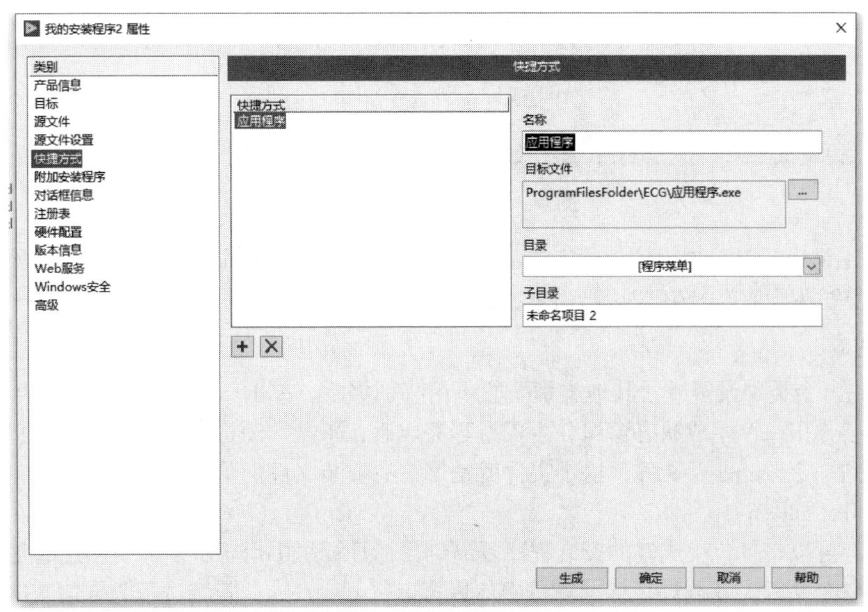

图 6-14　快捷方式设置界面

6. 附加安装程序

选择“附加安装程序”，勾选相应的LabVIEW运行引擎和必要的驱动程序以及工具包等，这些驱动以及工具包会一起包含在生成的installer中。LabVIEW在这里会自动选一些必要的NI安装程序，但是有可能并没有包含所有需要安装的程序，程序中使用到了哪些驱动及工具包，在这里配置的时候就需要勾选哪些驱动及工具包。对于一些特定的工具包，如NI OPCServers、DSC运行引擎等不支持直接打包部署（KB:5SS56RMQ 56P8BSJT），因此在这里会无法勾选或者勾选无效，这些工具包需要在目标计算机单独安装，如果不能确定该工具包是否支持打包部署，请联系NI技术支持，如图6–15所示。

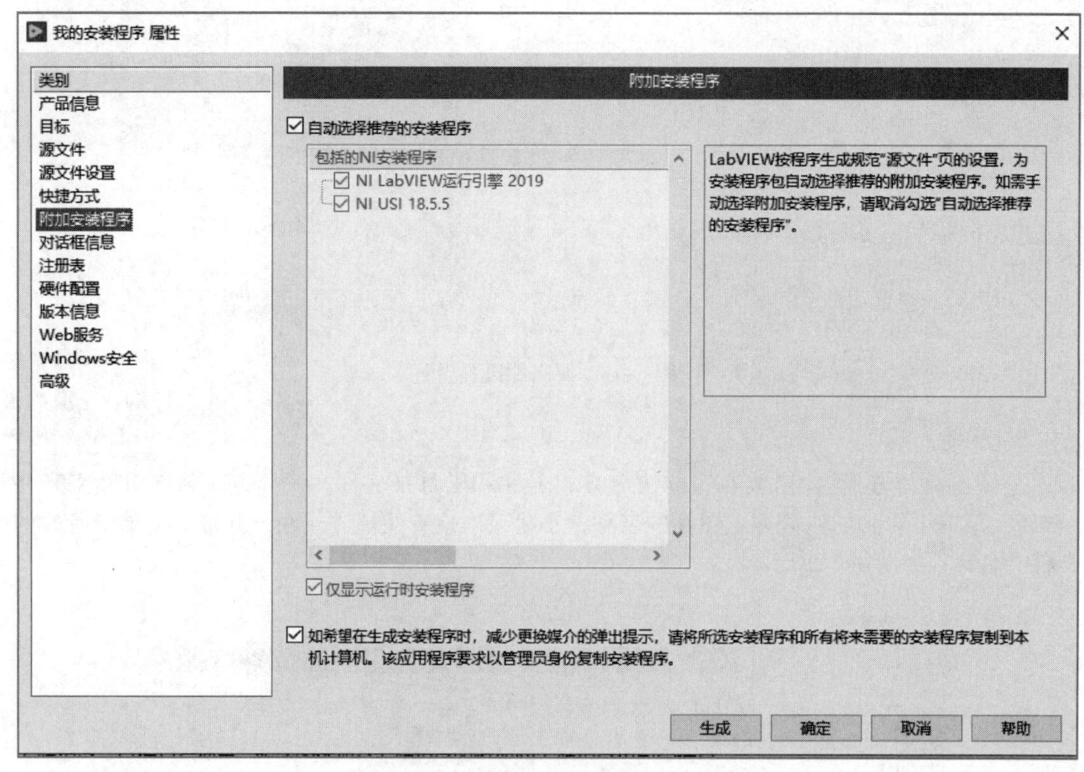

图6–15 附加安装程序界面

LabVIEW运行引擎是比较大的，它可能会使得安装包增加几十兆字节的大小。如果可以确定用户计算机中含有LabVIEW运行引擎，则也可以不打包该引擎。

7. 生成

除上述6个类别设置外，其他类别一般不用特别修改。单击“生成”按钮开始生成安装程序，同样会弹出一个生成状态窗口，生成过程完成后，单击“浏览”可以打开安装文件所在路径，会看到一个setup.exe文件，这个文件就是最终的安装文件。单击“完成”按钮关闭“生成状态”窗口，如图6–16所示。

现在，可以将打包生成好的安装程序复制到目标计算机中运行了。需要注意的是，复制的时候要将整个文件夹复制到目标计算机中然后再运行setup.exe，安装过程与普通Windows应用程序没有区别，安装结束后就可以在目标计算机中运行所生成的应用程序了。

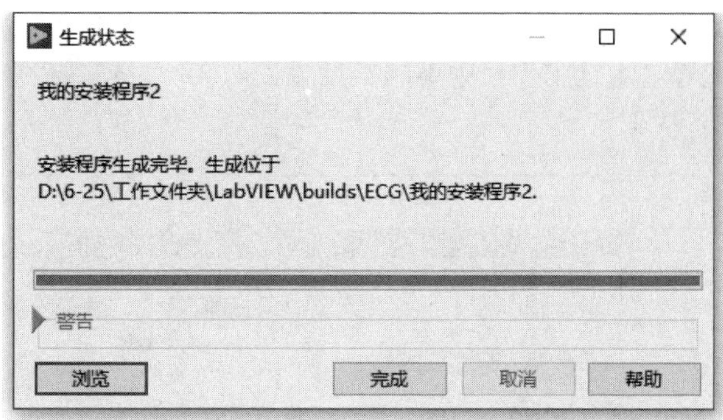

图 6–16　生成安装程序

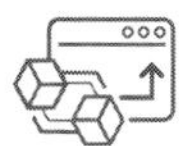 6.4　.NET 互操作程序集

在Windows系统中，如果希望将VI用于Microsoft .NET Framework，则可以使用程序生成规范中的.NET互操作程序集打包VI。

在同一个项目中，右击“程序生成规范”，选择“新建”→“.NET互操作程序集”，打开图6–17所示的“我的互操作程序集 属性”对话框。

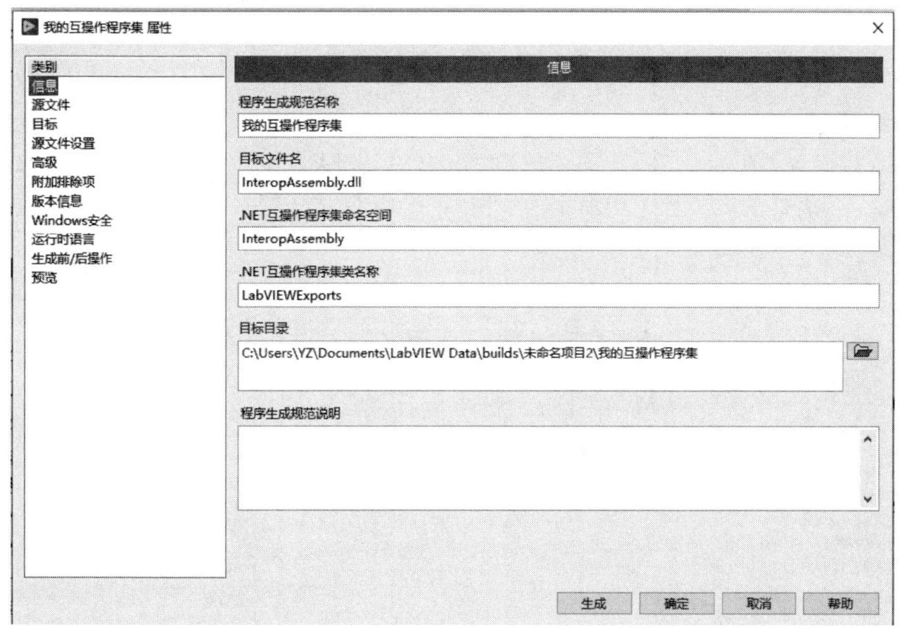

图 6–17 “我的互操作程序集 属性”对话框

1. 信息

信息设置界面用于命名.NET互操作程序集并选择.NET互操作程序集的保存位置，如图6–17所示。目标文件是DLL类型，可修改文件名、命名空间和目录等。

2. 源文件设置

源文件设置界面用于.NET互操作程序集中文件的编辑目录和属性，如图6–18所示。在

“项目文件”列表框中选中各个文件或VI，即可在最右侧选项中编辑各项内容，包括设置目标、设置VI属性、保存设置等。当选中项目为不同类型时，如文件、VI或者依赖关系，右侧的设置内容各有不同。

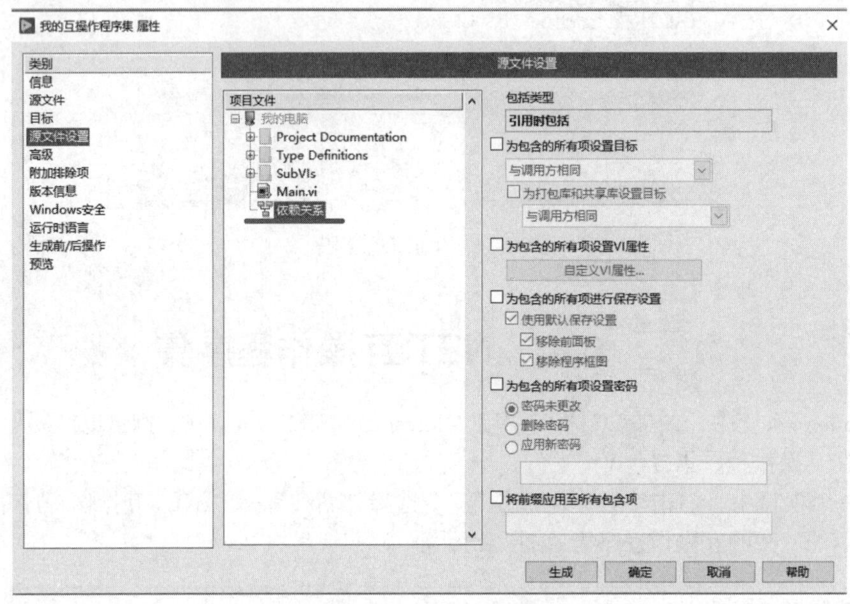

图 6-18　源文件设置界面

3. 源文件

在源文件设置界面中，可将主VI添加到“导出VI”列表框中，其他项目文件可手动添加到“始终包括”列表框中，如图6-19所示。其他的附加排除项、版本信息、Windows安全等操作比较直观，就不一一叙述了。

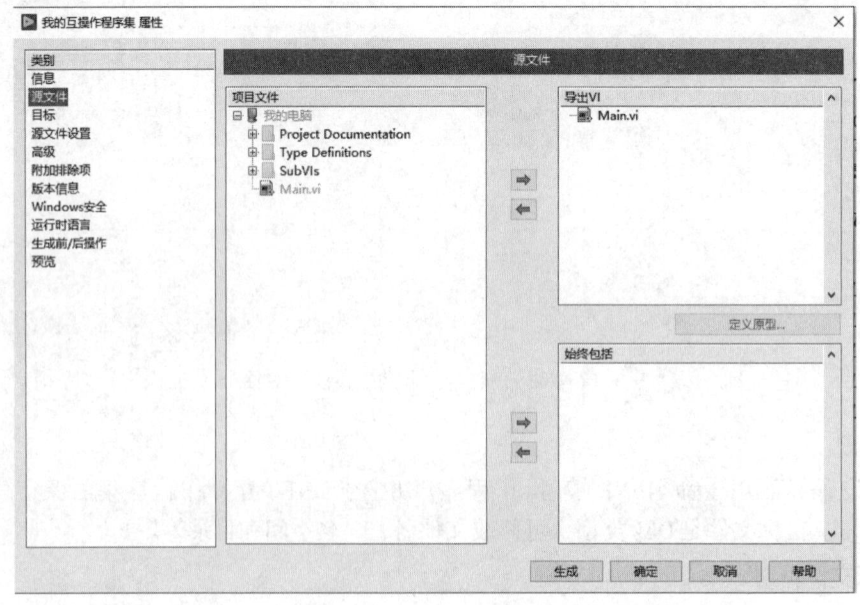

图 6-19　源文件设置界面

4. 预览

在预览界面中，可以看到生成文件的存储目录，以及所包含的三个文件类型，如图 6-20 所示。可以看出，LabVIEW 将在程序集的同一目录下放置一个配置（ini）文件。如需在其他程序中调试程序集，必须将 .ini 文件和程序集一起发布。

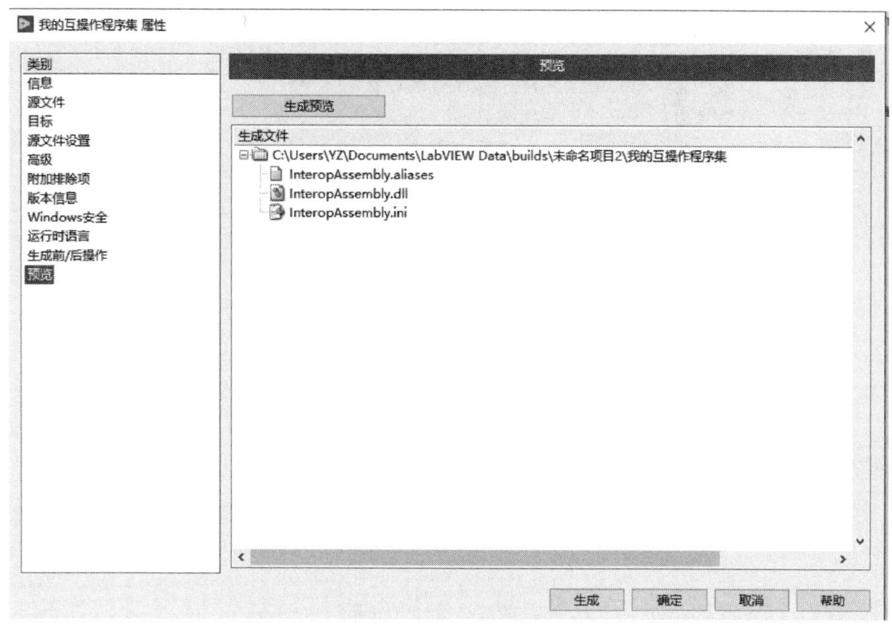

图 6-20　预览界面

值得注意的是，生成 .NET 互操作程序集之后，要保证调用该互操作程序集所在的计算机满足下列要求：

（1）使用 .NET 互操作程序集的计算机中必须安装 LabVIEW 运行引擎。

（2）建议调用 .NET 互操作程序集的计算机中安装的 .NET Framework 的版本与 LabVIEW 用于生成应用程序的版本相同。

（3）要在 LabVIEW 开发环境之外调用 .NET 互操作程序集，必须在 Microsoft Visual Studio 项目中引用 NationalInstruments.LabVIEW.Interop.dll。LabVIEW 运行引擎会自动将该 DLL 安装至 National Instruments\Shared\LabVIEW Run-Time 目录。也可手动安装 NationalInstruments.LabVIEW.Interop.dll 至全局程序集缓存 (GAC)。如需安装该 DLL 至 GAC，必须使用强名称密钥文件签名 .NET 程序集（在“我的互操作程序集 属性”对话框的“高级”选项卡中设置）。

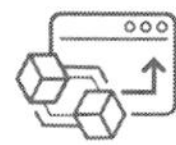 6.5　源代码发布

如果希望发布的 VI 可以被其他 LabVIEW 开发人员使用，则可用发布源代码的形式。源代码发布的这种程序生成规范主要适用于二次开发和合作开发。这种方式与直接发布 VI 是有区别的。比如，为了保护产权，源代码发布可以增设密码，禁止用户查看其程序框图；或者为了加快客户应用程序的运行速度，用户可以禁止 VI 的调试功能等。

在同一个项目中右击“程序生成规范”，选择“新建”→“源代码发布”，打开“我的源代码发布属性”对话框，相关配置类别与 .NET 互操作程序集的类别相似，也需要制定哪些 VI 最终包

含在源代码发布包中。不同的是，源代码发布直接把VI提供给用户，无须改变参数信息类型等。

在图6–21中可以看出，源文件发布可以在“源文件设置”页面中，修改发布后的文件名。自定义VI属性（修改属性或移除前面板、程序框图等）。

源代码发布的VI一般是提供给用户编程时使用的子VI。用户在选用这些VI时，可以把这些VI加入函数选板上。

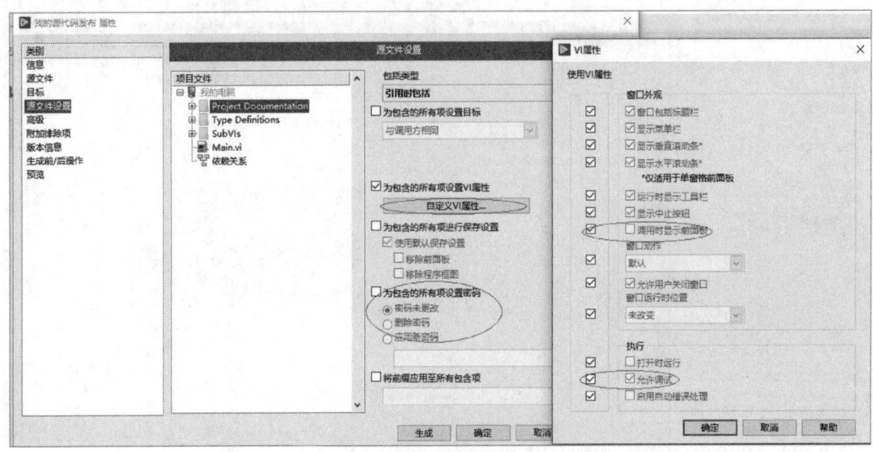

图 6–21　源代码发布设置页面

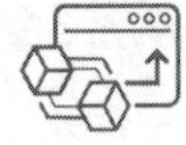

6.6 共 享 库

有时，由LabVIEW编写出来的程序可能只是供其他非LabVIEW软件编写的程序所调用的子函数。这种情况下，产品发布的最常见方法是把LabVIEW中编译的VI发布成DLL文件。项目中每个需要供其他程序调用的VI成为DLL中的一个输出函数。

在同一个项目中右击“程序生成规范”，选择“新建”→“共享库”，打开图6–22所示对话框。各属性类别的设置与其他程序生成规范类似，就不一一叙述了。

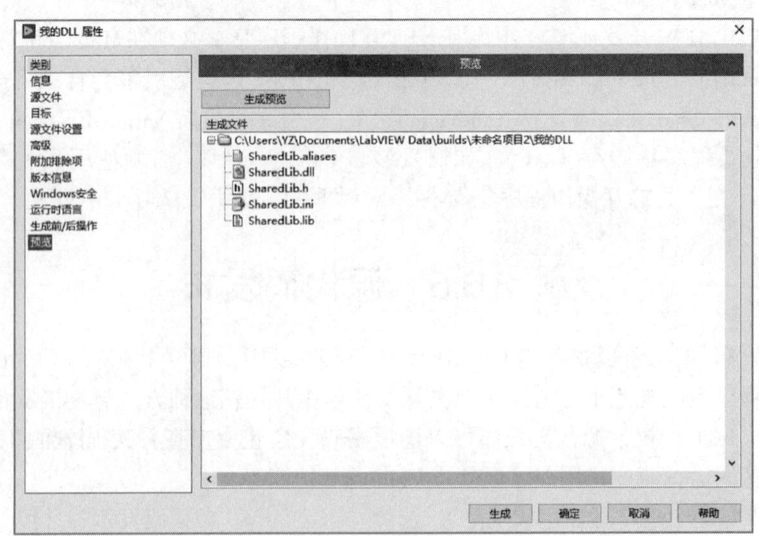

图 6–22　DDL 属性对话框

需要注意的是，“导出VI”列表框中可以定义VI原型，VI名可以是中文，但“定义VI原型”界面中的函数名必须是英文。当VI名为中文或包含非法函数名字符时，需要手动更改函数名，如图6-23所示。此外，LabVIEW在生成DLL文件的同时，还会生成相应的.h文件和.lib文件，供其他程序调用这个DLL时使用。

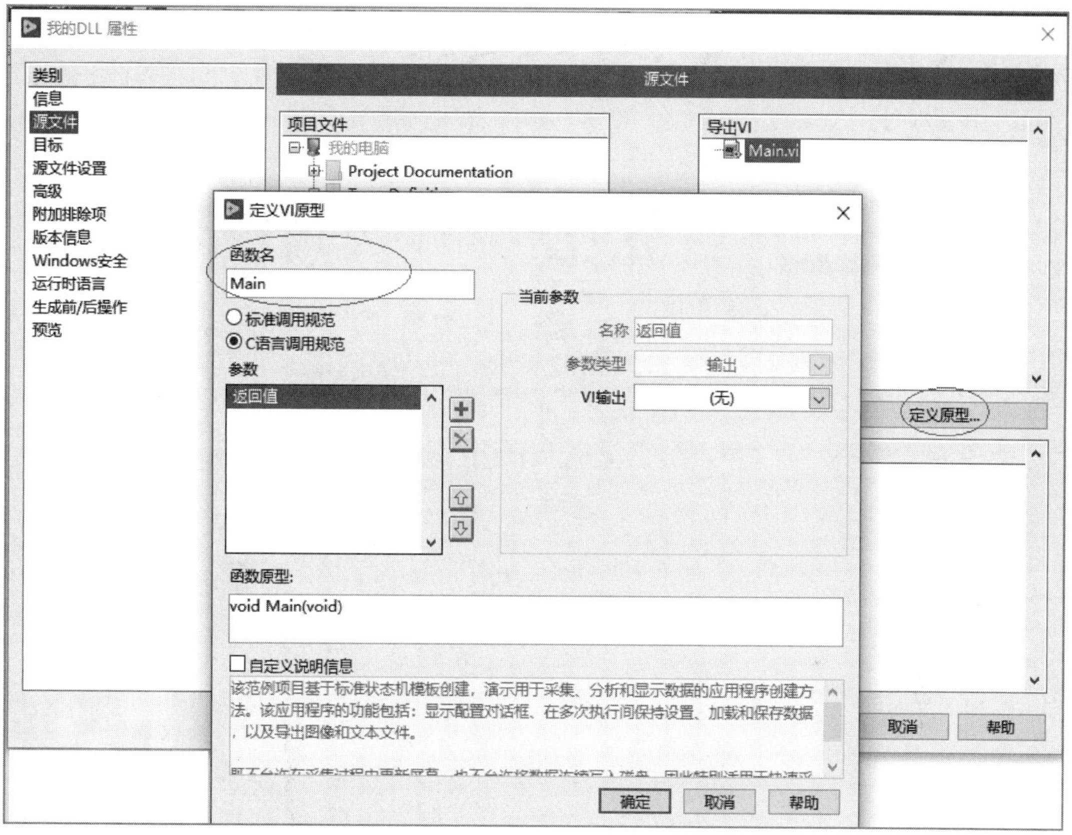

图 6-23　“函数名”修改页面

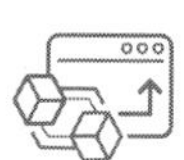 6.7　打包库和程序包

1. 打包库

在同一个项目中右击“程序生成规范”，选择“新建”→“打包库”，即可出现打包库属性对话框。和所有的生成规范一样，必须设置源代码。其他设置则根据实际需要进行。

2. 程序包

程序生成规范中可以创建程序包，并通过NI Package Manager或SystemLink将软件包分发给用户。而Windows 64位客户可以使用Package Manager或SystemLink订阅源，以查找和安装这个程序包。NI Linux Real-Time客户可通过SystemLink或通过NI Linux Real-Time终端上的命令行来安装程序包。

创建程序包之前，先创建一个要包含在程序包中的源代码发布、打包项目库、共享库、.NET程序集或可执行文件。该程序生成规范不能发布单独的VI。

6.8 Zip 文件

LabVIEW可以直接把整个项目所有文件打包成一个压缩文件，然后将压缩文件复制到用户计算机中，这就要求用户计算机中安装有LabVIEW环境。在同一个项目中右击“程序生成规范”，选择“新建”→“Zip文件”，打开图6-24所示的“我的Zip文件 属性”对话框。可以选择压缩整个项目，也可以自由选择文件，然后单击添加箭头加入到“包括项”列表框中，单击“生成”按钮即可。

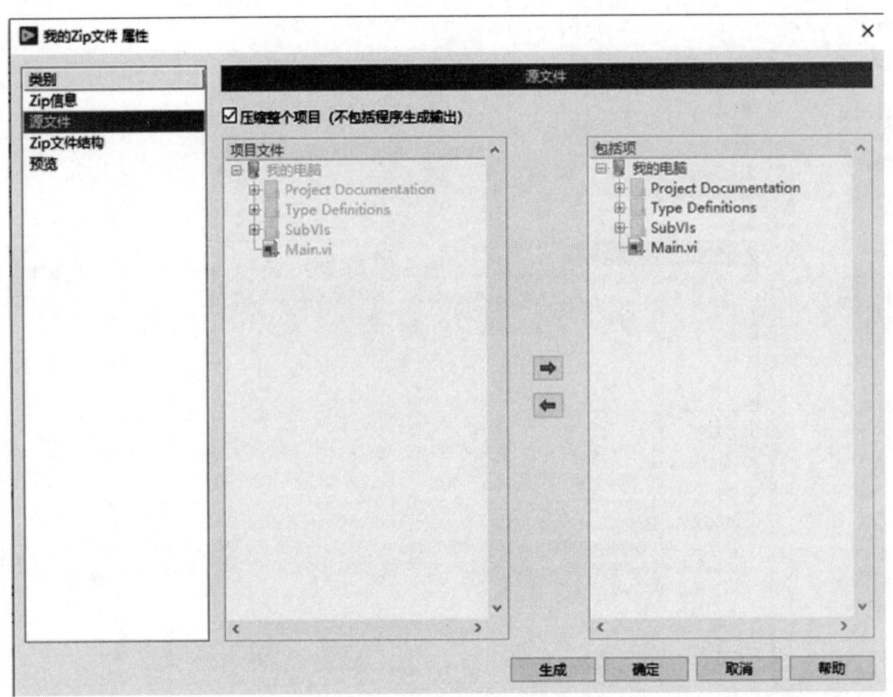

图 6-24　“我的 Zip 文件 属性”对话框

小　　结

在 LabVIEW 2019 中，产品发布的方法共有 7 种。采用程序生成规范可以生成应用程序、安装程序、.NET 互操作程序集、程序包、打包库、共享库、源代码发布、Zip 文件。其中，生成应用程序和安装程序是常用的。

习　　题

1. 将第 3 章习题 3 所创建的 VI 发布成应用程序并到另一台计算机中使用。

2. 将第 3 章习题 3 所创建的 VI 发布成安装程序，在另一台计算机中使用，并总结与第 6 章习题 1 的区别。

第 7 章 LabVIEW 在数字电路中的应用实例

本章导读

结合数字电路课程中常见的功能电路，掌握组合逻辑电路中的全加器、三路表决器的设计，掌握时序逻辑电路中的 SR 触发器、T 触发器的设计，了解其他功能电路在 LabVIEW 中的实现。

7.1 组合逻辑电路系统的设计

组合逻辑电路是由与、或、非门、或非门以及其他逻辑门电路组成的，它没有记忆功能，在任意时刻的输出仅与电路当前的输入状态有关。组合逻辑电路多采用两个或更多的基本的门电路来组成一个大的逻辑电路，可以来实现更实际和更复杂的逻辑电路功能。

组合逻辑电路中典型的功能电路有全加器、三路表决器、数据选择器和编译码器等。

7.1.1 全加器的设计

一位全加器是用门电路实现两个二进制数相加并求和的组合电路，一位全加器可以处理低位进位，并且输出本位加法进位。多个一位的全加器可以进行级联获得多位全加器。

全加器的图形符号如图 7–1 所示。

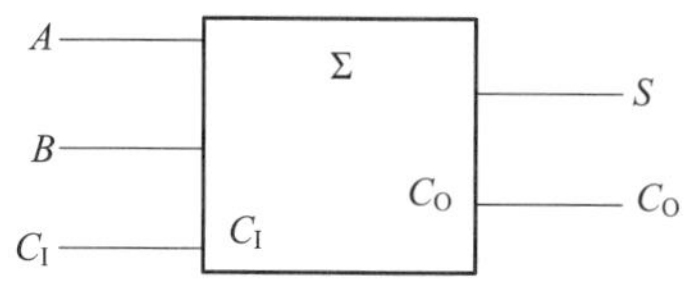

图 7–1 全加器的图形符号

根据二进制加法的运算，全加器的真值表如表 7–1 所示。

表 7-1　全加器的真值表

输　入			输　出	
低进位 C_I	A	B	S	高位进位 C_O
0	0	0	0	0
0	0	1	1	0
0	1	0	1	0
0	1	1	0	1
1	0	0	1	0
1	0	1	0	1
1	1	0	0	1
1	1	1	1	1

全加器的逻辑表达式如下：

$$S=(A \oplus B \oplus C_I)$$

$$C_O=(AB+BC_I+AC_I)$$

根据全加器的逻辑关系，用LabVIEW对其编写程序框图，如图7–2所示。

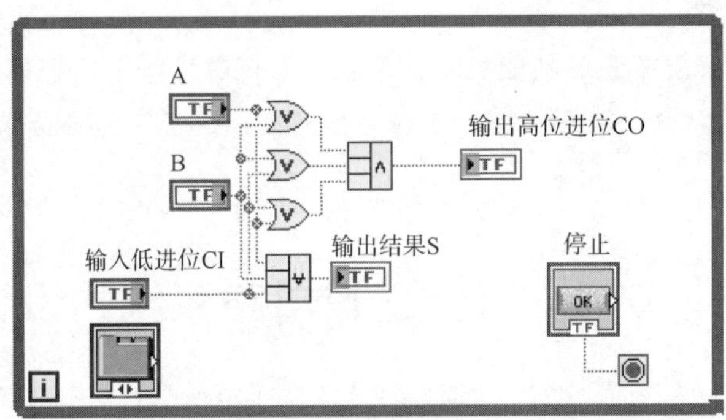

图 7–2　全加器的程序框图

全加器的前面板如图7–3所示。

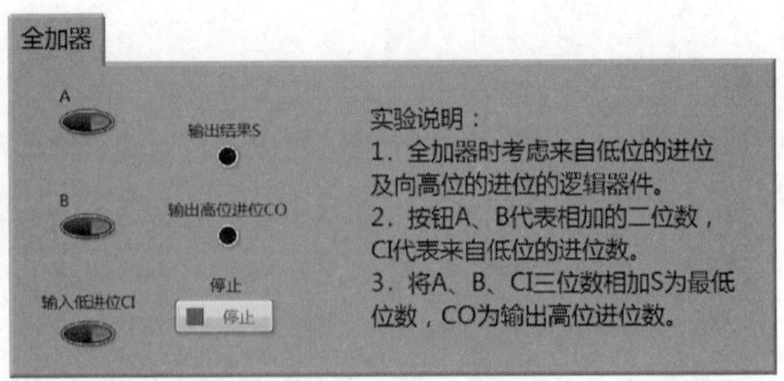

图 7–3　全加器的前面板

7.1.2　三路表决器

三路表决器电路的逻辑功能是：少数服从多数。假设A、B和C为三个人，即三个逻辑输入控制变量，同意为1，不同意为0，那么Y为投票的是结果输出的逻辑变量；如果有两个或以上同意则输出结果为1，即为通过，否则为0，表示不会通过。根据其逻辑关系，可列出真值表如表7–2所示。

表 7–2　三路表决器的真值表

输　入			输　出
A	*B*	*C*	*Y*
0	0	0	0
0	0	1	0
0	1	0	0
0	1	1	1
1	0	0	0
1	0	1	1
1	1	0	1
1	1	1	1

根据三路表决器的真值表，其逻辑表达式为

$$Y = AB + AC + BC$$

三路表决器的程序框图和前面板如图7–4和图7–5所示。

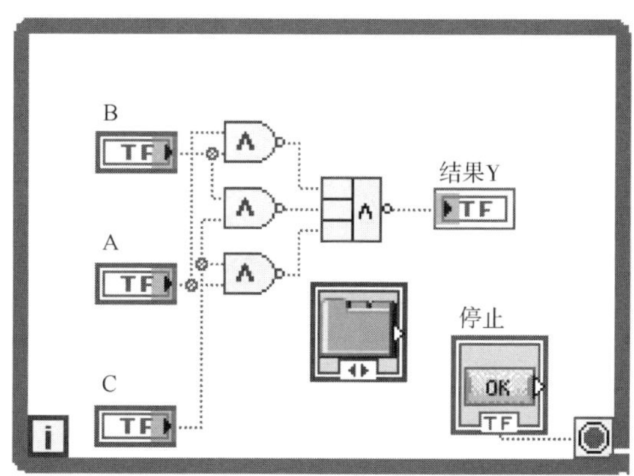

图 7–4　三路表决器的程序框图

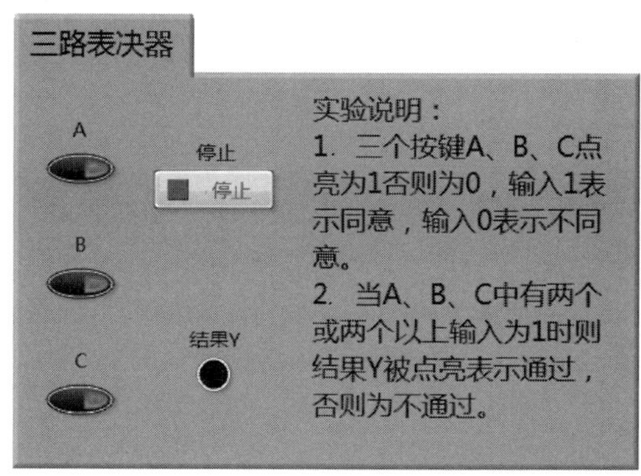

图 7–5　三路表决器的前面板

7.1.3　四选一数据选择器

数据选择器（Data Selector）能够选择一组特定的输入代码或数据传送到输出端，也称多路开关或多路复用器。

四选一数据选择器输入信号为4组数据，用D_0、D_1、D_2和D_3表示；控制信号用A_0、A_1表示；输出由Y表示，如果输入信号与控制信号匹配，显示灯亮则表示Y为1；否则显示灯灭则Y为0。表7–3是四选一数据选择器的真值表。

表 7–3　四选一数据选择器的真值表

输　入		输　出
A_1	A_0	Y
0	0	D_0
0	1	D_1
1	0	D_2
1	1	D_3

根据真值表，可写出四选一数据选择器逻辑表达式为

$$Y=D_0（A'_1A'_0）+D_1（A'_1A_0）+D_2（A_1A'_0）+D_3（A_1A_0）$$

四选一数据选择器的程序框图和前面板如图7–6和图7–7所示。

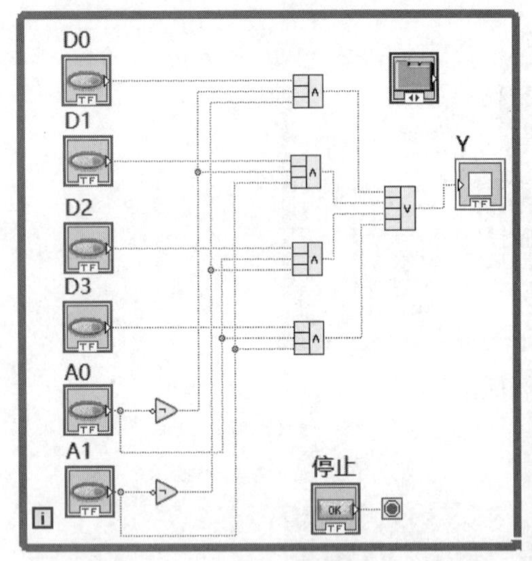

图 7–6　四选一数据选择器的程序框图

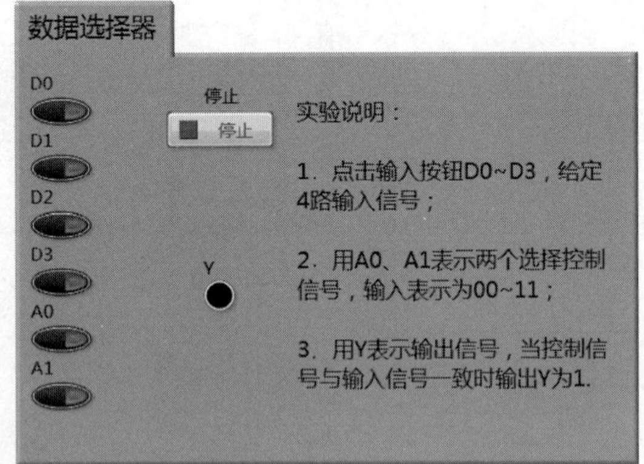

图 7–7　四选一数据选择器的前面板

7.1.4　八线 - 三线编码器

用代码表示特定信号的过程称为编码；实现编码功能的逻辑电路称为编码器。编码器的输入是被编码的信号，输出是与输入信号对应的一组二进制代码。

在优先编码器电路中，当同时输入多个信号时，只有具有最高优先权的信号被进行编码。

八线 - 三线编码器是输入8个高电平信号$I_0\sim I_7$，输出是一组三位二进制代码$Y_2Y_1Y_0$，它的原理框图如图7–8所示。

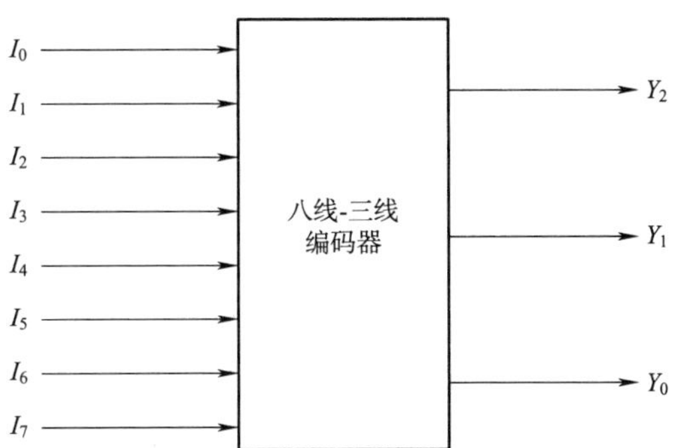

图 7-8　八线 - 三线编码器框图

以表7-4所示的八线 - 三线优先编码器的真值表为例，可以看出，低电平是该优先编码器的有效输入/输出信号，该表表示输入引脚编号大的优先编码。并且，输出的是引脚标号的反码，例如I'_7脚输入低电平，输出为7的二进制反码000，所以$Y'_2Y'_1Y'_0$=000。

表 7-4　八线 - 三线优先编码器的真值表

输入									输出				
S'	I'_0	I'_1	I'_2	I'_3	I'_4	I'_5	I'_6	I'_7	Y'_2	Y'_1	Y'_0	Ys'	YEX'
1	×	×	×	×	×	×	×	×	1	1	1	1	1
0	1	1	1	1	1	1	1	1	1	1	1	0	1
0	×	×	×	×	×	×	×	0	0	0	0	1	0
0	×	×	×	×	×	×	0	1	0	0	1	1	0
0	×	×	×	×	×	0	1	1	0	1	0	1	0
0	×	×	×	×	0	1	1	1	0	1	1	1	0
0	×	×	×	0	1	1	1	1	1	0	0	1	0
0	×	×	0	1	1	1	1	1	1	0	1	1	0
0	×	0	1	1	1	1	1	1	1	1	0	1	0
0	0	1	1	1	1	1	1	1	1	1	1	1	0

八线 - 三线优先编码器的逻辑表达式如下：

$$Y'_2=((I_4+I_5+I_6+I_7)S)'$$

$$Y'_1=((I_2I'_4I'_5+I_3I'_4I'_5+I_6+I_7)S)'$$

$$Y'_0=((I_1I'_2I'_4I'_6+I_3I'_4I'_6+I_5I'_6+I_7)S)'$$

其中，S为选通控制端。只有当S=0时，编码器才能正常工作；S'=1时，所有的输出为高电平。

选通输出端Y'_s和Y'_{EX}用于扩展编码功能，从真值表中可获知

$$Y'_s=(I'_0I'_1I'_2I'_3I'_4I'_5I'_6I'_7S)'$$

$$Y'_{EX}=((I_0+I_1+I_2+I_3+I_4+I_5+I_6+I_7)S)'$$

该公式表明，当Y'_s=0时，表示“电路工作，但没有编码输入”。当Y'_{EX}=0时，表示“电路工作，并且存在编码输入”。

八线-三线优先编码器的程序框图和前面板如图7–9和图7–10所示。

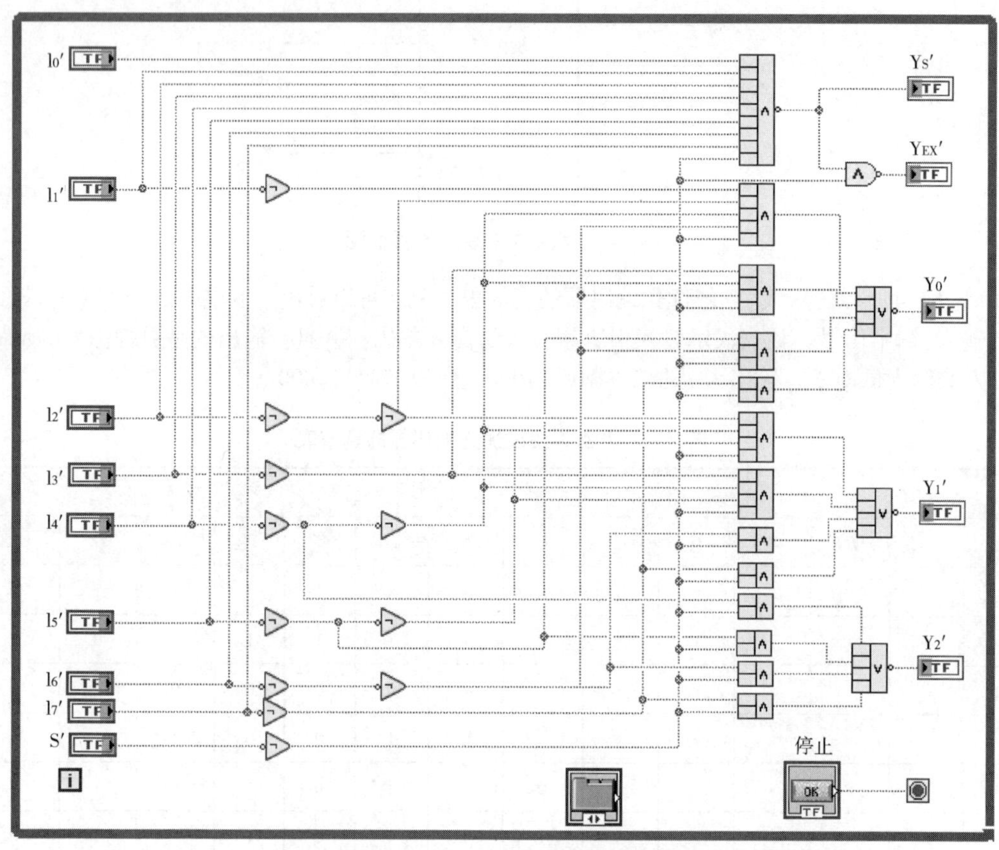

图 7–9　八线 - 三线优先编码器的程序框图

8线-3线优先编码器

I0'
I1'
I2'
I3'
I4'
I5'
I6'
I7'
S'

Y2'
Y1'
Y0'
Ys'
YEX'

停止

停止

实验说明:

1. I0'~I7'为八个二进制输入端，代表0~7八个数，Y0'~Y2'为输出端，有000~111八种输出状态分别对应0~7八种输入。

2. S'为选通输入端，只有在S'=0条件下，编码器才能工作，而S'=1时，所有输出端均被封锁在高电平。

3. Ys'和YEX'用来区分Y2'Y1'Y0'=111的三种不同状态。

图 7–10　八线 - 三线优先编码器的前面板

7.1.5 三线-八线译码器

译码器的逻辑功能是将每个二进制输入转换成相应的输出信号或其他符号。译码是编码的逆过程，在译码时，每一种二进制代码都具有特定意义，并表示一个特定的输入信号或对象。

三线-八线译码器的三位二进制数输入包括8种不同的情况，译码器将每个输入代码转换成一个高低电平输出信号。三位二进制译码器的框图如图7–11所示。

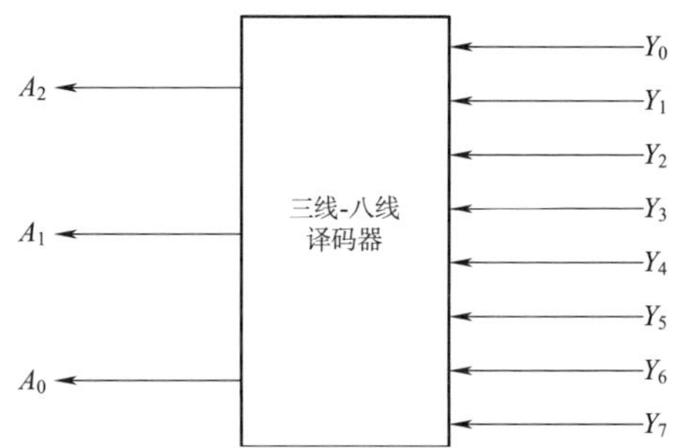

图 7–11 三线-八线译码器框图

表7–5列出了三线-八线译码器的真值表。

表 7–5 三线-八线译码器的真值表

输入					输出							
S_1	$S'_2+S'_3$	A_2	A_1	A_0	Y'_0	Y'_1	Y'_2	Y'_3	Y'_4	Y'_5	Y'_6	Y'_7
0	×	×	×	×	1	1	1	1	1	1	1	1
×	1	×	×	×	1	1	1	1	1	1	1	1
1	0	0	0	0	0	1	1	1	1	1	1	1
1	0	0	0	1	1	0	1	1	1	1	1	1
1	0	0	1	0	1	1	0	1	1	1	1	1
1	0	0	1	1	1	1	1	0	1	1	1	1
1	0	1	0	0	1	1	1	1	0	1	1	1
1	0	1	0	1	1	1	1	1	1	0	1	1
1	0	1	1	0	1	1	1	1	1	1	0	1
1	0	1	1	1	1	1	1	1	1	1	1	0

根据真值表可以得出，当S_1=1时的三线-八线译码器逻辑表达式为

$$Y'_0=(A'_2A'_1A'_0)'$$

$$Y'_1=(A'_2A'_1A_0)'$$

$$Y'_2=(A'_2A_1A'_0)'$$

$$Y'_3=(A'_2A_1A_0)'$$

$$Y'_4=(A_2A'_1A'_0)'$$

$$Y'_5=(A_2A'_1A_0)'$$

$$Y'_6=(A_2A_1A'_0)'$$

$$Y_7'=(A_2A_1A_0)'$$

从真值表可以看出，S_1、S_2'和S_3'是三个附加的控制端。当S_1为1并且$S_2'+S_3'$为0时，译码器电路在工作；否则，译码器不能工作，并且所有输出端都为高电平。这三个控制端可以连接起多片以扩展译码器的功能。A_2、A_1和A_0是译码器的输入端，可以输入000 ~ 111八组二进制代码；Y_0' ~ Y_7'为输出端，用来显示输入端输入的二进制数组对应的十进制数。

三线 - 八线译码器的程序框图和前面板如图7–12和图7–13所示。

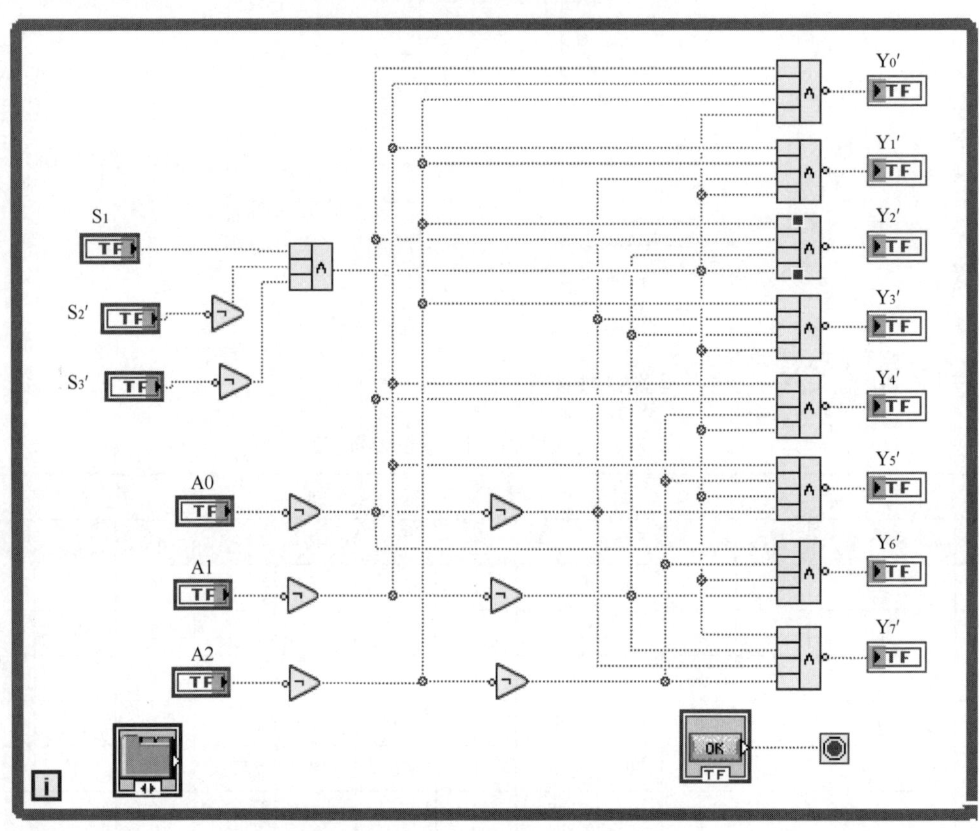

图 7–12　三线 - 八线译码器的程序框图

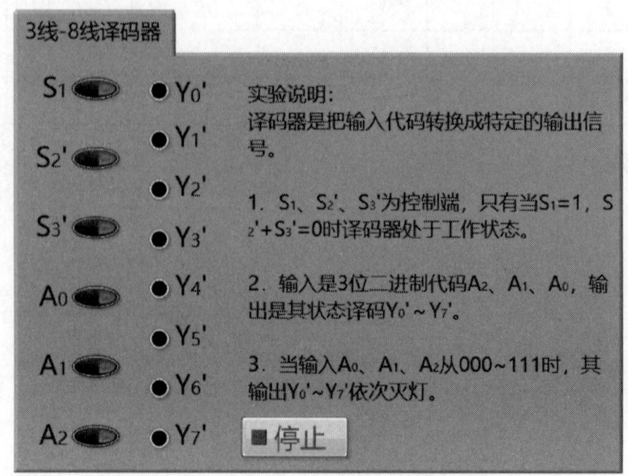

图 7–13　三线 - 八线译码器的前面板

7.1.6　七段显示译码器

七段显示译码器是将输入的二进制代码转换成相应的数字显示代码，并在数码管上显示出来的通用译码器，它的输入为A_3、A_2、A_1和A_0四位二进制代码，输出端Y_a ~ Y_g高电平有效，外加三个辅助控制端，扩展了译码器的功能。七段显示译码器的真值表如表7–6所示。

表 7–6　七段显示译码器真值表

十进制数	输　入						RI'/RBO'	输　出							字形
	LT'	RBI'	A_3	A_2	A_1	A_0		Y_a	Y_b	Y_c	Y_d	Y_e	Y_f	Y_g	
0	1	1	0	0	0	0	1	1	1	1	1	1	1	0	1
1	1	×	0	0	0	1	1	0	1	1	0	0	0	0	2
2	1	×	0	0	1	0	1	1	1	0	1	1	0	1	3
3	1	×	0	0	1	1	1	1	1	1	0	0	1	1	4
4	1	×	0	1	0	0	1	0	1	1	0	0	1	1	5
5	1	×	0	1	0	1	1	1	0	1	1	0	1	1	6
6	1	×	0	1	1	0	1	0	0	1	1	1	1	1	7
7	1	×	0	1	1	1	1	1	1	1	0	0	0	0	8
8	1	×	1	0	0	0	1	1	1	1	1	1	1	1	9
9	1	×	1	0	0	1	1	1	1	1	0	0	1	1	匚
10	1	×	1	0	1	0	1	0	0	0	1	1	0	1	彐
11	1	×	1	0	1	1	1	0	0	1	1	0	0	1	凵
12	1	×	1	1	0	0	1	0	1	0	0	0	1	1	匚
13	1	×	1	1	0	1	1	1	0	0	1	0	1	1	E
14	1	×	1	1	1	0	1	0	0	0	1	1	1	1	L
15	1	×	1	1	1	1	1	0	0	0	0	0	0	0	
消隐	×	×	×	×	×	×	0	0	0	0	0	0	0	0	
脉冲消隐	1	0	0	0	0	0	0	0	0	0	0	0	0	0	
灯测试	0	×	×	×	×	×	1	1	1	1	1	1	1	1	8

根据真值表可以得到Y_a ~ Y_g的逻辑表达式。

$$Y_a = (A'_3A'_2A'_1A_0+A_3A_1+A_2A'_0)'$$

$$Y_b = (A_3A_1+A_2A_1A'_0+A_2A'_1A_0)'$$

$$Y_c = (A_3A_2+A'_2A_1A'_0)'$$

$$Y_d = (A_2A_1A_0+A_2A'_1A'_0+A'_2A'_1A_0)'$$

$$Y_e = (A_2A'_1 + A_0)'$$

$$Y_f = (A'_3A'_2A_0 + A'_2A_1 + A_1A_0)'$$

$$Y_g = (A'_3A'_2A'_1 + A_2A_1A_0)'$$

图 7-14 所示为基于其真值表和逻辑表达式在 LabVIEW 中设计七段显示译码器的程序框图。

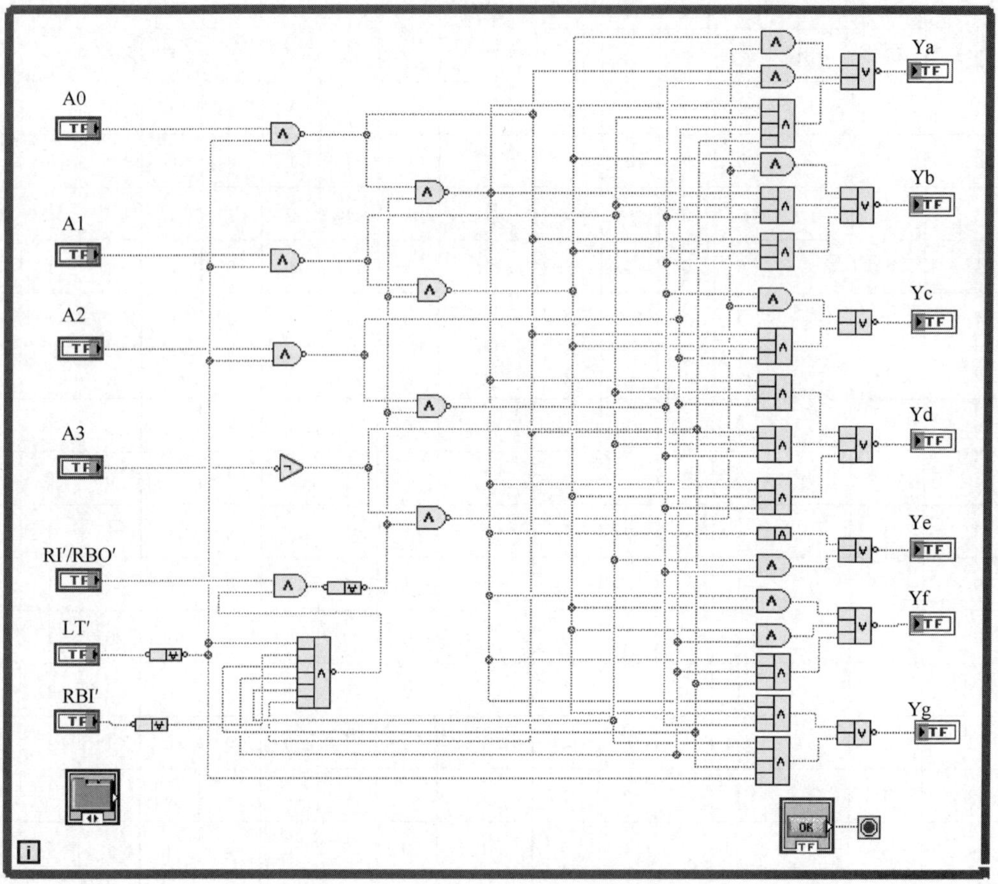

图 7-14　七段显示译码器的程序框图

灯测试输入LT′:

当LT′=0时，Y_a ~ Y_g的输出全部为高电平，相当于七段显示器的七段全部打开显示为亮，可以用于数码管的灯测试。

灭零输入RBI′:

当LT′=1，RBI′=0且输入代码$A_3A_2A_1A_0$=0000时，Y_a ~ Y_g的输出都是低电平，可以用于熄灭不应该被显示的零状态，所以称为“灭零”。

灭零输入/灭零输出BI′/RBO′:

BI′/RBO′作为输入时，称为熄灯控制输入端，只要BI′/RBO′=0，便可将七段显示数码管的各段同时熄灭。

BI′/RBO′作为输出端时，称为灭零输出端，当LT′=1且RBI′=0，输入代码$A_3A_2A_1A_0$ =0000时

RBO′=0。

七段显示译码器前面板如图 7-15 所示。

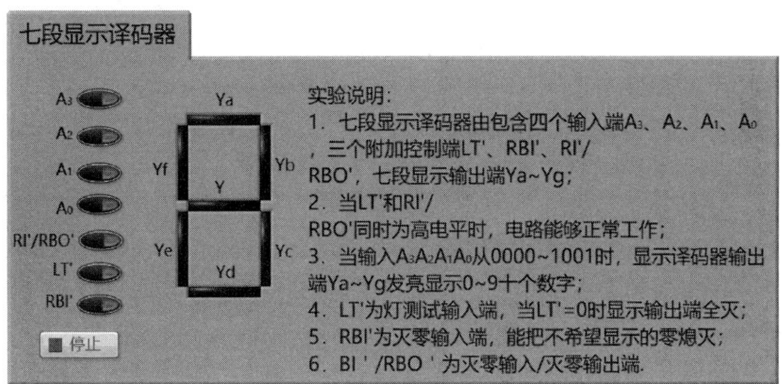

图 7-15　七段显示译码器的前面板

7.1.7　组合逻辑电路实验系统设计

本次设计的组合逻辑电路系统包括 6 个独立的实验，分别是全加器、三路表决器、四选一数据选择器、三线-八线优先编码器、八线-三线译码器和七段显示译码器。

根据数字电路实验系统界面的设计方法，将 6 个实验设计为一个系统，称为组合逻辑电路实验系统。首先，进行程序框图的设计，在新建的 LabVIEW 程序框图中加入一个 While 循环和一个条件结构，条件结构中包含 6 个实验的 VI 和一个停止控件。将 6 个实验 VI 的子 VI 节点设置成“调用时显示前面板”，即可实现单击相应实验控制按钮就能够进入该实验前面板的功能。组合逻辑电路实验系统的程序框图如图 7-16 所示。

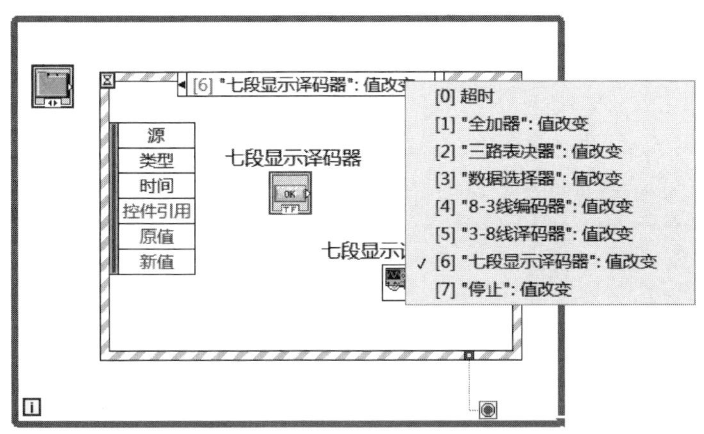

图 7-16　组合逻辑电路实验系统的程序框图

根据程序框图对前面板进行设计，在前面板上放置 7 个布尔按键，用来控制进入实验操作和停止实验。将 7 个按键标签和文字设置成实验名称，并与前面板中的实验 VI 进行连接，达到以按键控制实验操作的功能。单击按钮就可以进入相应实验进行操作，实验结束可单击停止按键返回数字电路实验系统主界面。图 7-17 所示为组合逻辑电路实验系统的前面板的设计。

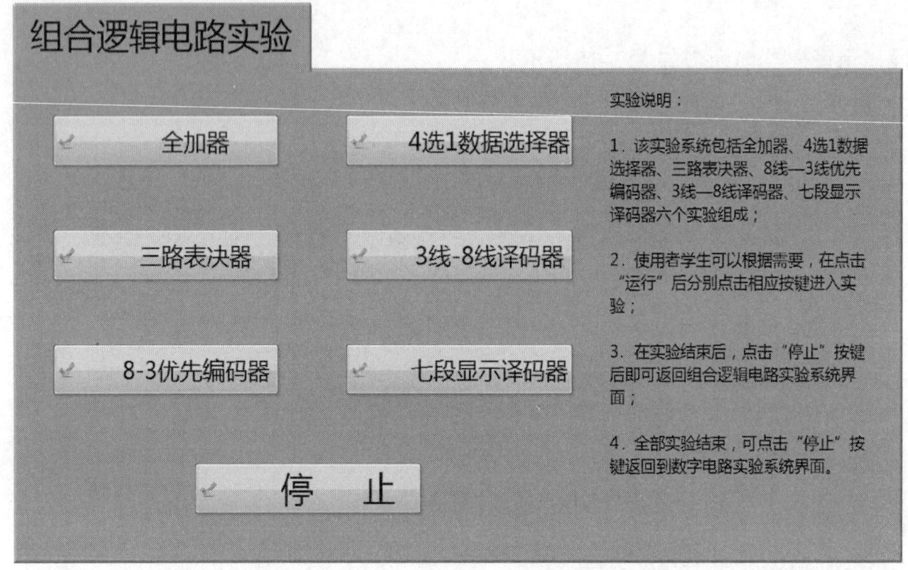

图 7-17 组合逻辑电路实验系统的前面板

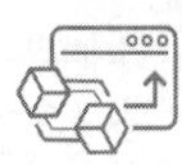

7.2 时序逻辑电路的设计

时序逻辑电路任意时刻的输出不仅取决于当前的输入状态，还与电路原来的状态有关。常用的时序逻辑电路包括触发器、寄存器和计数器等，本节主要介绍时钟信号、SR触发器、JK触发器、D触发器、T触发器、四位移位寄存器、四位二进制加法计数器的设计方法和仿真过程。

7.2.1 时钟信号子VI的设计

时钟信号也称时钟脉冲，主要功能是产生一定频率和占空比的周期性信号，来改变电路中其他单元的工作时序。

在LabVIEW中编写时钟信号子VI的程序框图，首先在框图中加入While循环结构，并在循环添加一个移位寄存器，这个移位寄存器的变量是布尔型变量，它值的真假表示时钟信号的高低电平。图7-18所示为时钟信号子VI的程序框图。

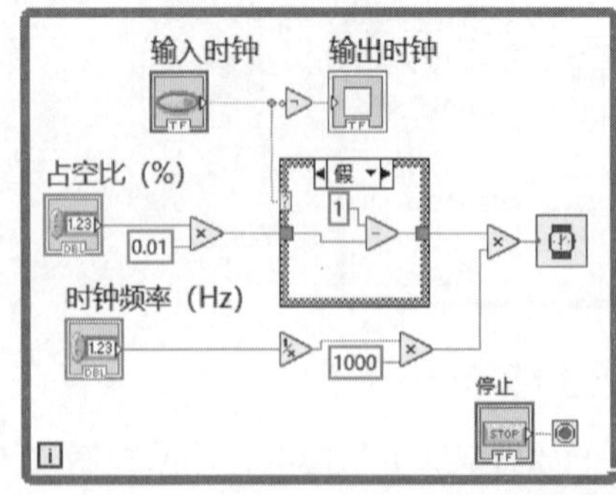

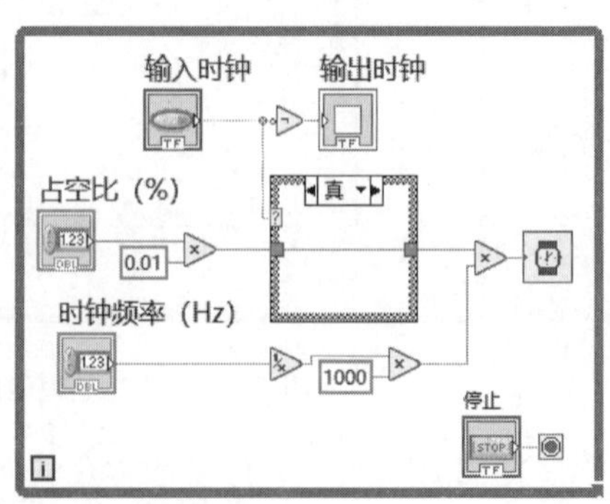

图 7-18 时钟信号子 VI 程序框图

一个信号时钟周期高电平信号持续时间所占的比例称为占空比，根据占空比的定义在循环结构内部添加一个"等待"函数，每经过一定的时间后，移位寄存器的值可以在进入循环下一步时被翻转，等待时间可通过占空比在每一步中算出。

将程序框图内容全选并在程序框图的菜单栏选择“编辑”→“创建子VI”创建出时钟信号的子VI留用。

7.2.2 SR触发器

SR触发器的特性如表7-7所示，其中S、R为输入端，Q为当前时刻输出状态，Q^*为下一时刻输出状态，Q^*由Q、S和R的值决定。

表7-7 SR触发器的特性表

S	R	Q	Q^*
0	0	0	0
0	0	1	1
0	1	0	0
0	1	1	0
1	0	0	1
1	0	1	1
1	1	0	不定
1	1	1	不定

从特性表可得出SR触发器的特性方程如下：

$$Q^* = S+R'Q$$

$$SR=0 \text{（约束条件）}$$

使用LabVIEW实现SR触发器的仿真过程，具体步骤如下：

首先要创建SR触发器子VI的框图，在LabVIEW程序框图中加入条件结构，在时钟信号CP为真的条件分支内，加入逻辑电路图中的门电路函数，按照逻辑电路图进行连接；在为假的条件分支内，保持寄存器的输出值不变，便可以实现SR触发器的逻辑特性。SR触发器程序框图设计如图7-19所示。

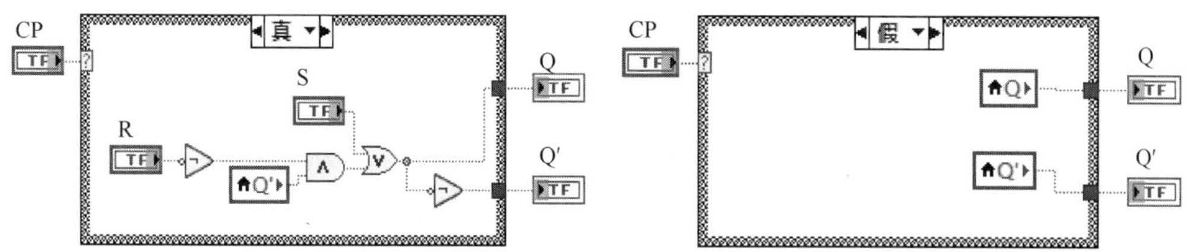

图7-19 SR触发器子VI程序框图

在完成SR触发器VI的设计后将这个VI封装为子VI，保存在相应路径留用。

通过以上的设计已经基本实现SR触发器的逻辑功能，为了实现SR触发器被时钟信号驱动连续触发，还需在LabVIEW中新建一个程序框图，在程序框图加入While循环结构

和移位寄存器端子。把时钟信号子VI和SR触发器子VI调用到程序框图While循环中。为了能够存储时钟脉冲的信号，可以加入一个移位寄存器来控制，这个移位寄存器是布尔型的。

通过索引可以输出移位寄存器的值到While循环外，作为波形图的数据。由于移位寄存器的布尔型数据必须转化为数字型数据才能在波形图中显示，因此还需使用布尔数组至数字转换VI转换节点进行转换。

图7-20所示为对SR触发器仿真过程的程序框图设计。

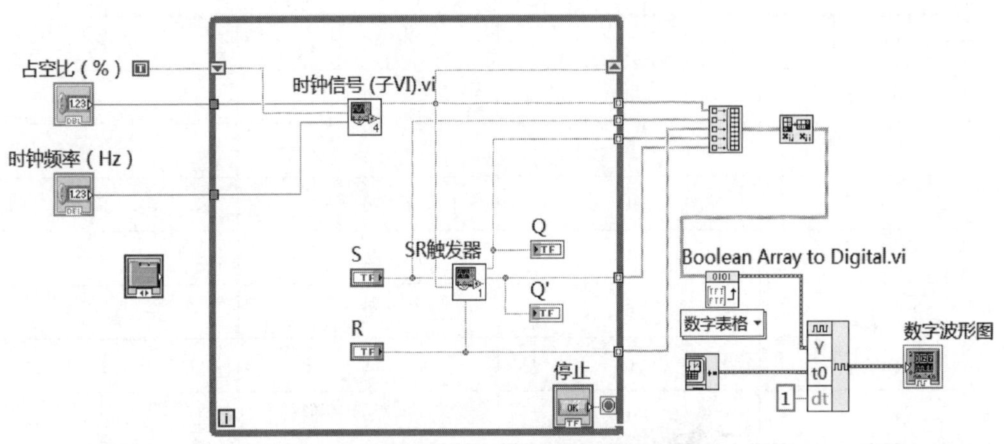

图 7-20　SR 触发器仿真过程程序框图

SR触发器仿真过程程序框图对应的前面板及仿真结果如图7-21所示。

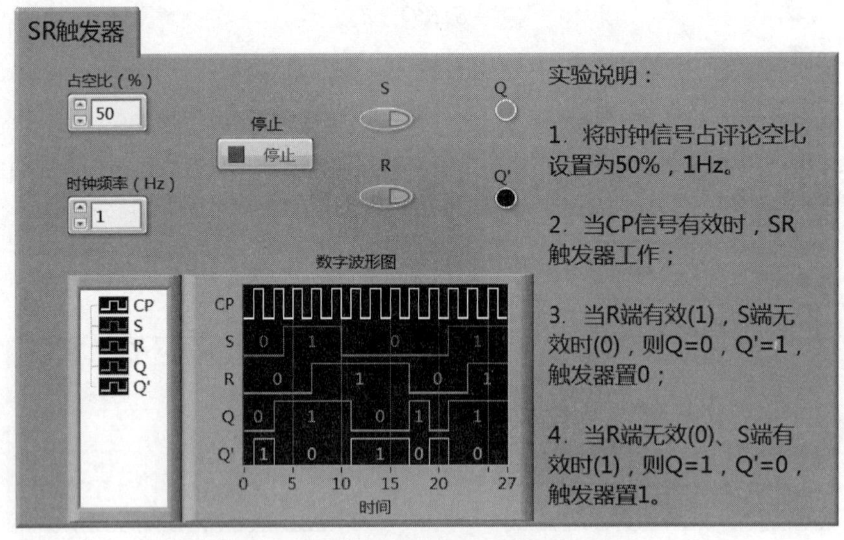

图 7-21　SR 触发器前面板及仿真结果

7.2.3　JK触发器

JK触发器的特性表如表7-8所示。JK触发器是在SR触发器的基础上进行改进的，使JK=1为合法输入，当J和K同时为1，每个时钟信号输出翻转一次，其余部分与SR触发器相同。

表 7-8　JK 触发器的特性表

J	K	Q	Q^*
0	0	0	0
0	0	1	1
0	1	0	0
0	1	1	0
1	0	0	1
1	0	1	1
1	1	0	1
1	1	1	0

根据表 7-8 可得出 JK 触发器的特性方程如下：

$$Q^* = JQ' + K'Q$$

图 7-22 所示为基于特性表和特性方程在 LabVIEW 中创建 JK 触发器的子 VI 的程序框图。

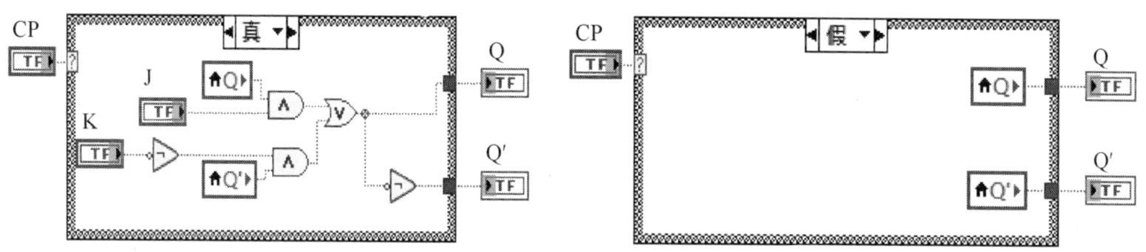

图 7-22　JK 触发器子 VI 的程序框图

在 LabVIEW 中新建一个“JK 触发器 .VI”，并将时钟信号子 VI 和 JK 触发器子 VI 调用到 While 循环中，实现时钟信号驱动下的连续触发，其程序框图如图 7-23 所示。

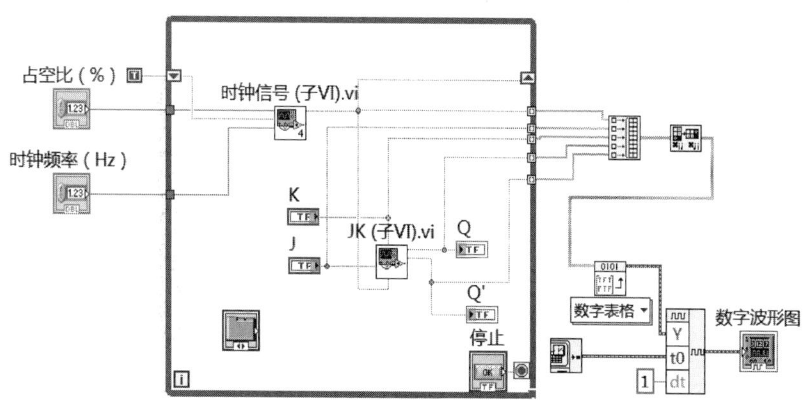

图 7-23　JK 触发器的程序框图

JK 触发器的前面板及仿真结果如图 7-24 所示。

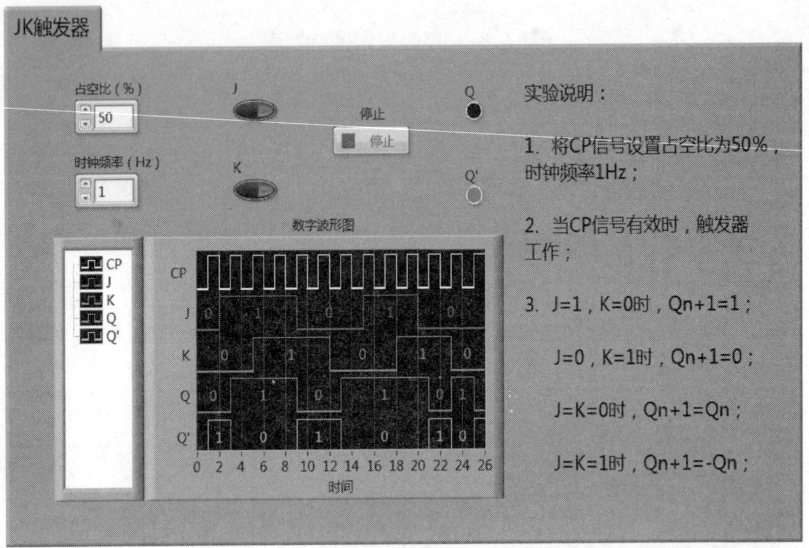

图 7–24　JK 触发器前面板及仿真结果

7.2.4　T触发器

T触发器的特性表如表7–9所示，每一个时钟周期，触发器状态翻转一次。实际上，T触发器就是将JK触发器的输入端J和K相连接获得的。

表 7–9　T 触发器的特性表

T	Q	Q^*
0	0	0
0	1	1
1	0	1
1	1	0

根据特性表可得T触发器的特性方程如下：

$$Q^* = TQ' + T'Q$$

根据特性表和特性方程设计LabVIEW中T触发器子VI程序框图如图7–25所示。

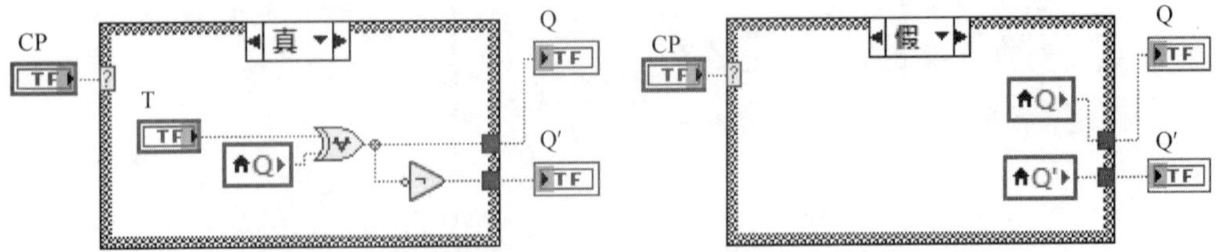

图 7–25　T 触发器子 VI 的程序框图

类似于前两个触发器的设计方法，LabVIEW中T触发器的仿真过程的程序框图如图7–26所示。

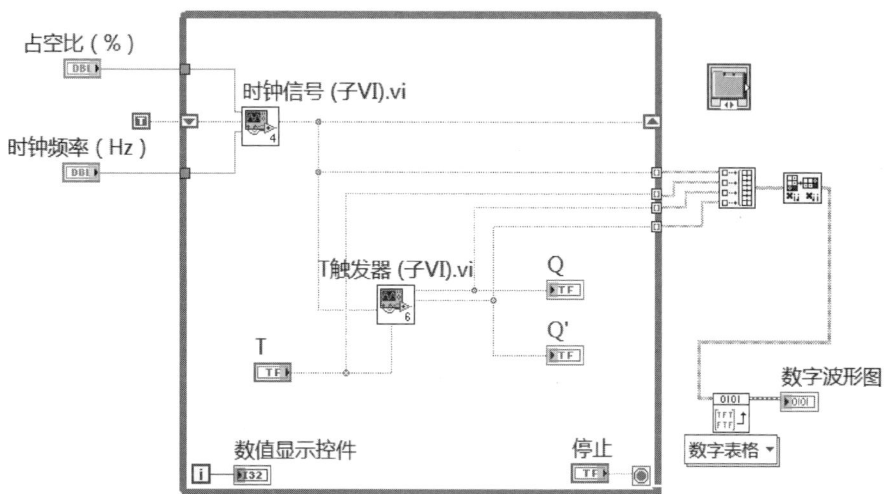

图 7-26　T 触发器的程序框图

图7-27所示为T触发器的前面板及仿真结果。

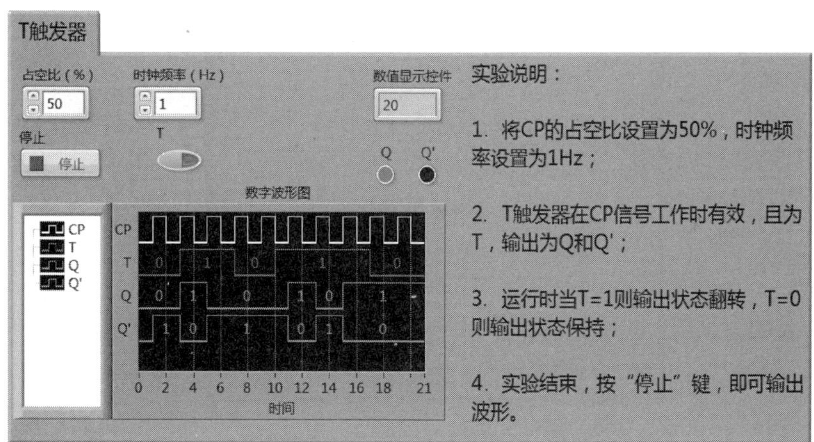

图 7-27　T 触发器的前面板及仿真结果

7.2.5　D触发器

D触发器只有一个输出端，无论触发方式如何，在时钟信号作用下，输出的状态和输入的值相同，凡是在时钟信号下满足表7-10逻辑功能的电路，都属于D触发器。表7-10所示为D触发器的特性表。

表 7-10　D 触发器的特性表

D	Q	Q^*
0	0	0
0	1	0
1	0	1
1	1	1

从特性表可得D触发器的特性方程如下：

$$Q^* = D$$

把JK触发器的输入端J与K'连接在一起就可以实现D触发器功能，根据JK触发器的设计方法，设计D触发器子VI的程序框图如图7–28所示。

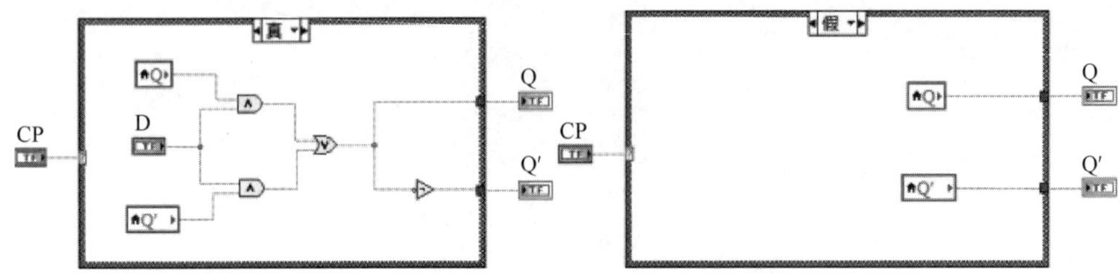

图 7–28 D 触发器子 VI 程序框图

根据JK触发器仿真过程设计方法，在LabVIEW程序框图中新建一个“D触发器仿真过程.vi”，并把时钟信号子VI和D触发器子VI调用到程序框图的While循环中。D触发器的程序框图如图7–29所示。

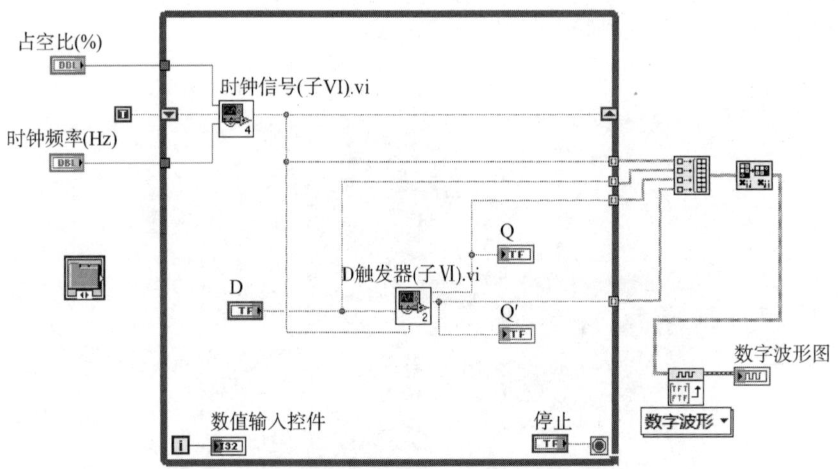

图 7–29 D 触发器的程序框图

其前面板及仿真结果如图7–30所示。

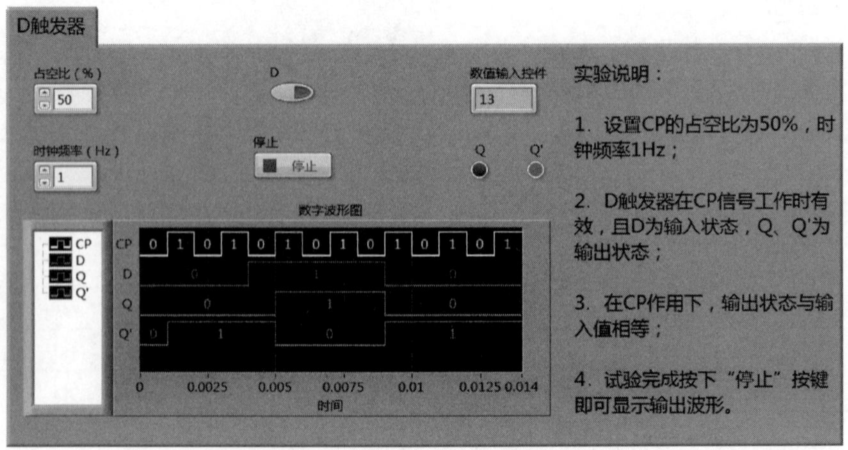

图 7–30 D 触发器前面板及仿真结果

7.2.6 四位移位寄存器

寄存器用于寄存存储一组二进制代码，广泛应用于数字系统和数字计算机中。

移位寄存器除了具有存储代码的功能之外，还有移位的功能，通过移位的脉冲可以将移位寄存器存储的代码向左移动或向右移动。所以，移位寄存器也可以用来对串并行数字进行转换、对数据进行处理、实现数值的运算功能等。

由D触发器组成的四位移位寄存器逻辑电路图如图7–31所示。

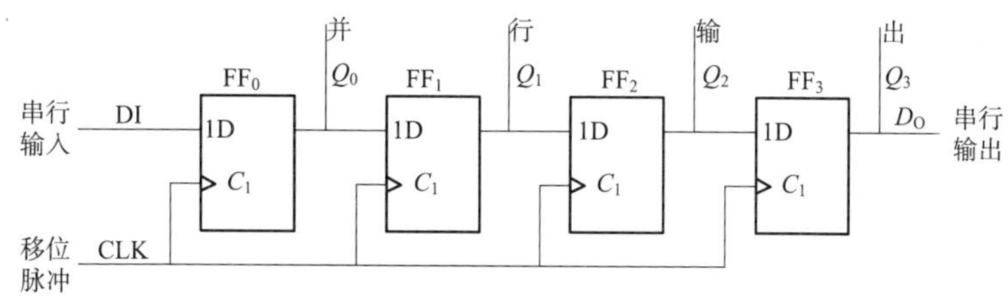

图 7–31 由 D 触发器组成的四位移位寄存器逻辑电路

在移位脉冲的作用下，当移位寄存器初始状态为$Q_0Q_1Q_2Q_3$=0000时，它的代码移动状态如表7–11所示。

表 7–11 移位寄存器中代码移动状态

CLK 的顺序	输入D_I	Q_0	Q_1	Q_2	Q_3
0	0	0	0	0	0
1	1	1	0	0	0
2	0	0	1	0	0
3	1	1	0	1	0
4	1	1	1	0	1

在LabVIEW中创建四位移位寄存器程序框图，在程序框图中添加一个For循环，按照图7–31给出的逻辑电路图，在For循环内引用4个D触发器子VI和1个时钟信号子VI，按照电路图添加输入控件和显示控件进行连接。

由于寄存器中引用4个D触发器子VI会造成在调用VI时将所有相同VI误认为是同一VI反复执行，从而导致各个触发器间互相干扰，造成逻辑错误，所以要把D触发器子VI的VI属性设置为“重入执行”，如图7–32所示。

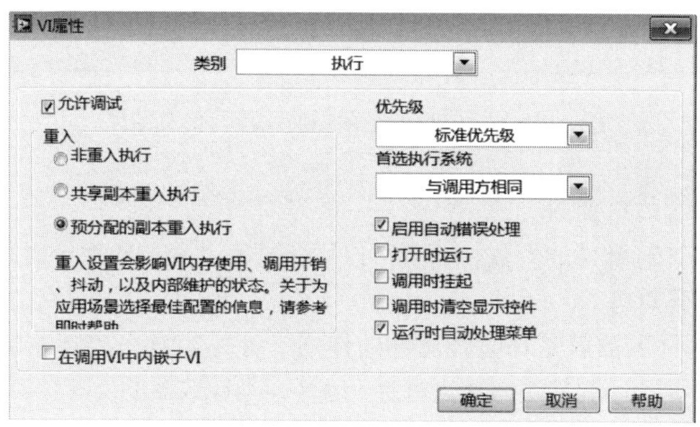

图 7–32 设置“重入执行”

在LabVIEW中设计四位移位寄存器的程序框图如图7–33所示。

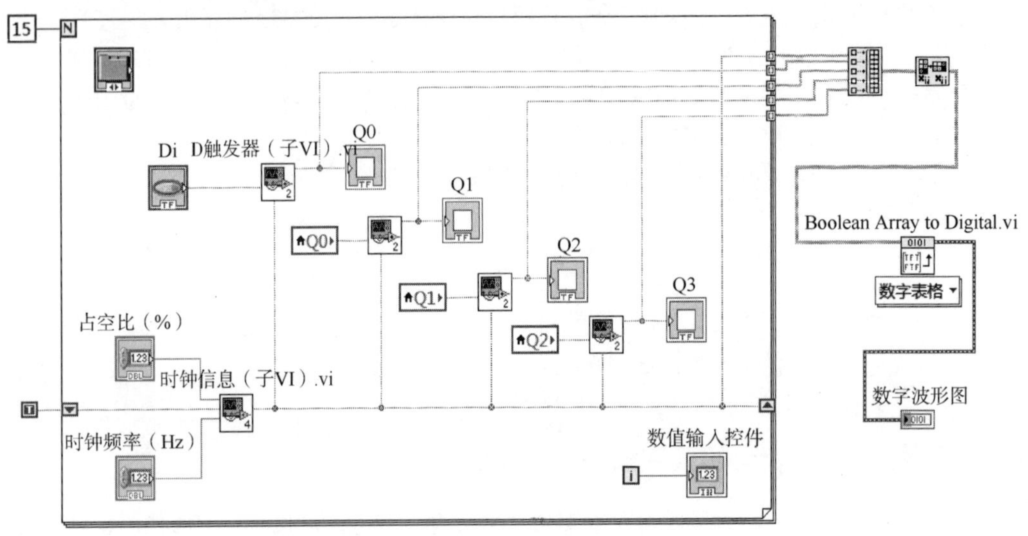

图7–33　四位移位寄存器的程序框图

四位移位寄存器的前面板及仿真结果如图7–34所示。

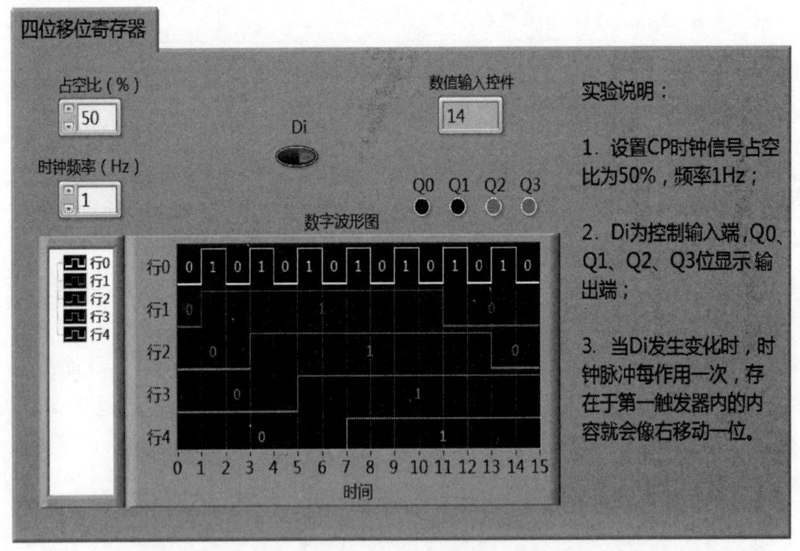

图7–34　四位移位寄存器前面板及仿真结果

7.2.7　同步二进制加法计数器

计数器可以用来计算脉冲的个数，而且可以用于频率划分、频率定时、节拍脉冲和序列脉冲产生以及进行数字运算等。

同步二进制加法计数器就是在时钟脉冲的作用下，每经过一次脉冲信号，计数器就要计数，在初值基础上根据二进制加法运算进行加1运算，当计数器的所有位都为1时，进位输出C为1，计数循环结束。

图 7-35 所示为基于 T 触发器的同步二进制加法计数器逻辑电路图。

由逻辑电路图可得逻辑电路驱动方程如下：

$$T_0 = 1$$

$$T_1 = Q_0$$

$$T_2 = Q_0Q_1$$

$$T_3 = Q_0Q_1Q_2$$

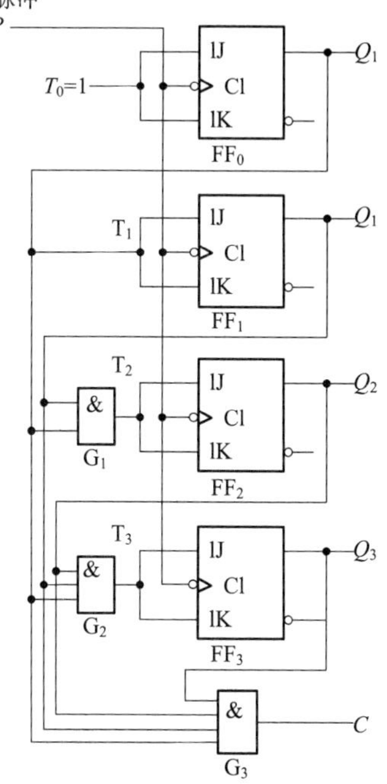

图 7-35　基于 T 触发器的同步二进制加法计数器

把以上各式代入 T 触发器的特性方程可得电路的状态方程如下：

$$Q_0^* = Q_0'$$

$$Q_1^* = Q_0Q_1' + Q_0'Q_1$$

$$Q_2^* = Q_0Q_1Q_2' + (Q_0Q_1)'\,Q_2$$

$$Q_3^* = Q_0Q_1Q_2Q_3' + (Q_0Q_1Q_2)'\,Q_3$$

电路的输出方程为：

$$C = Q_0Q_1Q_2Q_3$$

根据公式可得电路的状态转换表如表 7-12 所示。到达表中的第 16 个计数脉冲时，C 端的电位可作为向高位计数器电路的进位输出信号。

表 7-12　同步二进制加法计数器状态转换表

计数顺序	电路状态				等效十进制数	进位输出 C
	Q_3	Q_2	Q_1	Q_0		
0	0	0	0	0	0	0
1	0	0	0	1	1	0
2	0	0	1	0	2	0
3	0	0	1	1	3	0
4	0	1	0	0	4	0
5	0	1	0	1	5	0
6	0	1	1	0	6	0
7	0	1	1	1	7	0
8	1	0	0	0	8	0
9	1	0	0	1	9	0
10	1	0	1	0	10	0
11	1	0	1	1	11	0
12	1	1	0	0	12	0
13	1	1	0	1	13	0
14	1	1	1	0	14	0
15	1	1	1	1	15	1
16	0	0	0	0	0	0

根据逻辑电路图在LabVIEW中新建同步二进制加法计数器的程序框图，在程序框图中添加For循环和所需的输入控件显示控件，并在For循环中引用4个T触发器子VI和一个时钟信号子VI，将这些子VI和控件连接起来。按照移位寄存器的设计方法设置T触发器子VI的属性为“重入执行”。图7–36所示为同步二进制加法计数器的程序框图。

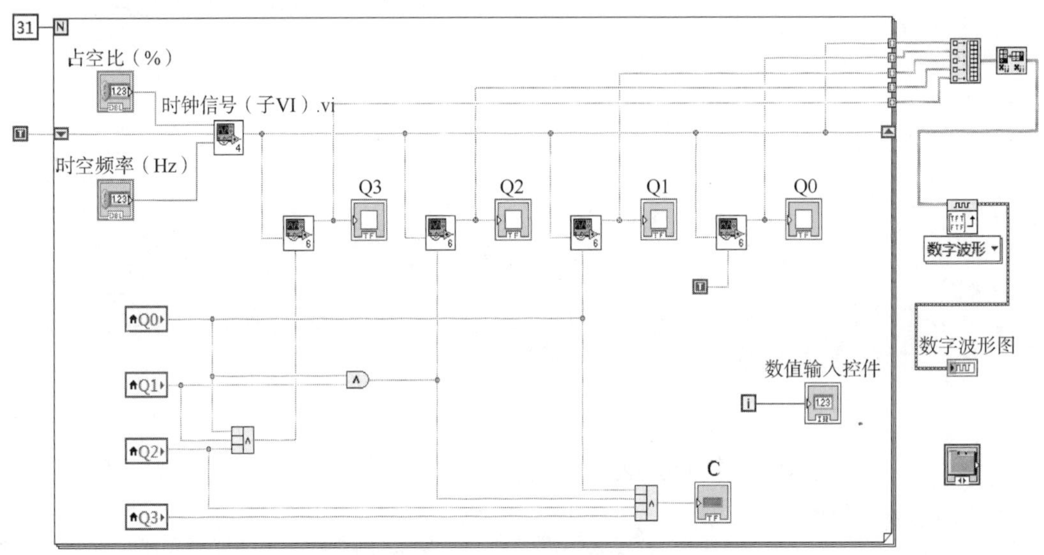

图 7–36　同步二进制加法计数器的程序框图

把计数器的初始状态设置为$Q_3Q_2Q_1Q_0$=0000，每经过一次时钟脉冲，计数器的二进制数值就会加1，直到$Q_3Q_2Q_1Q_0$=1111则进位C=1，计数器又开始从0000开始计数。图7–37所示为同步二进制加法计数器的前面板。

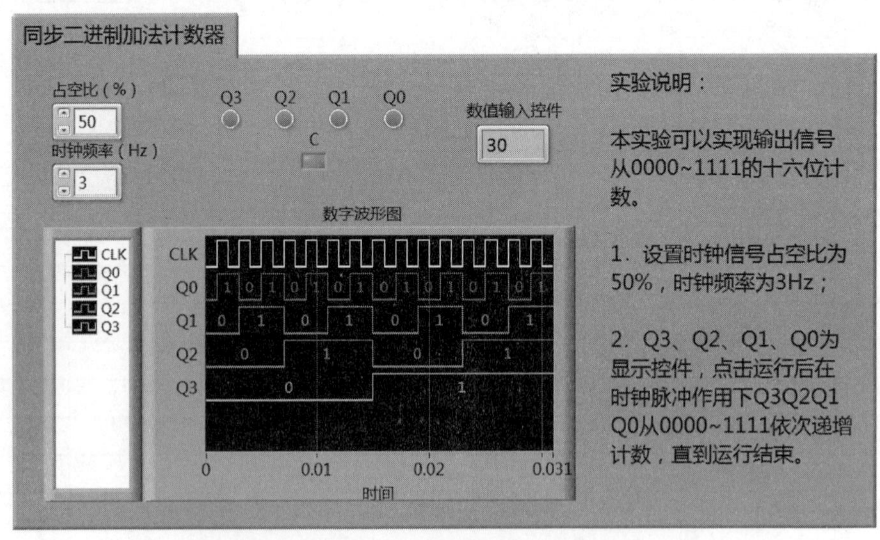

图 7–37　同步二进制加法计数器的前面板

7.2.8　时序逻辑电路实验系统的设计

本时序逻辑电路实验系统包括6个子实验，分别是SR触发器、JK触发器、T触发器、D触发器、四位移位寄存器和同步二进制加法计数器。为了使数字电路实验系统界面简便，在这里把这6个实验做成一个子系统。

根据组合逻辑电路实验系统的设计方法，在LabVIEW中新建一个时序逻辑电路实验系统框图，并在框图中加入While循环和条件结构；在前面板上加入6个确认按键和一个“停止”按键，并把6个确认按键分别命名为6个实验的名称；在程序框图里调用6个实验的VI，与之一一对应，设置VI的子VI节点为“调用时显示前面板”和“调用时挂起”。具体的程序框图如图7–38所示。

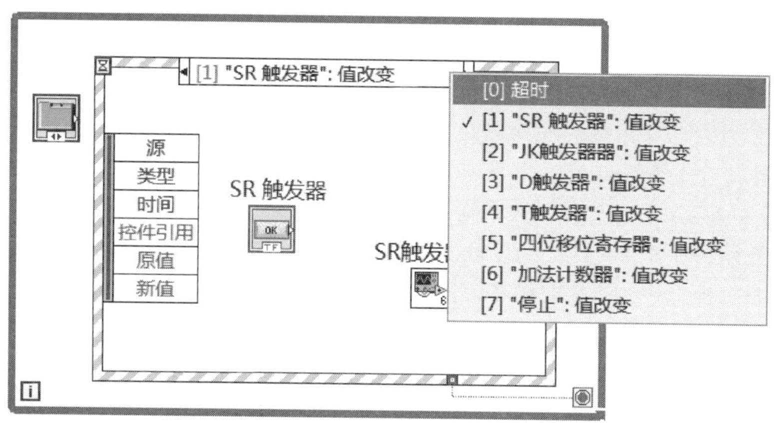

图 7–38 时序逻辑电路实验系统的程序框图

其对应的前面板如图7–39所示。

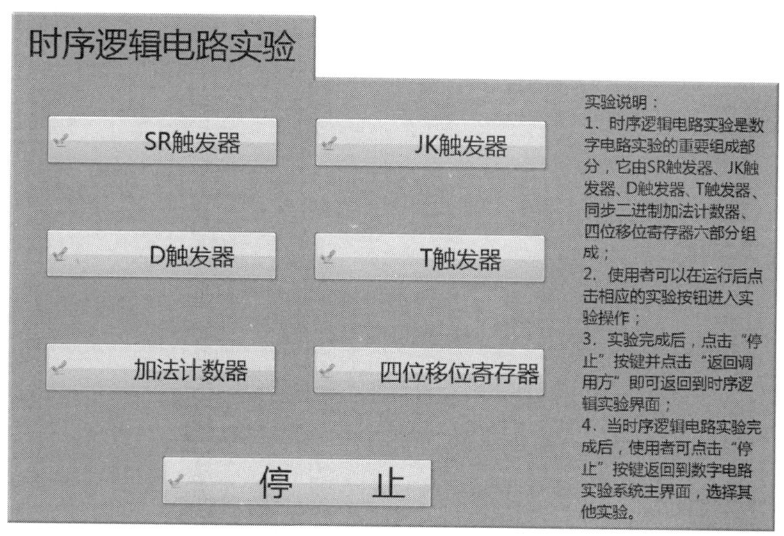

图 7–39 时序逻辑电路实验系统前面板

小 结

本章主要讲述了LabVIEW虚拟仪器技术在数字电路课程虚拟实验中的开发应用，综合运用了第1～6章的LabVIEW的核心知识。本章讲解了组合逻辑电路和时序逻辑电路两部分的常见

功能电路的设计。其中组合逻辑电路部分包括全加器、三路表决器、数据选择器、三线 - 八线译码器、八线 - 三线编码器和七段显示译码器 6 种电路的程序设计，并将其集成为组合逻辑实验系统；时序逻辑电路部分包括 SR 触发器、JK 触发器、T 触发器、D 触发器、四位移位寄存器和同步二进制加法计数器 6 种电路的程序设计，并将其集成为时序逻辑实验系统。

习　题

1. 交通信号灯系统的前面板设计。

功能要求：

（1）可以实现指挥车辆顺利地在十字路口进行直行、停止、等待以及左转弯。

（2）交通信号灯的每一方向亮灯顺序为绿—黄—左转—黄—红顺序循环，其中红、绿、左转灯为 30 s，等待时间黄灯为 5 s，当按下停止键时，停止工作。

（3）每个方向设置红、黄、绿以及左转向灯，把 16 盏指示灯分为 4 组放置在上下左右 4 个方位，并把一个数值显示控件作为交通灯的计时器放置在每组指示灯的合适位置。

（4）放置一个停止按钮来控制循环的停止。设计的前面板如图 7–40 所示。

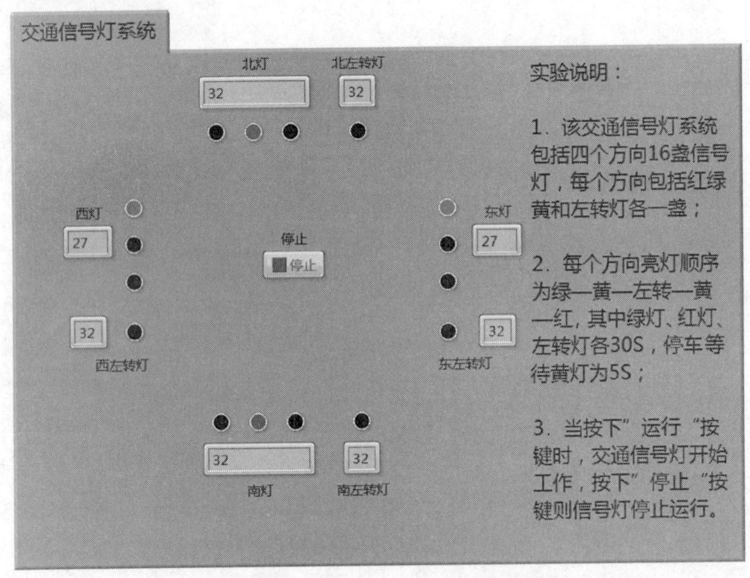

图 7–40　交通信号灯系统前面板

2. 交通信号灯系统的程序框图设计。

（1）添加一个 While 循环和若干条件结构，在 While 循环中加入一个定时信号。

（2）每个循环的时间是 140 s，把这 140 s 分配到每一信号所需要的时间内，每段时间满足亮灯条件时，交通信号灯相应的灯被点亮。

（3）采用判定范围并强制转换控件来确定条件结构是否在上限和下限之间，若在则执行，不在则判断下一条件分支。当条件满足时，各条件结构里的内容将被执行，其中每个条件结构里内容基本相同，需要点亮的灯与布尔真值相连接，不需要电路的灯连接到布尔伪相，时间显示器用一定的值减去输入的时间量来实现倒计时功能。具体的交通信号灯程序框图如图 7–41 所示。

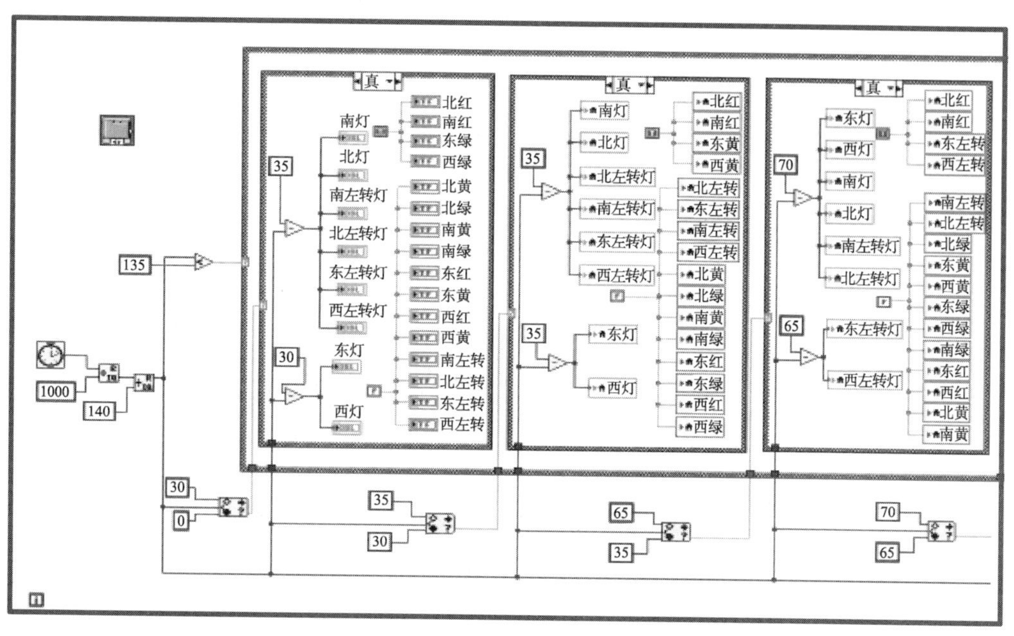

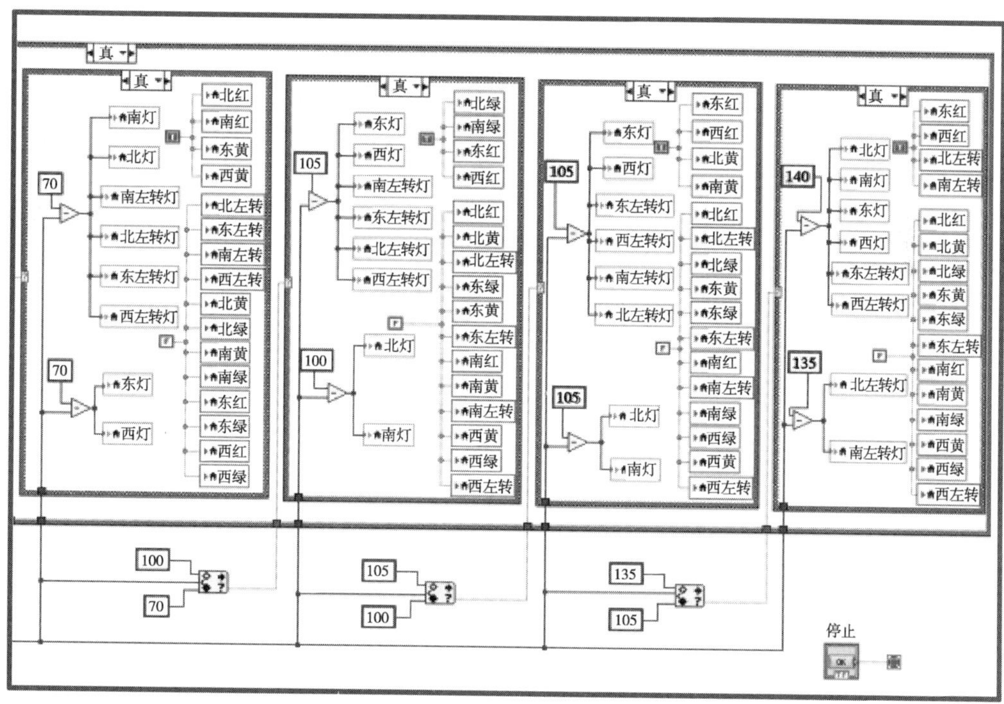

图 7-41　交通信号灯程序框图

上机实验

上机实验：完成一个电子秒表的程序设计。

电子秒表可以显示“时”“分”“秒”“毫秒”；电子秒表的精确度为0.01 s，最多可计时到99时59分59秒99，在计时过程中可以清零、暂停等。

操作步骤：

1. 前面板设计

为了实现LED数码管显示电子秒表的时间，在前面板加入了一个方形布尔指示灯显示器，并用7段方形布尔指示灯组成数字8形状，它们在运行时可以显示0～9十个字符，把拼接成的数字显示器每两个一组，共同显示时/钟/秒/毫秒的数值，在每两位中间加入另一个绿色LED灯。电子秒表前面板如图7–42所示。

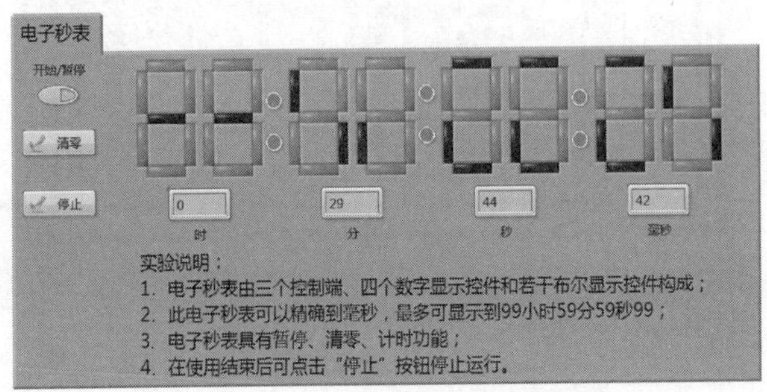

图 7–42　电子秒表前面板

2. 程序框图设计

电子秒表的程序框图主要由三个While循环和8个条件结构以及若干输入控件显示控件组成，如图7–43所示。第一个While循环作用是计数器开始运行时，程序最先进入这个循环中，每100 ms复位一次，10次计时为1秒，如此一直运行。最里层的While循环设置三个控制开关，一个是开始/暂停按键，一个是清零按键，还有一个是停止运行按键，三个功能通过三个异或门与While循环和相关逻辑电路连接来实现。8个条件结构用来搭建电子秒表的数码显示器。

由于1 s=1 000 ms，1 min=60 s，1 h=60 min，所以当While循环的延迟为1 ms时，小时数为[1/(60 × 60 × 1 000)]的整数商，设i为[1/(60 × 60 × 1 000)]的余数，故秒数为（i/1 000）的商，余数为毫秒数。

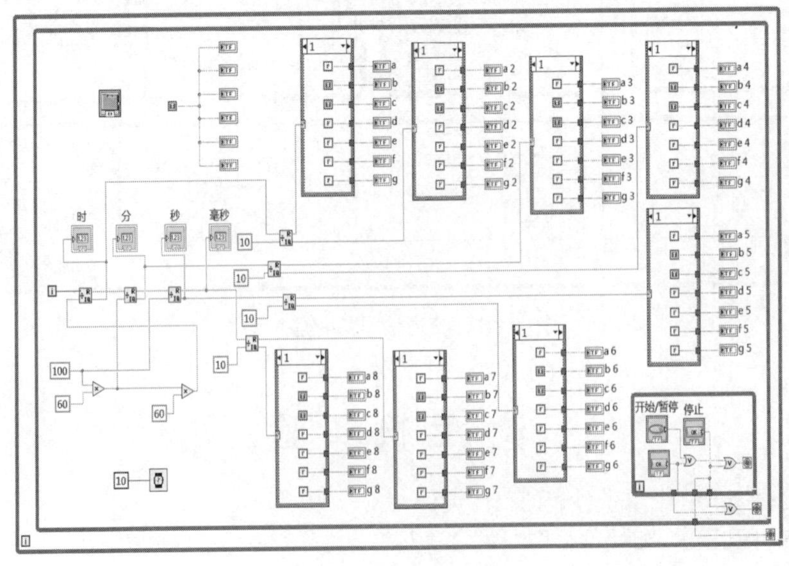

图 7–43　电子秒表程序框图

第 8 章

LabVIEW 在数字信号处理中的应用实验

本章导读

结合数字信号处理课程中的信号处理方法，掌握数字信号的产生、时域分析、频域分析等 LabVIEW 程序设计，IIR 数字滤波器的程序设计，以及其他信号处理方式在 LabVIEW 中的实现。

8.1 信号的发生

在LabVIEW虚拟环境中生成信号有两种方法：一种是利用外部的硬件；另一种是利用LabVIEW程序本身，也就是说用软件的本身来产生信号。本节介绍第二种产生信号的方法。用LabVIEW程序自己本身来进行信号的发生必须利用一些可以产生信号波形的控件，在LabVIEW中有数学函数、VIs及Express VIs。

8.1.1 基本函数发生器模块设计

基本信号主要是指正弦波信号、方波信号、三角波信号、锯齿波信号等，在LabVIEW虚拟环境中提供了丰富的函数和VI来生成信号波形。

在“函数选板”→“波形”→“模拟波形”→“波形生成”子选板下，LabVIEW提供了多种波形生成函数或子VI，如图8-1所示。

“基本函数发生器.vi”的图标和端口如图8-2所示。各端口的设置可按照“帮助”中的提示来完成。

练习8-1：利用“基本函数发生器.vi”设计一个基本信号发生器，信号类型、频率、幅值、相位的信息可调，如图8-3和图8-4所示。

利用“基本函数发生器vi.”设计的一个基本信号发生器，信号类型、频率、幅值、相位的信息可调

图 8-1 “波形生成”子选板

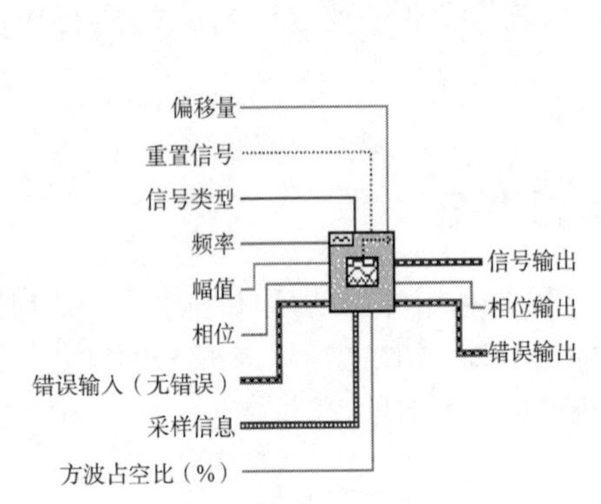

图 8-2 “基本函数信号发生器 .vi”图标和端口

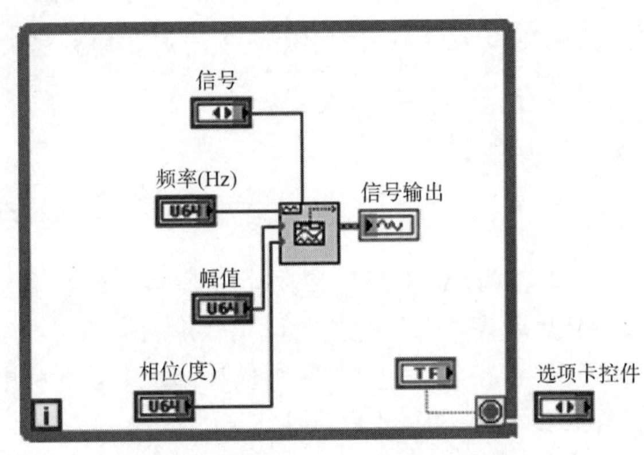

图 8-3 基本函数信号发生器的程序框图

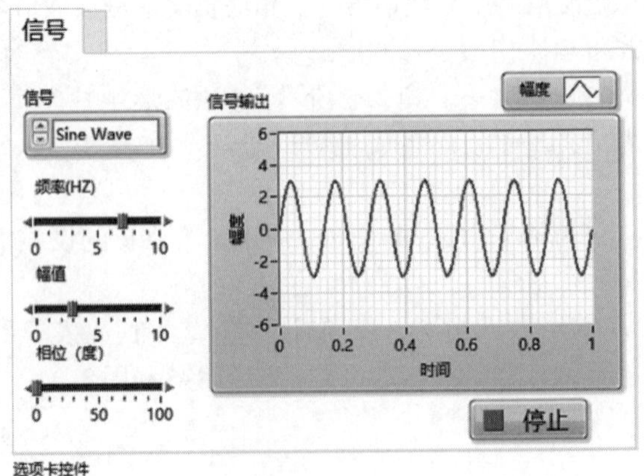

图 8-4 基本函数信号发生器的前面板

操作步骤：

（1）在前面板中设置幅值、频率、相位三个数值输入控件和一个信号类型的文本输入控件，并设置它们各自的值，其中幅值的范围在0～10之间，频率的范围在0～10 Hz之间，相位的范围在0°～100°之间，信号类型有正弦波、方波、三角波、锯齿波4种。

（2）在程序框图中添加While循环。While循环控件用来控制实验的执行次数，While循环右下角的红色圆点是条件接线端口，可以通过右键来选择真（T）时停止或者是继续，由此可以设置循环条件；While循环控件是先执行程序再进行判断，所以添加While循环结构的程序至少要执行一次。

（3）在前面板中添加布尔停止控件和波形图控件。布尔停止控件与While循环右下角的循环条件相连，用来控制实验的循环次数，波形图控件用来显示输出波形信息。

（4）在程序框图中在While循环内添加一个“基本函数信号发生器.vi”控件，这个控件是用来产生信号波形的。

从程序框图和前面板两部分可观察到一个基本信号波形的产生过程及其结果，利用LabVIEW虚拟软件，可以使信号的产生过程不像以前那么复杂难懂。

8.1.2　白噪声信号发生器

在处理数字信号时，总会出现噪声信号，LabaVIEW中提供了丰富的噪声信号发生器，它们分别分布于波形生成和信号生成两个子选板中。本节只介绍“均匀白噪声发生器波形.vi”，其图标和端口如图8-5所示.

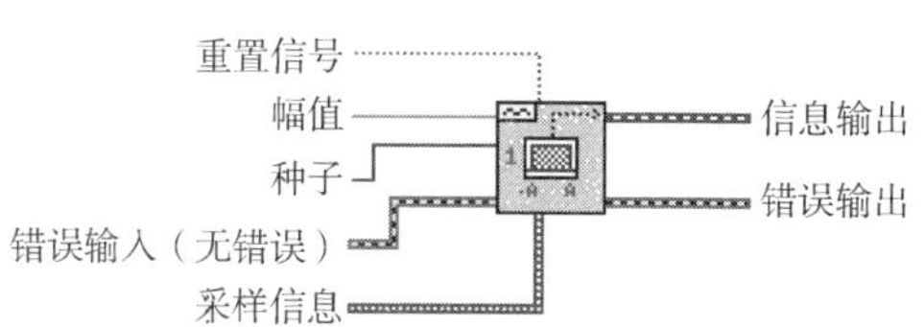

图 8-5　“均匀白噪声发生器.vi”图标和端口

利用“均匀白噪声发生器.vi”控件生成噪声信号

练习8-2：利用“均匀白噪声发生器.vi”控件生成噪声信号，如图8-6和图8-7所示。

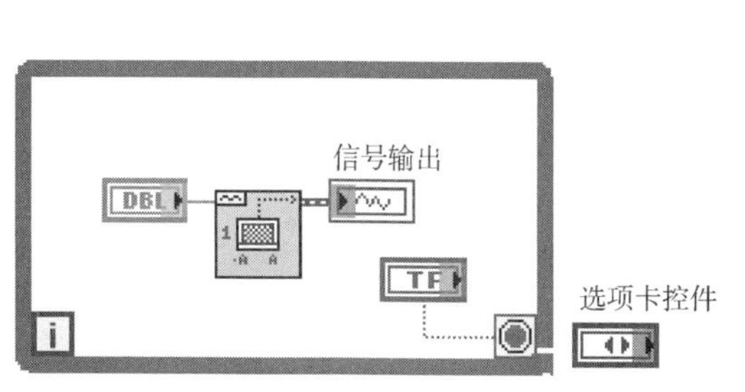

图 8-6　均匀白噪声信号发生器程序框图设计模块

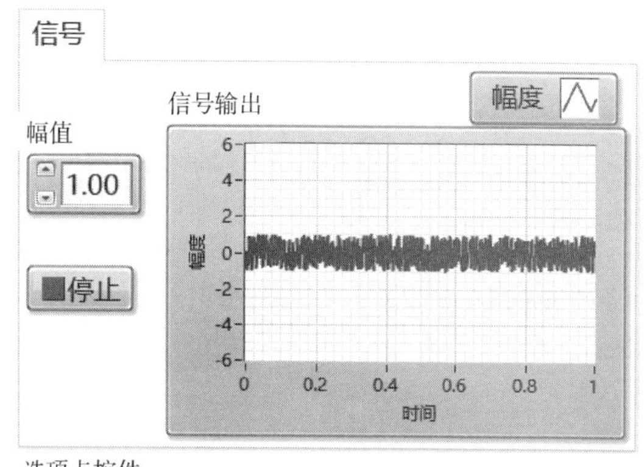

图 8-7　均匀白噪声信号发生器前面板设计模块

操作步骤：

（1）在前面板中添加一个布尔停止开关、一个数值输入控件、一个波形图控件。

（2）在程序框图中添加一个While循环，将While循环中的循环条件与布尔停止开关控件相连，用来控制程序的执行次数。

（3）在While循环中添加均匀白噪声发生器控件，为该控件创建一个DBL型的控件，并给其设置数值为5。

（4）将产生的均匀白噪声信号与前面板中的信号输出波形相连，以便在前面板中即可观察到输出信号波形。

8.2　数字信号的卷积计算

LabVIEW提供了多种信号时域分析的函数或子VI。在“函数选板”→“信号处理”→“信号运算”子选板中共有27种用于时域分析的函数，如图8-8所示。本节将简单介绍“卷积”函数的使用。

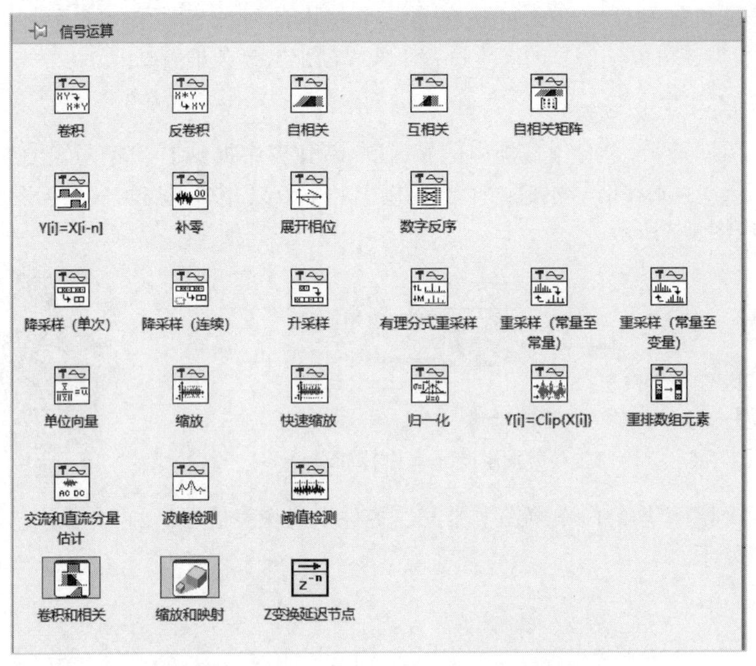

图 8-8　信号运算子选板

“卷积”函数的图标及端口如图8-9所示，可以用于计算输入的X信号波形和Y信号波形的卷积。卷积控件输入端的左下角有一个“算法”接口，当选择frequency domain时，则会用基于FFT的方法去计算；如果想使用线性卷积的方法计算，则需要选择direct。

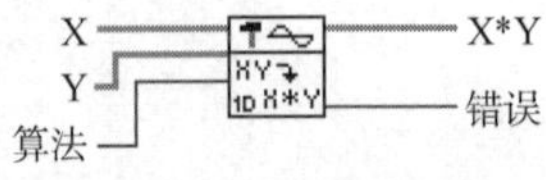

图 8-9　“卷积”函数的图标及端口

计算正弦与斜坡卷积、斜坡与矩形脉冲卷积

练习8-3：设计一个采样点为15的正弦信号、斜坡信号，矩形脉冲宽度数值也设置为15，再利用“卷积”函数计算正弦与斜坡卷积、斜坡与矩形脉冲卷积的VI程序，如图8-10和图8-11所示。

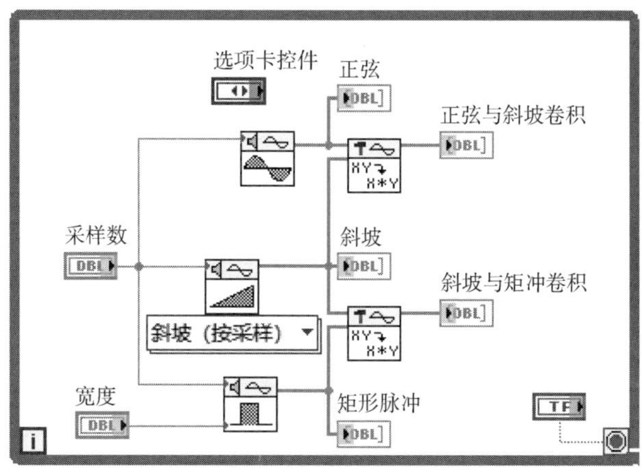

图 8-10　卷积运算程序框图

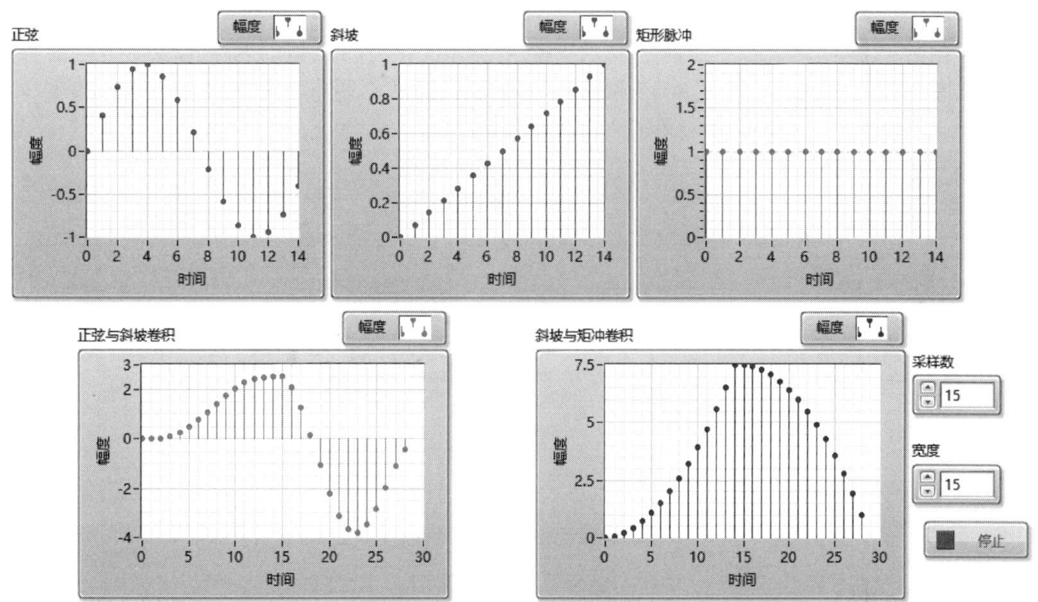

图 8-11　卷积运算前面板

操作步骤：

（1）在前面板中放置一个布尔停止控件以及5个波形图控件，标签命名为“正弦”“斜坡”“矩形脉冲”“正弦与斜坡卷积”“斜坡与矩形脉冲卷积”，用来显示输出波形信息。

（2）在前面板上放置两个数值输入控件，标签命名为“采样数”“宽度”。

（3）在程序框图中添加一个While循环。While循环用来控制实验的执行次数，将布尔停止控件是与While循环右下角的红色圆点相连，用来控制实验的循环次数，可以通过右键快捷菜单来选择真（T）时停止或者是继续。

（4）在While循环内添加两个卷积控件，一个用来计算正弦与斜坡信号的卷积，另一个用来计算斜坡与矩形脉冲的卷积。

（5）在“函数选板”→“信号处理”→“信号生成”子选板内，选择“正弦信号”“斜坡信号”“脉冲信号”放置到While循环内。

（6）按图8-10所示，将采样数控件分别与正弦信号控件、斜坡信号控件和脉冲信号控件相对应的端口相连；矩形脉冲宽度控件与矩形信号控件相连，分别将这三个信号控件的输出端与其相对应的波形图控件相连。

（7）将正弦信号和斜坡信号的输出进行卷积运算，将其输出结果与对应的波形图控件相连。

（8）将斜坡信号和矩形脉冲信号的输出进行卷积运算，将其输出结果与对应的波形图控件相连。

在图8-11中波形图显示的正弦信号、斜坡信号、正弦与斜坡卷积后的信号、斜坡与矩形脉冲卷积后的信号与理论分析是一致的。

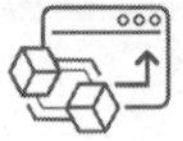

8.3 数字信号的频域分析

LabVIEW中提供了大量VI函数来对信号波形进行频域分析，其VI函数位于两个子选板中，一个是“函数选板”→“信号处理”→“变换”子选板，另一个是“函数选板”→“信号处理”→“谱分析”子选板，如图8-12和图8-13所示。此外，还有部分频域分析函数位于“函数选板”→“信号处理”→“波形测量”子选板内。

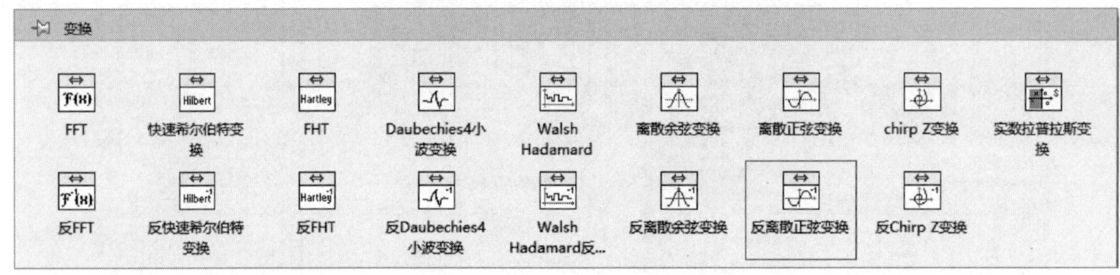

图 8-12 “变换”子选板

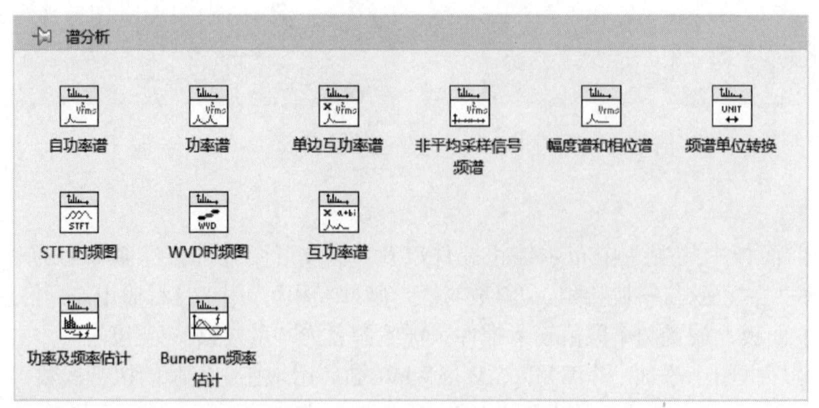

图 8-13 “谱分析”子选板

8.3.1 数字信号的快速傅里叶变换

LabVIEW提供了可以进行快速傅里叶变换的VI，“快速傅里叶变换（FFT）”图标及端口如

图8-14所示。本节将简单介绍“快速傅里叶变换”函数的应用。

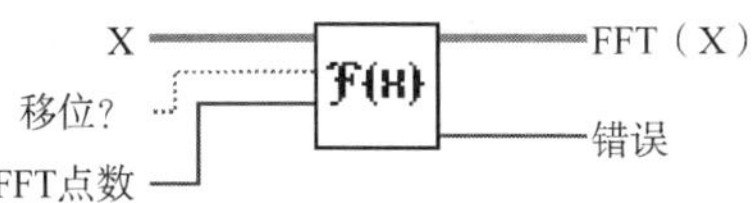

图 8-14　“快速傅里叶变换（FFT）”图标及端口

设计一个快速傅里叶变换的程序

练习8-4：设计一个快速傅里叶变换的程序，包含双边傅里叶变换和单边傅里叶变换，如图8-15和图8-16所示。

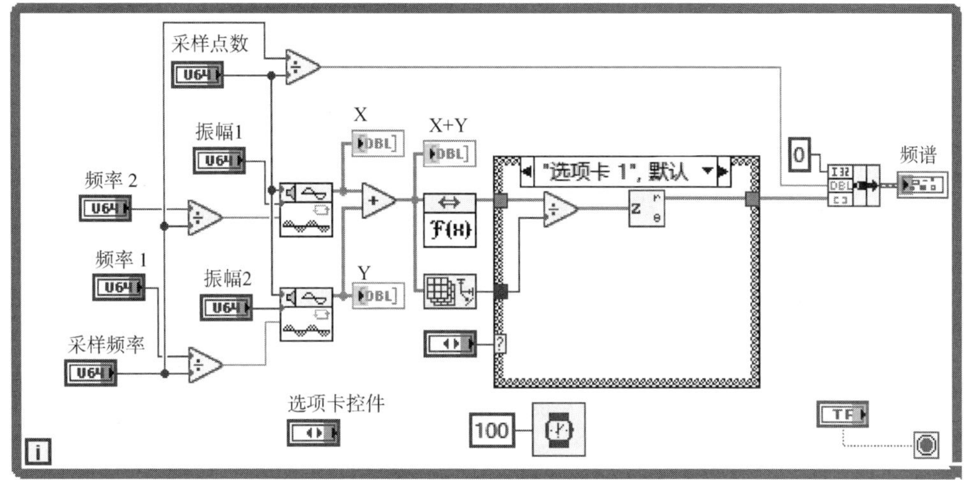

图 8-15　双边傅里叶变换程序框图

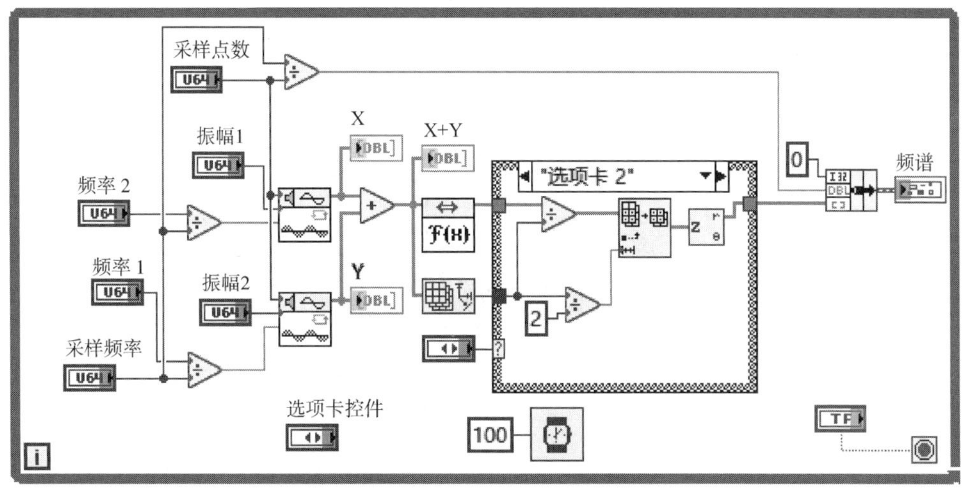

图 8-16　单边傅里叶变换程序框图

操作步骤：

（1）在程序框图中，放置一个While循环，在“函数选板”→“信号处理”→“信号生成”子选板内，选择两个“正弦信号”放置到While循环内。对这两个控件分别创建无符号64位

整型（U64）的频率1、频率2、振幅1、振幅2、采样点数和采样频率6个数值输入控件。频率1、频率2、振幅1和振幅2数值都在0～10之间，采样频率和采样点数的取值范围在0～300之间。

（2）将频率1和采样频率经过除法器，其结果与正弦波信号发生器1的频率相连，振幅1和采样点数与正弦波信号发生器1的相应接线端相连。频率2、采样频率、振幅2、采样点数用类似的过程连接到正弦波信号发生器2的相应接线端。

（3）添加布尔停止控件，这个控件是用来停止While循环的，并在While循环右下角的循环条件设置其为真时程序停止。

（4）添加一个秒表计时器并创建其数值为100 ms，用来控制实验的执行时间。

（5）在前面板中添加X、Y、X+Y和频谱4个波形图，并放置在程序框图的While循环中，X和Y信号的波形图经过一个加法器，其输出为信号X+Y。

（6）在While循环中添加一个控件，用来对X+Y的输出信号波形进行快速傅里叶变换。

（7）在程序框图中的While循环中添加数组大小控件，用来计算输入数组的大小。

（8）在While循环内嵌套一个条件结构，所选的条件结构是用来控制双边傅里叶变换和单边傅里叶变换的。

（9）在条件结构选项卡1中，添加一个复数至极坐标转换控件一个“除”函数；并将该选项卡设置为默认，具体连接如图8-15所示。该模式下实现了双边傅里叶变换。

（10）在条件结构选项卡2中，添加一个复数至极坐标转换控件和一个数组子集控件，两个“除”函数和一个数值常量2，具体连接如图8-16所示。该模式下实现了单边傅里叶变换。

（11）在While循环中添加捆绑控件，用来调制函数的大小。

（12）在While循环中添加一个秒表控件，设置其值为100 ms，则程序的运行间隔为100 ms。

（13）运行程序，观察前面板中的信号波形的产生过程和信号波形的傅里叶变换过程，如图8-17和图8-18所示。在前面板中设置的频率、振幅、采样点数和采样频率相连，就可以控制生成信号波形的信息。

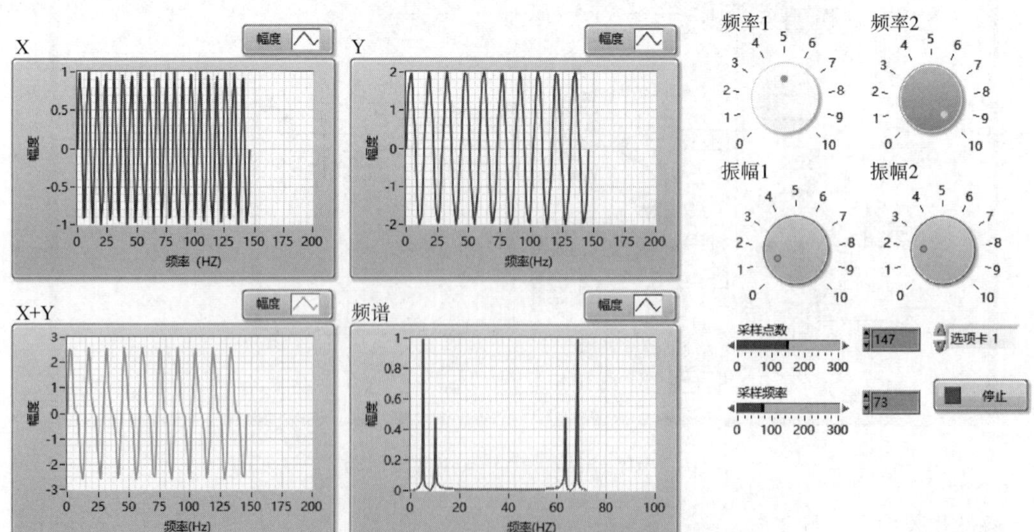

图8-17　双边傅里叶变换前面板

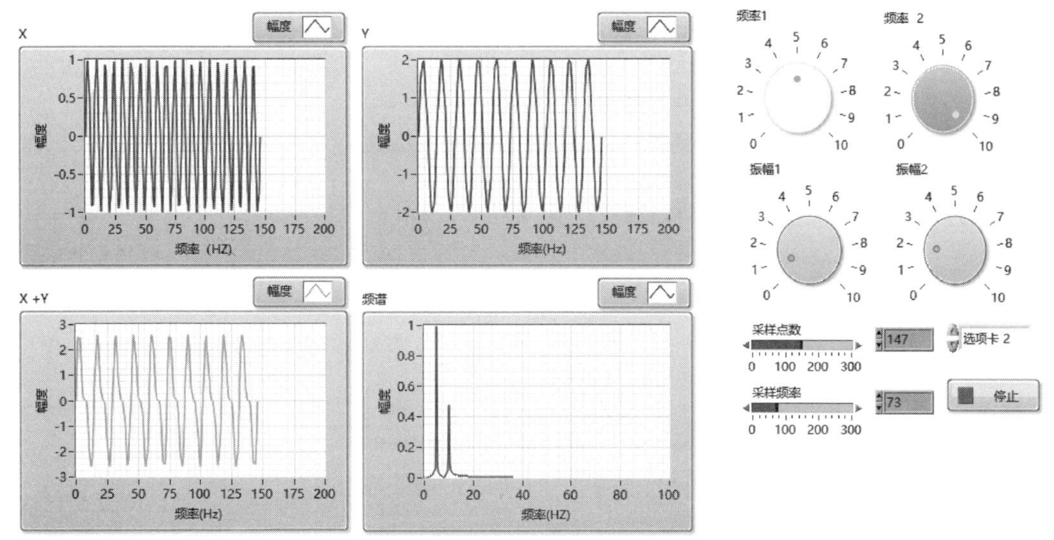

图 8-18 单边傅里叶变换前面板

由双边傅里叶变换的前面板可以看到X是一个频率1为5 Hz，振幅1为1（输入值）的正弦信号波形，Y是一个频率为10 Hz，振幅为2的正弦信号波形，X+Y是信号X和信号Y的叠加信号波形，在双边傅里叶变换前面板频谱波形图中可以看到信号X+Y的频谱是关于X轴对称的，可以观察到高的幅值为1，短的幅值为0.5，其比值为2∶1，输入信号的振幅比值为2∶1，输入和输出振幅之比是一样，与理论相符合。

8.3.2 数字信号的频谱分析

本节简单介绍由“函数选板”→“信号处理”→“波形测量”子选板内的“FFT频谱（幅度-相位）VI”实现频谱分析程序。

FFT频谱（幅度-相位）VI的图标及端口如图8-19所示。该VI可用于计算时间信号的平均FFT 频谱。

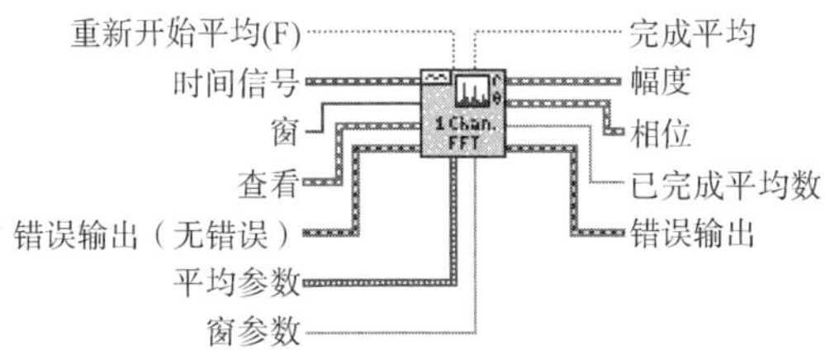

图 8-19 FFT 频谱（幅度 - 相位）VI 的图标及端口

练习8-5：设计一个数字信号频谱分析程序，其信号类型、频率、相位及幅值可调，如图8-20和图8-21所示。

操作步骤：

（1）在程序框图中添加一个While循环，用来控制实验的执行次数。

（2）在前面板中放置一个布尔停止控件和三个波形图控件，布尔停止控件与While循环右下角的循环条件相连，波形图控件用来显示输出波形信息。

（3）在While循环中添加一个基本函数发生器，并分别创建无符号双字型整型（U16）信号

类型、无符号64位整型（U64）频率、都是双精度型（DBL）的相位和振幅的数值输入控件。

（4）在While循环结构中添加FFT频谱（幅度-相位）VI，用来对输出信号进行频谱分析。

（5）按照图8-20连线，运行可得图8-21所示的波形结果。

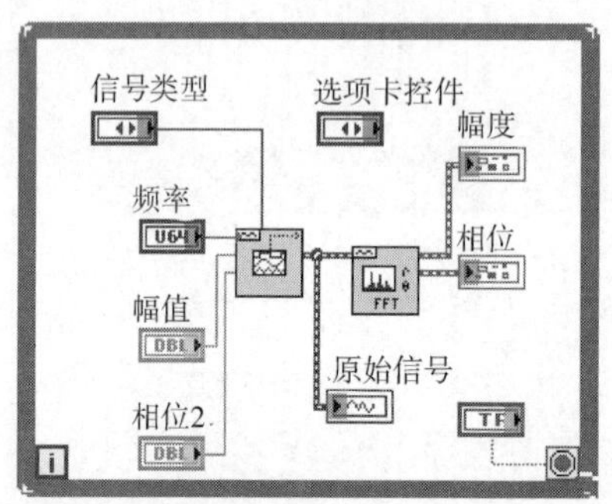

图 8-20　数字信号的频谱分析程序框图

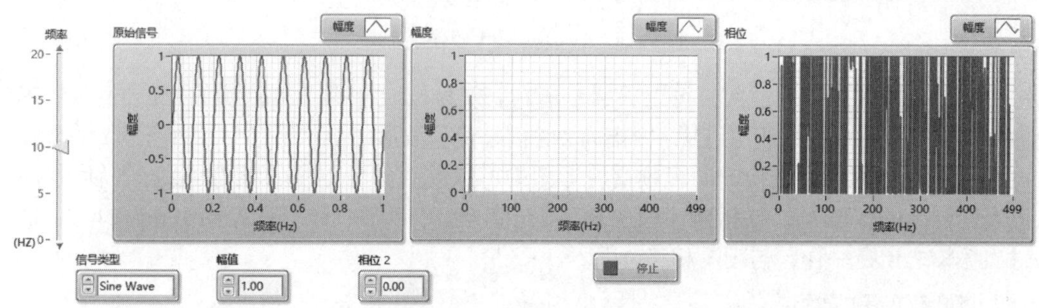

图 8-21　数字信号的频谱分析前面板

由频谱分析的程序框图和前面板可以观察到原始信号波形图中出现了一个频率为10 Hz、幅值为1、相位为零的正弦信号波形，幅度波形图和相位波形图是原始信号波形经过频谱分析后得到的幅值和相位，在幅度波形图中可观察到信号的输出幅值为0.7，在原始波形图中其信号波形的最大幅值为1，根据 $U_{有效} \approx \dfrac{U_{max}}{\sqrt{2}}$,得 $U_{有效} \approx 0.7$，实验结果与理论结果基本一致。

小　　结

本章主要介绍了基本函数发生器模块、均匀白噪声发生器模块、数字信号的时域分析的卷积计算、数字信号频域分析的快速傅里叶变换和 FFT 频谱分析方法等。

习　　题

1. 设计一个高斯白噪声、泊松噪声的生成程序，比较二者的不同。
2. 设计一个实现两个数字信号的自相关性计算的程序，并显示计算结果。
3. 设计一个对数字信号的进行补零运算的程序，并显示不同条件下的补零结果。

参考文献

[1] 阮奇桢.我和LabVIEW：一个NI工程师的十年[M].北京：北京航空航天大学出版社，2012.

[2] 陈栋，崔秀华.虚拟仪器应用设计[M].西安：西安电子科技大学出版社，2009.

[3] 左明，胡仁喜，聪聪，等.LabVIEW 2013中文版虚拟仪器从入门到精通[M].北京：机械工业出版社，2014.

[4] 陈树学.LabVIEW实用工具详解[M].北京：电子工业出版社，2014.

[5] 李静.LabVIEW 2013完全自学手册[M].北京：化学工业出版社，2015.

[6] 陈树学，刘萱.LabVIEW宝典[M].北京：电子工业出版社，2011.

[7] 德湘轶，耿欣，李姿，等.LabVIEW程序设计基础[M].北京：清华大学出版社，2012.

[8] 陈飞，陈奎，谢启，等.LabVIEW编程与项目开发实用教程[M].西安：西安电子科技大学出版社，2016.

[9] 黄松岭，王坤，赵伟.虚拟仪器设计教程[M].北京：清华大学出版社，2015.

[10] 毛琼，王敏.LabVIEW2018虚拟仪器程序设计[M].北京：机械工业出版社，2018.